21世纪高职高专立体化精品教材

学前教育系列

学前心理学

白丽辉　齐桂林　主　编

Xue qian Xin li xue

东南大学出版社
SOUTHEAST UNIVERSITY PRESS
·南京·

内容提要

本书共分为四篇十一章，主要内容有：总论篇，包括绪论、心理发展的生物学基础和环境基础两章；产前期个体及新生儿篇，包括产前期个体和新生儿的心理发展一章；婴儿及先学前期儿童篇，包括婴儿的心理发展、先学前期儿童的心理发展两章；幼儿篇，包括幼儿认知的发展、幼儿语言的发展、幼儿情绪的发展、幼儿个性的发展、幼儿社会化的发展、幼儿的心理健康六章。

本书不仅适合高等职业教育学前教育专业教学使用，也适合在职幼儿教师和其他教育工作者学习时参考。

图书在版编目（CIP）数据

学前心理学／白丽辉，齐桂林主编．—南京：东南大学出版社，2015.1

21世纪高职高专立体化精品教材·学前教育系列

ISBN 978-7-5641-5516-2

Ⅰ.①学…　Ⅱ.①白…②齐…　Ⅲ.①学前儿童—儿童心理学—高等职业教育—教材　Ⅳ.①B844.12

中国版本图书馆CIP数据核字（2015）第029793号

学前心理学

出版发行：东南大学出版社
社　　址：南京市四牌楼2号，邮编210096
印 刷 者：江建中
印　　刷：北京旺银永泰印刷有限公司
开　　本：787mm×1092mm　1/16
印　　张：14.5
字　　数：232千字
版　　次：2015年1月第1版
印　　次：2015年1月第1次印刷
书　　号：ISBN 978-7-5641-5516-2
定　　价：35.00元

内容简介 INTRODUCTION

本书应学前心理学类教材滞后的形势所需编写，在充分借鉴国内外优秀学前教育研究成果的基础上，在对我国学前教育特点与规律进行分析的前提下，由编者潜心研究、费时半年编写而成。本书力图将抽象的基础知识简明化，使其内容贴近实际，融入生活，适合学生；将经典理论与最新研究成果相结合，注重学生的实践技能与理论水平的提升，突出实用性与操作性。

本书共分为四篇十一章，主要内容有：总论篇，包括绪论、心理发展的生物学基础和环境基础两章；产前期个体及新生儿篇，包括产前期个体和新生儿的心理发展一章；婴儿及先学前期儿童篇，包括婴儿的心理发展、先学前期儿童的心理发展两章；幼儿篇，包括幼儿认知的发展、幼儿语言的发展、幼儿情绪的发展、幼儿个性的发展、幼儿社会化的发展、幼儿的心理健康六章。

本书不仅适合高等职业教育学前教育专业教学使用，也适合在职幼儿教师和其他教育工作者学习时参考。

前言 PREFACE

近几年来，我国学前教育师资的培养发生了一些变化。一方面，原来承担学前师资培养的中等师范学校大多已并入高校或高职院校，成为其中的一个院或系，学前师资队伍学历层次提高是学前教育事业的福音，但源于中等师范学校学前师资的严谨、自律、规范等特色正逐渐淡出人们的视线，学历高、理论水平强的本科学前师资与幼儿园需要的操作能力强的实践型学前师资之间的矛盾正日益呈现在人们眼前；另一方面，在国家大力发展幼儿教育事业的政策推动之下，新建幼儿园、早教机构如雨后春笋般涌出，学前教育师资培养的招生计划远远满足不了实际的需求，学前师资的匮乏已成为不争的事实。

如何解决上述问题，学前工作者们进行了许多有益的探讨尝试，如学前师资培养层次的多元化、学前师资队伍培养的实践化、学前师资培养所用教材的去理论化等。编者对《学前心理学》教科书的内容滞后、体例老化、理论性严谨但操作性差等诸多问题深有感触。

鉴于学前师资培养的脱离实际、学前师资的匮乏与学前教科书的滞后这种种紧迫形势，编者编写了本书。编者以“90后”的视角，最大限度地重新构思体例，及时增添心理学最新研究成果，争取使本书既充分反映学前心理领域的发展状况，又能吸引学前专业学生的注意力，为加速学前师资的培养进程、提高学前师资的培养质量贡献微薄力量。

“学前心理学”是学前教育专业的一门重要的专业基础课。本书力求做到理论新颖、内容广泛、编排独特、编写体例创新。具体表现如下：

（1）理论新颖主要体现在对0～6岁儿童的全新认识，书中收纳了目前我国及世界各国关于学前儿童心理发展的最新理论和最新实验结果。

（2）内容广泛体现在资料的收集方面，书中尽可能收纳最新的研究动态资料，除了以往对0～6岁儿童心理发展理论和研究的阐述，还介绍了胎儿的心理发展、新生儿的心理发展，并对影响学前儿童成长的人文环境作了剖析和论述。

（3）编排独特性体现在编排体例上打破传统，将学前儿童的年龄段作了0～1岁、1～3岁和3～6岁的明晰分段，以使学生更好地理解0～1岁婴儿及1～3岁先学前期儿童的心理发展特征。

（4）编写体例创新表现在强调案例的运用，每章均以本章导读引出正文，并在目标透视中详细具体介绍教学目标；在正文中设置案例分析、知识之窗、深入思考、至理名言等栏目，还配有相关插图，图文并茂、形式活泼、可读性强；每章结束还有知识回顾（提炼本章重点和难点内容，以便学生回顾本章所讲知识体系）与活动体验（编设训练题，意在使学生参与到活动中，达到学以致用的目的），有助于学生对所学知识进行梳理与巩固。

本书由白丽辉、齐桂林主编，执笔分工如下：白丽辉编写第一章、第四章、第五章、第七章、第八章，齐桂林编写第二章、第三章、第六章、第九章、第十章、第十一章。全书由齐桂林统稿，最后由白丽辉审定。

编者期望学生学完本书后能够对学前心理学的基础理论有较清晰的了

解，尤其是以前人们涉猎较少的领域——胎儿、新生儿、婴儿；能够融会贯通地将理论和研究应用到真实生活情境中去。编者的期望的实现有待于使用本书的广大读者用实践来作出回答。

编者在编写本书的过程中，参考借鉴了不少有价值的书籍及国内外研究报告，在此谨向所有提供这些书籍及研究报告的作者们表示感谢。对于书中的疏漏与不当之处，恳请同行与读者不吝指正。

编　者

CONTENTS 目录

总论篇

产前期个体及新生儿篇

第三章 产前期个体和新生儿的心理发展

婴儿及先学前期儿童篇

第四章 婴儿的心理发展

第五章 先学前期儿童的心理发展

幼 儿 篇

第六章 幼儿认知的发展

第七章 幼儿语言的发展

第八章　幼儿情绪的发展

第九章　幼儿个性的发展

第十一章 幼儿的心理健康

参考文献

总 论 篇

“学前心理学”这一术语即使对于一个没学过心理学的人来说也不陌生，因为每一个成年人都亲身经历过天真烂漫的学前时代，都知道学前儿童具有与成人不同的特点：学前儿童是幼稚的、活泼好动的、好奇的、爱模仿的、做事喜欢成功的，因而也喜欢得到成人的表扬等。也就是说，每个人都具有朴素的学前心理学的知识。但为了了解学前儿童和教育学前儿童，对于天天和学前儿童打交道的父母、教师或儿童社会工作者来说，还应该掌握科学的理念和方法。因此，我们主张每一位父亲、母亲或教师都要懂一点学前心理学的知识，而对于学前专业的学生，认识心理现象更是不可或缺的入门知识。

本篇作为开篇之首，首先向读者介绍了学前儿童的概念、心理学的概念及研究对象、学前心理学的内容体系和研究任务，简单阐述了学前心理学发展史上的主要流派及其观点，并对一些学前心理学主要研究方法进行概要描述，这对科学地认识学前儿童、形成正确的教育观念至关重要。然后向读者介绍了人们对影响心理发展因素的看法：是先天遗传的结果，还是后天环境影响使然？读完本篇，你就能正确看待遗传和环境因素对心理发展的影响，认识到二者并不是孤立的，而是互相依存、互相渗透的，遗传确定发展的潜在可能范围，环境确定发展的现实水平。

第一章 Chapter 1
绪　　论

本章导读

3岁的明明和爸爸在乡间散步，路过一条干枯的小水沟，爸爸想锻炼一下儿子跳的动作，就对儿子说："宝宝，来，我们跳过去。"

明明看着小水沟，说："我怕，我怕。"爸爸在旁边大声地说："加油！"可不管爸爸如何鼓励都无济于事。

爸爸泄气了，责怪明明："你怎么连这么窄的小沟也跳不过去？"明明吓得哇哇直哭，爸爸只好抱起明明跨过小沟。

上述现象在日常生活中是常见的。父母的本意是竭尽全力为孩子创造一个健康成长的生活环境，提供一种只有付出、不求回报的无私帮助，但结果往往事与愿违。孩子的成长历程不是父母的一厢情愿，也不是教师的越俎代庖，它是艰难的、曲折的，有时甚至是痛苦的，它需要孩子去尝试、去冒险、去失败，家长、教师只有在了解、理解、尊重孩子的基础上，给孩子提供适当的、适时的帮助，才能使孩子在离开父母、教师的扶持后，仍然能够骄傲地挺起腰板，自信、独立地为自己创设一个充满幸福的环境。

那么，关于孩子的心理，你了解多少呢？你知道学前儿童的年龄段划分吗？你知道学前心理学研究哪些内容吗？你知道儿童观的历史变革吗？你知道学前心理的历史进程演变吗？你知道学前心理学有哪些研究方法吗？这么多的"你知道……吗？"将在本章中详细阐述。请同学们认真阅读，寻找问题的答案。

目标透视

1. 明确学前儿童、心理学、学前心理学的概念，了解学前心理学的研究内容与研究任务。

2. 知晓科学学前心理学产生的背景与标志。

3. 熟悉精神分析理论、行为主义理论、自然成熟理论、日内瓦学派的主要代表人物及其流派的主要理论观点。

4. 掌握学前心理学的研究方法。

第一节　学前儿童及其心理研究

一、学前儿童的概念

目前，我国学前教育界和发展心理学界对"学前儿童"这一概念的认识并不完全一致。例如，许多人在翻译英语资料时，把"学龄前儿童"（preschool children）、"幼儿"（young children）及"早期儿童"（early childhood）等不同内涵和外延的概念都译成"学前儿童"。

按照国内外现行的医学及心理学的分类，可以将人从出生到幼儿期分为以下几个阶段：出生和新生儿期（birth and newborn），出生至 1 个月；婴儿期（infancy），1 个月～1 岁，相当于乳儿期；学步儿期（toddler hood），1～2 岁；早期儿童期（early childhood），2～6 岁，相当于幼儿期。尽管这一分类法正日益受到挑战，特别是对婴儿的分类更是莫衷一是，但是，通常把这几个阶段统称为学前儿童期，即把正式进入小学阶段学习前的儿童统称为学前儿童。

（一）新生儿的概念

新生儿特指未满月的婴儿或出生至 28 天的儿童。

（二）婴儿的概念

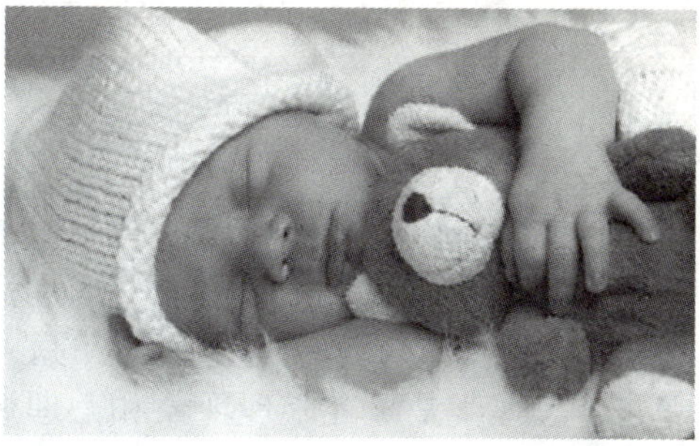

广义的婴儿是指刚出生至12个月的儿童，是人类一生的第一阶段。狭义的婴儿是指出生1～12个月的儿童。关于“婴儿”的确切年龄划分，从古至今，纵观中外，稍有不同。《说文解字》中将“婴儿”解释为抱在胸前哺乳之初生儿；商务印书馆出版的《新华字典》中将“婴儿”描述为才生下来的小孩；英语一般语境下的“婴儿”是指小于1岁或未懂得走路的人类，而中文中“婴儿”则指2岁以下或未断奶的儿童。

本书将婴儿界定为从出生1个月到1岁，即1～12个月的儿童。

（三）先学前期的概念

“先学前期”概念是20世纪60年代从苏联引进的，苏联学前教育界将入学前的儿童分为两个阶段，即从出生至3岁为先学前期阶段，3～7岁为学前期阶段，其中3岁是分界的年龄，前者属于托儿所所招收的对象，后者属于幼儿园招收的对象。

在我国，命名0～3岁阶段的概念词有以下几个。

卫生界：在20世纪70至80年代，将3岁前儿童称为“小儿”，意指小年龄儿童，对他们的教育称为“小儿教育”；在80至90年代，重新命名0～1岁为婴儿期，1～3岁为幼儿早期，对这两个阶段的儿童进行的教育包括“婴儿教育”和“早期教育”。

幼教界：称0～3岁为学前早期，对这一时期儿童的教育简称也是“早期教育”；3～6岁为学前期，对这一时期儿童的教育称为“学前教育”或“幼儿教育”。

心理学界：将0～3岁划为婴儿阶段，这是一个从出生时的无独立生存能力的自然人到初步具备独立活动能力、主动寻求生存条件的社会人的转折时期。

本书选择“先学前期”，出于以下两种考虑。

(1) 关于“0岁”的概念是指胎儿还是指出生的第一年，“0～3岁”是指出生后到3岁还是从胎儿到3岁，国内有不同看法。本书介绍的是出生之后、6岁之前的教育，胎教的分量相当轻，取名“先学前期”比较合适。

(2) 关于“幼儿早期”，在国外是指从出生到8岁这一阶段，包括学前阶段和小学一、二年级。孩子的这一阶段是根据实际经历进行直接学习的阶段。而我国卫生界称1～3岁为幼儿早期。为了避免混淆误解，我们便重新使用“先学前期”这一名称。

（四）幼儿的概念

本书中的“幼儿”是指3～6岁即37～72个月的儿童。这种界定，一是根据国际和国内的医学界对早期儿童的分类法；二是根据国内教育界将幼儿园的服务对象主要集中在3～6岁儿童的实际情况。

综上所述，本书的学前儿童概念包括0～1个月的新生儿、1～12个月的婴儿、1～3岁的先学前期儿童和3～6岁的幼儿。除此之外，还包括出生前胎儿期的胎儿。因为从儿童个体心理学最新的研究成果来看，条件反射、听觉等心理发展始于胎儿，所以学前儿童的心理研究也应包括对胎儿的研究。

二、心理学的概念及研究对象

（一）心理学的定义

心理学(psychology)是研究人和动物心理现象发生、发展和活动规律的一门科学。心理学既研究动物的心理（研究动物心理主要是为了深层次地了解、预测人的心理的发生、发展的规律）也研究人的心理，而以人的心理现象为主要研究对象。总而言之，心理学是研究心理现象和心理规律的一门科学。

（二）心理学的研究对象

心理学的研究对象就是心理现象，即我们非常熟悉，并随时会接触到、感受到的精神现象。它又被称为心理活动，简称心理（mind)。

1．从心理的动态性维度上划分

(1) 心理过程 (mental process) 指一个人心理现象的动态过程。它包括认识过程、情感过程和意志过程，反映正常个体心理现象共同性的一面。

认识过程即认知过程，是个体在实践活动中对认知信息的接受、编码、贮存、提取和使用的心理过程。它主要包括感觉、知觉、记忆、想象、思维等。

知识之窗

感觉是人脑对直接作用于感觉器官的客观事物个别属性的反应，包括视觉、听觉、嗅觉、味觉、肤觉（痛觉、温度觉等）。

知觉是人脑对直接作用于感觉器官的客观事物的整体的反应。

记忆是人脑对经历过的事物的反应。

想象是人脑对已有的表象进行加工改造而创造出新形象的过程。

思维是人脑对客观事物的间接、概括的反应。

情感过程是个体在实践活动中对事物的态度的体验。

意志过程是个体自觉地确定目标，并根据目标调节支配自身的行动，克服困难，以实现预定目标的心理过程。

以上三种过程不是彼此孤立的，而是相互联系、相互作用构成个体有机统一的心理过程的三个不同方面。

(2) 个性心理（individual mind）是一个人在社会生活实践中形成的相对稳定的心理特征。它包括个性倾向、个性特征和个性调控等方面，反映人的心理现象的个别性一面。

个性倾向是推动人进行活动的动力系统。它反映了人对周围世界的趋向和追求，主要包括需要、动机、兴趣、理想、信念、价值观和世界观等。

个性特征是个人身上经常表现出来的本质的、稳定的心理特征。它主要包括气质、性格和能力。

个性调控是个人对自己心理和行为的控制和调解。它以自我意识为核心。自我意识是个人发展到一定阶段出现的复杂心理现象，个人借以对自己的心理和行为（包括个性倾向和个性特征）进行认识、评价、控制、调解，从而形成一个统一的个性心理结构系统。

2. 从心理的意识维度上划分

（1）意识（consciousness）是指现时正被个人觉知到的心理现象。例如，我们在进行记忆活动时，能觉知记忆活动的目的、记忆的对象、采用的记忆方法、达到的记忆效果，甚至能觉知自己的记忆特点、改变记忆策略等，这样的记忆活动处于意识状态。从意识对象上可以把其分为：客体意识，指个人对于周围世界的意识；自我意识，指个人对自己及自己和周围关系的意识。在记忆心理学中，前者为记忆现象，后者为元记忆（matememory）现象。

（2）无意识（unconsciousness）是指现时未被个人觉知到的心理现象。以记忆为例，有时我们并没有某方面内容的记忆目的，也没有想着要记住它，却在不知不觉中记住了，甚至还很牢固。有时自己也不知道从哪里获得的是否有某方面的记忆。在记忆心理学中，前者是无意识记忆，后者是内隐记忆。

三、学前心理学的内容体系

学前心理学是研究从出生到入学前儿童心理特点和发展规律的科学，以 0 ～ 6 岁学前儿童的各种心理现象为研究对象，重在探讨发展特点和规律。因为学前儿童处于人的心理发生和发展的前期，其心理的变化和成长与生理、动作、社会性活动等的发展是分不开的，对其研究也不仅仅局限于心理过程和个性两个方面，所以学前心理学所涉及的内容是广泛的，主要包括以下几个方面。

（一）学前儿童心理发展的基本理论问题

学前儿童心理发展的基本理论问题，旨在讨论学前儿童心理发展的年龄特征、发展趋势及学前儿童心理发展的因素等问题。学前儿童的心理发展是非常迅速的，各种心理现象从无到有经历了从量变到质变的过程，不同年龄阶段的学前儿童有各自的心理特点，其发展过程呈现出较强的规律性。而影响因素又是多方面的，从生理因素到社会因素、从内部因素到外部因素，都对儿童的心理发展起着重要的促进或制约作用。

（二）生理的发展

生理的发展和成熟是学前儿童心理发展的生物学基础。可以说，学前儿童的心理是伴随生理机能，特别是脑和神经系统的日趋成熟而发展起来的。在整个学前阶段，儿童的身体发育遵循着首尾方向和近远方向而进行，脑的重量不断增加，脑的结构逐步复杂化和完善化，这都给各种心理现象的出现和发展提供了最原始的条件。

（三）动作和活动的发展

动作和活动的发展，一方面促进了学前儿童心理的发展，另一方面也是心理发展水平的重要标志。儿童动作的发展和身体的发育是紧密相连的，两者的发展顺序是类似的，同时动作的发展也表现为由粗笨向精细方面递进。学前儿童的活动包括游戏、学习和劳动等内容，其中游戏是学前儿童的主导活动和主要的文化生活方式，儿童在游戏中生活、学习与成长，完成心理发展的过程；学习和劳动是学前儿童进行的实践性活动，儿童在家长或幼儿园教师的指导下，进行初步的文化学习和自我服务性活动，对于认知的发展、良好的个性和品德的形成都有重要的作用。

（四）心理过程的发展

心理过程包括感知觉、记忆、想象、思维、注意、情绪和情感等内容。学前儿童的心理发展最初体现在心理过程的发展上，这一部分内容主要描述各种心理现象的发生发展，并讨论其规律。例如，皮亚杰（Piaget）把学前儿童认知的发展划分为两个阶段：一是感知运动阶段（0～2岁），认为这一阶段的儿童只有动作的智慧而没有表象的和运算的智慧，他们仅靠感知动作的手段来适应外部环境；二是前运算阶段（2～7岁），由于符号功能的出现，此阶段的儿童开始从具体动作中摆脱出来，凭借象征性图式在头脑中进行“表象性思维”，但还不能进行真正的符合逻辑的推理。

（五）个性的发展

学前儿童的个性还没有形成，但在气质、性格、能力、自我意识等方面已表现出明显的倾向性。分析学前儿童在这些方面的发展特点，对于指导儿童的教育工作是有益的。托马斯（Thomas）把婴儿的气质划分为容易照看型、难以照看型和缓慢发动型三类。认为容易照看型的婴儿的生理节律有规律，比较活泼，容易适应环境，情绪比较稳定，求知欲强；难以照看型的婴儿的生理节律混乱，情绪不稳定，不容易适应新环境，注意力维持时间较短；缓慢发动型的婴儿不活跃，情绪比较消极，对环境刺激的反应比较温和与低调，适应新环境慢。在后续的研究中，有人发现难以照看型和缓慢发动型的儿童比容易照看型的儿童的学习成绩要差一些，这对如何提高儿童的教育效果有很大的启发。

（六）社会性的发展

学前儿童社会性的发展主要体现在言语的掌握和运用、亲子交往、同伴交往和性别角色等方面。语言是儿童进行思维和社会交往的工具，探讨语言的获得可以为儿童心理发展的基本理论提供依据，为理解思维和语言的关系提供资料，同时，亲子关系、同伴交往和性别角色的发展是学前儿童社会化的重要途径，对其发展趋势和规律性的探索，有利于全面把握儿童个性形成的机制，有利于理解儿童心理发展历程。

四、学前心理学的研究任务

学前心理学的研究任务可以概括为三个“W”，即what（是什么），揭示和描述学前儿童心理发展过程的共同特征与模式；when（什么时间），揭示或描述这些特征与模式发展变化的时间顺序；why（什么原因），对该发展变化的过程进行解释，分析发展的影响因素和内在机制。总之，学前心理学的任务在于描述、解释、预测和干预学前儿童的行为。

我们可以将学前心理学的主要研究任务概括为以下几个方面。

（1）描述儿童心理发展的普遍模式。例如，儿童的身体动作、语言、认知、社会行为、情绪、个性、道德等是怎么发展的。真正的发展模式应该具有普遍意义，即反映生活在各种社会文化背景下的儿童共同具有的发展过程。

（2）揭示儿童心理发展的原因和机制。例如，儿童是怎样获得语言的？为什么儿童在出生后短短的三四年内就能基本上掌握本民族的语言？为什么在不同民族或不同国家的儿童，尽管他们的母语都不相同，可是语言的发展都会经历相似的阶段？这里有没有先天的语言机制？如果说皮亚杰所揭示的儿童思维发展阶段是儿童思维发展的普遍模式，为什么必须经历这四个阶段？思维阶段不断推移的原因或条件是什么？等等。

（3）解释和测量个别差异。儿童发展经历的阶段、发展变化的模式是相同的，但每个儿童心理发展的速度、最终达到的水平、各种心理过程和行为特点并不相同。学前心理学解释和测量儿童与儿童间存在的差异是怎么造成的及如何测定。

（4）探究不同环境对儿童发展的影响。探究儿童行为的生态圈——家庭、邻居、学校、社区、文化团体、社会经济团体、亚文化团体等对儿童发展会产生什么样的影响。例如，不同家庭结构、教养方式对儿童个性的影响，农村、城市环境对儿童的影响，家庭社会经济地位对儿童的影响等。

（5）提出帮助和指导儿童发展的具体方法。在实际生活中指导儿童正常、健康地发展，重在实践应用。

第二节 学前心理学的历史回顾与前瞻

德国心理学家艾宾浩斯说过，心理学有着“悠久的过去，短暂的历史”。学前心理学也不例外，伴随着科学技术的不断进步及科学儿童观的逐步形成，科学的学前心理学也日臻成熟。

一、西方学前心理学的早期研究

在西方，儿童一直被“忽视”，他们没有独立的人格，只能依附于成人。古罗马第一部成文法《十二铜表法》曾明确规定：子女乃父母的私有财产，父亲对子女（包括除婚姻外的成年儿女）有生杀予夺之权。这种状况一直持续到文艺复兴才略有改变。

文艺复兴运动中，一批有识之士重新审视“儿童是‘缩小版成人’，儿童是有错的，需要教导和更正”这种观点。他们开始倡导以人性为核心的新儿童观，呼吁解放儿童，尊重儿童，按儿童主体的本性来促进他们的自由发展。

英国哲学家洛克（Locke）认为，儿童的天性就像一块白板，有巨大的可塑性。

他指出，儿童有适合他们年龄的自由和自主，不要用不必要的约束去限制他们，不能反对他们做游戏，他们享有一切自由。他认为，儿童在自由、民主、平等、博爱的社会中应有一席之地。

启蒙运动最卓越的代表人物之一——卢梭（Rousseau）“发现”了儿童首先作为“人”而具有人的根本特性。他说：“要尊重儿童，不要急于对他作出或好或坏的评判。”他呼吁人们应当顺应儿童的本性，尊重儿童。他认为，儿童有自己的看法、想法和感情，他们是真正意义的人。卢梭否定了儿童期仅仅是为将来的成人生活做准备这一观念，指出儿童也有独立存在的价值。这一观点在儿童观演变史及儿童教育史上具有重大的意义。

在西方学前心理学的早期研究上，达尔文（Darwin）也占有举足轻重的地位，他在进化论思想推动之下，研究了个体心理的发生与发展。他根据长期观察自己孩子心理发展的记录，于1876年写成并发表了《一个婴儿的传略》，这是儿童心理学早期的专题研究成果之一，它对推动儿童心理的传记法研究有重要影响，并为儿童心理学的诞生做好了直接的准备。

19世纪后半期，德国生理学家和心理学家普莱尔（Preyer）为儿童心理学的发展作出了杰出的贡献，从而成为科学儿童心理学的奠基人。他对自己的孩子从出生到3岁每天进行系统观察，有时也进行一些实验研究，最后把这些记录和结果整理成一部有名的著作《儿童心理》，于1882年出版，该书被公认为第一部科学的、系统的儿童心理学专著。

继普莱尔之后，第二个有较大影响的人物是美国的霍尔（Hall）。他主要采用问卷法对儿童心理进行研究，掀起儿童研究运动，并创办了《教育学报》（后更名为《发生心理学》）等刊物刊登心理研究的报告和论文。他提出了儿童心理学上的复演说，认为胎儿在胎内的发展复演了动物进化的过程，儿童时期的心理发展则复演了人类进化的过程。这一学说虽引起了很大的争论，但对推动美国儿童心理学的发展有着重要意义。

此外，德国的施太伦（Stern）也是一位出色的儿童心理学家，他借用普莱尔的研究方法，和他的夫人共同对自己的3名子女从出生起进行了长达6年的系统的观察，进行了一些开创性的研究。例如，分析了言语发展阶段，探讨了言语能力的测验和测量等问题，最终形成了自己的专著《六岁以前早期儿童心理学》，这是一部较早的学前儿童发展心理学著作。

二、西方学前心理学研究的发展

自20世纪初到60年代中期，学前心理学进入一个快速发展的时期，众多学者投身到学前儿童心理研究的潮流中来，围绕学前儿童心理发展问题进行了多方面的理论和实验研究，从而形成了不同的理论派别。

（一）精神分析理论

精神分析是现代西方心理学的主要流派之一。它既是一种治疗精神病的方法，又是一种研究心理功能的技术，更是一种心理学的理论。它的诞生对心理学产生了极其深远的影响。同时，这一影响还波及医学、哲学、人类学、历史学、文艺社会学等一系列学科。根据该理论自身的发展，它又分为精神分析理论和新精神分析理论。二者的代表人物分别为弗洛伊德（Freud）和埃里克森（Ericksen），他们在发展心理学方面都有一套完整的理论。

1. 弗洛伊德的精神分析理论

弗洛伊德是奥地利著名的精神病学家，是精神分析学说的创始人。他出生于摩拉维亚的一个犹太商人家庭，1860 年随家庭迁居于奥地利维也纳。1881 年，弗洛伊德获医学博士学位。1895 年，他和布洛伊尔（Breuer）合著的《癔病研究》一书的出版，标志着精神分析学派的诞生。弗洛伊德与达尔文、哥白尼齐名，都被认为是推动人类认识自身的世界级大师。

弗洛伊德将儿童心理发展划分为五个阶段：口唇期（0 ～ 1 岁）、肛门期（1 ～ 3 岁）、性器期（3 ～ 5 岁）、潜伏期（ 5 ～ 12 岁）、生殖期（11 或 13 岁开始）。

（1）口唇期。这一时期，力比多（libido）的区位在口唇部位，即使婴儿并不饥饿，他也会经常将手指头或其他东西放到嘴里吸吮。口唇期又分为初期和晚期。在口唇初期（出生至 8 个月），快感主要来自嘴唇和舌的吸吮与吞咽活动。在口唇晚期（8 个月至 1 岁），婴儿长了牙齿，快感主要来自撕咬和吞咽等活动。从出生到成年以后，出现的因吸吮或咬东西（如吸奶嘴、吃指头、咬铅笔、嚼口香糖等）的愉快，或抽烟、喝酒、贪吃等，都是口唇快感的延续。

知识之窗

力比多的概念

力比多即性力，由精神分析大师弗洛伊德提出。这里的性不是指生殖意义上的性，它被称为“力比多”，泛指一切身体器官的快感，包括性倒错者和儿童的性生活。弗洛伊德认为，力比多是一种本能，是一种力量，是人的心理现象发生的驱动力。

（2）肛门期。这一时期，力比多的区位在肛门。排泄过程和排泄后肛门区域（包括尿道口）的感觉使儿童产生愉悦，儿童以排泄或玩耍粪便为乐。这一时期，应对儿童进行便溺训练，使儿童学会控制排泄过程，以符合社会的要求。

（3）性器期。这个时期的儿童注意到两性器官上的差异，抚摸生殖器可产生快感。这一时期的性感区是生殖器。前生殖器期还指幼儿对异性的父母一方的恋爱。在弗洛伊德看来，男孩的爱情对象是自己的母亲，由于爱母便仇父，男孩对母亲的情爱被称为恋母情结（oedipus complex）；女孩的爱情对象是父亲，把母亲作为多余的而置于一边，这被称为恋父情结（electra complex）。儿童希望自己取代同性父母一方。儿童由于惧怕自己的同性父母一方的惩罚，便必须压抑这种情结，而被迫认同他们。此时，超我便产生了。继而在认同同性父母一方的过程中，形成与各自性别相符的价值观和性格。

（4）潜伏期。这个时期，一方面由于超我的发展，另一方面由于儿童活动范围的扩大，儿童的性欲被移置为替代性的活动，如学习和体育等。其性欲对象为年龄相仿的同性别者，并有排斥异性的倾向。总之，6 岁以后，儿童很少再有性欲的表现，性欲的发展呈现出一种停滞或退化现象。

（5）生殖期。这是性本能发展的最后阶段。个体在经历短暂且风平浪静的潜伏期后，青春期的惊涛骇浪就来临了。女孩约从 11 岁开始，男孩约从 13 岁开始，随着性的成熟，性的能量涌动出来，生殖器成为主要的性感区。此时性欲对象不再是儿童时期的同性朋友，而是异性，希望与之建立两性关系。在本阶段，青少年努力摆脱成人的束缚，想要建立自己的生活，就不免与成人产生摩擦。生殖期持续时间最长，从青春期直至走向衰老为止。

弗洛伊德认为，人在个性发展方面的许多差异都是由上述各个发展阶段进展的不同情况造成的。在力比多的发展过程中，儿童在某一阶段如果得到过多满足或受到过多挫折，就会在其人格中留有该阶段的特定印记，造成儿童在某一阶段的固着和退化。任何一种心理活动都与另外的心理活动有因果关系；所有的心理活动都是持续的；现在的心理特征或病症可以追溯到过去或幼儿期。

2．埃里克森的发展观

埃里克森是美国精神分析医生，也是美国现代最有名望的精神分析理论家之一。埃里克森祖籍丹麦，出生于德国法兰克福。他在精神分析中的主要贡献是自我发展理论（theory of ego development）或心理社会同一性理论（theory of psychosocial identity）。他念完高中后在欧洲漫游一年，后跟随安娜•弗洛伊德（Anna Freud）学习精神分析。1933 年，他移居美国，在波士顿开设儿童精神分析诊所，成为当地第一位儿童精神分析家。1939 至 1944 年，他参加了加利福尼亚大学儿童福利学院著名的“纵向儿童指导研究”，他的人格发展渐成说就是在这一时期形成的。

与弗洛伊德不同，埃里克森认为，人格的发展包括有机体成熟、自我成长和社会关系三个不可分割的过程，经受着内外部的一切冲突。其发展顺序按渐成的固定顺序（有机体的成熟程度）分为八个阶段，每一阶段都存在着一种发展危机。危机的解决标志着前一阶段向后一阶段的转化。顺利地度过危机是一种成功的解决，反之是一种不成功的解决。成功的解决有助于自我力量的增强和对环境的适应；不成功的解决则会削弱自我的力量，阻碍对环境的适应。埃里克森划分的心理社会发展阶段如下：

第一阶段：婴儿期（0 ～ 1.5 岁）。本阶段的发展任务为：满足生理上的需要，发展信任感，克服不信任感，体验希望的实现。如果母亲对婴儿给予爱抚和有规律的照料，婴儿将在生理需要的满足中，体验到身体的康宁、环境的舒适，从而感到安全，产生信任感；如果母亲的爱抚和照料有缺陷，婴儿将产生不信任感。埃里克森认为一定比率的不信任感有利于儿童躲避危险，但是信任感应当超过不信任感。这一原则也适用于其他阶段。

如果成功解决了本阶段的发展危机，儿童的人格中便形成了希望的品质，这类儿童敢于冒险，不怕挫折和失败，容易成为易于信赖和满足的人。如果危机不能成功解决，儿童的人格中便形成了恐惧的特质，这类儿童胆小懦弱，容易成为不信任他人、苛刻无度的人。

第二阶段：儿童早期（1.5～3岁）。本阶段的发展任务为：获得自主感，克服羞怯和疑虑，体验意志的实现。自主性意味着个人能按自己的意愿行事。此时的儿童控制自己的大小便，反复使用“我”“我的”等字眼，凡事想亲历亲为，表现出强烈自主的意愿。但是，成人（尤其是教养者）不可能允许儿童为所欲为，而是要按照社会的需要来要求他们。如果儿童受到过于严格的训练和不公正的对待，就会产生羞怯和疑虑。因此，明智的父母对儿童的态度应当掌握好分寸，既要给儿童足够的自主空间，又要在不伤害儿童自尊心的前提下给予其必要的节制。

本阶段危机的成功解决，会使儿童的人格中形成意志品质。埃里克森认为，所谓意志就是进行自由选择和自我抑制的不屈不挠的决心。如果不能成功解决危机，则形成自我怀疑的人格特征。顺利度过本阶段，对于个人今后对社会组织和社会理想的态度将产生重要的影响，有利于个人为未来的秩序和法制生活做好准备。

第三阶段：学前期或游戏期（3～6岁）。本阶段的发展任务为：获得主动感，克服罪疚感，体验目的的实现。埃里克森认为，顺利度过前两个阶段的儿童已认识到自己是人，在这一阶段中，他们面临的问题是他们能成为什么样的人。他们充满想象力，其行为也更具目的性和主动性。在日常生活和游戏中，他们积极地检验各种限制，确定什么是允许的，什么是不允许的；这一阶段的儿童表现出对性别差异特别的好奇心和求知欲，甚至幻想两性生殖器相互侵入的情景。当儿童认识到他们的行为或计划是注定要遭到成人的禁止时，就产生了罪疚感，而后便以一种新的形式控制自己的思想和行为。这也就是弗洛伊德所说的超我的产生。

在本阶段中，如果父母鼓励儿童的主动性和想象力，他们便会发展较多的主动性和进取精神，获得“正视和追求有价值的目的的勇气”。如果儿童的想象力和创造性表现受到成人的嘲笑和挖苦，他们就会产生罪疚感，丧失自信心。

第四阶段：学龄期（6～12岁）。在本阶段中，儿童进入学校，学习文化知识和基本技能。在学习过程中，儿童一方面努力追求着自身的完善，促生了勤奋感；另一方面，儿童在努力追求的过程中伴随着一种害怕失败的自卑感。因此，勤奋感对自卑感便构成了本阶段的发展危机。本阶段相应的发展任务为：获得勤奋感，克服自卑感，体验能力的实现。

学业的成功、家长和教师的认可、同伴的接纳都可以使儿童产生勤奋感。勤奋感占优势的儿童在生活和学习中常常能体验到“灵巧和智慧在完成任务时的自如运用”,即能力的实现。如果儿童的表现不能合乎家长和教师的期望,本身不被同伴接纳，就会对自己感到失望，体验到自卑感或无能感。

第五阶段：青春期（12～18岁）。青少年因为生理的急剧变化以及新的社会冲突和要求而变得困扰和混乱。埃里克森强调青春期的主要任务是：建立新的自我同一性，防止同一性混乱，体验忠实的实现。其发展危机是同一性对同一性混乱。这里的同一性是一个内涵非常丰富的概念，主要是指一个人知道自己是怎样的一个人——包括过去的、现在的、将来的自己，了解自己的需要、理想和责任，清楚自己的社会角色，以及运用自己的方式把握事件时的内在自信等各方面的协调整合。

显而易见，同一性的建立是一个毕生发展的过程，然而同一性的发展会在青春期出现危机。如果青少年在本阶段未能建立自我同一性，就会产生同一性混乱或消极的同一性（形成一定的社会文化所不予认同的、令人反感的角色）。很多青少年往往痛苦地发现他们不能迅速准确地作出决断，无力持续承担义务，于是他们便进入了“合法延缓期”，以缓冲他们强烈的内心冲突。在这期间，他们需要为日后的发展做充分的准备，如接受高等教育或职业教育、服兵役、经历各种性质不同的社会工作等，这些都是青少年寻求同一性的方式。

在自我同一性的形成过程中，青少年会体验到忠诚的实现，即尽管会遇到不可避免的矛盾，也会忠于自己的内心誓言。这样，青少年最终能忠诚地献身于社会和职业。

第六阶段：成年早期（18～25岁）。本阶段的发展任务是：获得亲密感，避免孤独感，体验爱情的实现。经历了第五阶段，青年男女需要在自我同一性巩固的基础上获得共享的同一性。埃里克森认为，只有建立起良好同一性的青年才能建立与异性伴侣的亲密关系。当两个人愿意共享和调节他们生活中的一切重要方面时，便获得了真正的亲密感。如果一个人未能确保自己的同一性，就会在与情人的交往中过分关注自己，不能忘我地关心对方，因而难以产生真正的感情共鸣，导致孤独感。

青年如果能成功解决本阶段的发展危机，就会形成爱的品质；如果青年不能成功解决本阶段的发展危机，就会导致恋爱或婚姻危机。

第七阶段：成年中期（25～65岁）。在本阶段中，个体已经建立家庭，他们的兴趣开始扩展到下一代，而且他们非常关心各自在工作和生活中的状态。在埃里克森看来，他们进入了繁殖对停滞的时期。此时，相应的发展任务便是：获得繁殖感，避免停滞感，体验关怀的实现。这里的“繁殖”是一个意义相当广泛的词，不仅指生儿育女，关怀、照料下一代，还指创造新事物和产生新思想。埃里克森更侧重于后者。有的人即使没有孩子，但是他们在其专业领域充分发挥自己的智慧和力量，最终有所作为，亦能获得繁殖感。

第八阶段：成年晚期（65岁以后）。这是人生的最后阶段，发展危机是自我整合对失望，发展任务为：获得完善感，避免失望和厌倦感，体验智慧的实现。随着时光流逝，老年人发生了一系列变化，如身体机能逐渐衰退，离开了工作岗位，社会角色转变，收入减少，亲友、配偶相继离去等。因此，老年人需要作出一系列生理、心理和社会的重大调整，以适应这些变化。

埃里克森认为，拥有幸福生活、对自己持满意态度的人，当他们回首往事的时候，自我是整合的，体验到生活的美满和人生的完善，能以一种“超脱的态度对待生活和死亡”，即智慧的实现。而那些在人生的旅途上留下太多遗憾和空白的人，则因无法重新选择而体验到深深的失望和厌倦。当老年人感到失望和厌倦时，应当面对现实，从另一角度去总结自己的人生，努力获得自我整合感。

埃里克森的人格发展八个阶段及相应的发展危机和任务见表1-1。

表1-1　埃里克森的人格发展八个阶段及相应的发展危机和任务

人格发展阶段	年　龄	发展危机	发展任务
婴儿期	0～1.5岁	信任对不信任	满足生理上的需要，发展信任感，克服不信任感，体验希望的实现
儿童早期	1.5～3岁	自主性对羞怯、疑虑	获得自主感，克服羞怯和疑虑，体验意志的实现
学前期或游戏期	3～6岁	主动性对罪疚感	获得主动感，克服罪疚感，体验目的的实现

续表

人格发展阶段	年 龄	发展危机	发展任务
学龄期	6 ～ 12 岁	勤奋感对自卑感	获得勤奋感，克服自卑感，体验能力的实现
青春期	12 ～ 18 岁	同一性对同一性混乱	建立新的自我同一性，防止同一性混乱，体验忠实的实现
成年早期	18 ～ 25 岁	亲密感对孤独感	获得亲密感，避免孤独感，体验爱情的实现
成年中期	25 ～ 65 岁	繁殖对停滞	获得繁殖感，避免停滞感，体验关怀的实现
成年晚期	65 岁以后	自我整合对失望	获得完善感，避免失望和厌倦感，体验智慧的实现

（二）行为主义理论

华生（Watson）是美国著名心理学家、行为主义的创始人。华生对儿童心理的研究主要是在美国的一家医院中进行的。他反对将意识作为心理学的研究对象，认为心理学是研究行为的科学，各种心理现象是行为的组成因素。在研究方法上，华生反对内省法，主张采用实验法，并用刺激—反应（S—R）来解释各种心理现象。华生的儿童心理学理论主要反映在《行为主义的心理学》（1919）和《儿童心理教养法》（1928）等著作中。

华生的儿童心理学理论就是“环境决定论”或“教育万能论”。

首先，华生极力否认遗传在儿童心理发展中的作用，基于以下三个理由：第一，行为是刺激与反应联结的形成过程，由刺激可知反应，有什么样的刺激，就有什么样的反应，而刺激来自环境，遗传对行为的影响不大。第二，华生认为虽然机体构造来自遗传，但机体的机能并不是来自遗传，而是来自后天环境的影响。第三，华生的刺激—反应是以控制行为为研究目的的，机体的行为是可以通过刺激来控制的，而遗传是不能控制的，行为主要取决于后天环境的刺激。

其次，华生否定遗传在儿童心理发展中作用的同时，夸大了环境和教育的作用。他曾这样宣称：“给我一打健全的婴儿和我可用以培育他们的特殊世界，我就可以保证随机选出任何一个，不问他的才能、倾向、本领和他的父母的职业及种族如何，我都可以把他训练成为我所选定的任何类型的特殊人物，如医生、律师、艺术家、大商人，甚至乞丐或强盗。”

华生的环境决定论否认遗传在儿童心理发展中的物质前提作用，并且用刺激—反应来解释心理现象，这就将人的心理与动物相混淆。他重视环境和教育在儿童心理发展中的作用，但将其过分夸大。不过，华生主张研究行为，采用实验法来对儿童心理进行客观研究，推动了儿童心理学研究的客观化进程。

（三）自然成熟理论

格塞尔 (Gesell) 是美国耶鲁大学教授、著名的儿童心理学家。他关于儿童心理的某些研究成果具有世界性的影响。

格塞尔在儿童发展的研究方法上独具特色，他最常用的方法有追踪法、量表法和电影摄影法。

格塞尔认为支配儿童心理发展的因素有两个：成熟和学习。他把发展看作一个顺序模式的过程。这个模式是由机体成熟预先决定和表现的。环境因素起支持、影响和特定化作用，但是它们并不能产生基本的形式和个体发展的顺序。只有当结构与行为相适应的时候，学习才可能发生。在结构得以发展之前，特殊的训练是没有多少成效的。格塞尔主要强调生物因素的作用，不重视环境因素的观点来源于他的孪生子实验。这个实验是：孪生子之一（甲）在 46 周时开始接受学爬特制小梯的训练 6 周（每日 10 分钟），孪生子之一（乙）比甲迟 6 周开始训练，即于第 53 周开始接受同样的训练，2 周后其爬梯的速度就赶上甲的水平。基于这样的研究，格塞尔断定，在儿童生理成熟之前的早期训练对于最终的结果没有多大的作用。由此，他得出了下述结论。

（1）遗传因素是引导和影响发展的主要力量。儿童固有的品质形成了广泛的个体差异。儿童的发展中存在着“成长模式”，通过这个概念，强调内部有秩序的机制的力量，说明儿童虽然在早期生活中遇到过不幸的事情，但他们有自我修正的能力。

（2）儿童的准备过程影响发展过程的机制变化。没有足够的成熟发展，就没有真正的变化，发展的过程不可能通过改变环境而有相应的变化。因此，影响发展过程的机制变化是儿童由不成熟到成熟的生理机制的变化，即准备过程。

（3）年龄在儿童发展过程中具有一般界标的作用。如果成熟是构成发展基础的机制，年龄则是生物变化的一个相当精确的指示物。格塞尔曾经通过电影报告和个人观察等方法，着力研究并试图确定与生物年龄相一致的质变。

（4）个体发展过程中有一定的发展关键期或敏感期。在一个特定的时间内发展，更具敏感性或更具感染力。如果在儿童对阅读领域有较高敏感性的特定时间内去教他，或许效果会好得多。

（5）成熟通过从发展的一种水平向另一种水平的突然转变而得以特定化。从发展的一端到另一端存在着自我摆动，行为的发展具有不连续的本质，倾向于周期性的变化。周期的波峰和波谷受到在不同时间的不同成熟机制的影响。

（6）发展变化在本质上具有结构性。因为结构的变化是行为发展变化的基础，基本结构的变化按照生物的影响（如成熟）有规律地发展着，而心理形态的变化是在心理水平上的结构变化。

在西方，自然成熟理论在 19 世纪 40 至 50 年代曾经盛极一时，被许多家长奉为育儿“圣经”，对当时的教育产生了极大的影响。但这一理论过分夸大了生理成熟的作用，忽视了环境和教育对儿童心理发展的重要作用，这是不正确的，或者说是不完善的。

（四）日内瓦学派

日内瓦心理学派是当代儿童心理学和发展心理学中的主要派别之一，为瑞士心理学家皮亚杰所创立，又称皮亚杰学派。其主要工作是通过对儿童科学概念及心理运算起源的实验分析，探索智力形成和认知机制的发生发展规律。

日内瓦学派的最初活动可追溯至皮亚杰 1921 年前后在巴黎比奈实验室工作期间所进行的关于儿童智力的研究。1950 年，他发表 3 卷集《发生认识论导论》，标志着

Chapter 1
Chapter 2
Chapter 3
Chapter 4
Chapter 5
Chapter 6
Chapter 7
Chapter 8
Chapter 9
Chapter 10
Chapter 11

发生认识论体系的建立。皮亚杰任教于日内瓦大学卢梭学院（后改为教育学院）并相继就任该院实验心理研究室主任及院长期间，在日内瓦大学召集了一批志同道合者，如英海尔德（Inhelder）、斯策明斯卡（Sicemingsika）、德茨瓦尔特（Deci Walter）等人，形成了日内瓦学派的基本队伍。1955 年，皮亚杰又在日内瓦大学创立了发生认识论国际中心，邀集各国心理学家及其他有关学科的学者进行跨学科合作研究。至 1980 年，该中心已出版专题报告集 37 卷。

皮亚杰将智慧的发展划分为四大阶段，具体内容如下：

（1）感知运算阶段（通常为出生后至 2 岁）。这一阶段婴儿只有动作的智慧，而没有表象与运算的智慧，他们依靠感知运动的手段来适应外部环境。这个阶段的儿童行为发展经过三个层次：本能时期、习惯时期和智慧活动萌芽时期。儿童出生的第一个月只是遗传性反射格式，通过第二分阶段的习惯形成，使一些单一的反射动作加以整合、联结，如寻找声源、用眼神跟随运动的物体等，大约在 9 个月到 1 岁开始出现了最初的感知运动智慧。

（2）前运算阶段（通常为 2 ～ 7 岁）。此时期儿童的思维特点以自我为中心，他们很难从别人的观点（角度）看事物。例如，儿童在这一阶段后期可以说出自身的左右，但对于对方的左右常常弄错，受自身左右的影响。这一阶段儿童思维的另一个特点是思维的直觉性及思维的集中性，他们的判断仍受直觉调节的限制。

（3）具体运算阶段（通常为 6 ～ 12 岁）。这个阶段儿童的基本特点是开始进行心理运算，能在头脑中依靠动作的格式对事物的关系系统进行逆反、互反、传递等可逆运算。具体运算阶段的儿童，虽然在推理上、问题解决和逻辑方面已经超过了前运算阶段的儿童，但其思维还具有局限性，还不能进行抽象的语言推理，离不开具体事物的支持。

（4）形式运算阶段（通常为 11 ～ 15 岁）。这个阶段的儿童已经达到了成人的成熟思维，是认知发展的最高阶段，能在头脑中将形式和内容分开，能根据假设来进行逻辑推理。

三、西方学前心理学研究的新进展

在西方，20 世纪中期以来，美国的布鲁纳（Bruner）提出了独具风格的儿童心理研究实验方法和理论概况，新行为主义者如斯金纳（Skinner）、新精神分析的代表如埃里克森，也各自提出新的儿童心理学观点和研究成果。一些儿童心理学家还企图把认知理论和信息加工理论结合起来，使现代学前心理学的研究呈现出一派繁荣景象。

近年来，西方学前心理研究的新趋向主要表现在以下几个方面。

（一）儿童早期心理发展研究备受关注

近年来，西方妇女就业率的增长、出生率的下降、儿童早期智力开发和早期教育问题的提出，以及现代研究技术手段的不断完善等推动了儿童早期心理研究的发展，在胎儿发育和优生、婴儿认知能力、早期经验及教育、儿童发展的关键期等方面取得了一系列的新成果。其中典型的研究有以下几种。

一些研究者开始采用注视时间作为探索婴儿感知能力发展的方法，具体做法是将两种不同刺激同时呈现于婴儿面前，如果婴儿对其中的一种产生偏视，即注视的时间较长，则表明婴儿对该刺激偏好。与此同时，美国的范茨（Fantz）等人发展了“习惯化”和“去习惯化”的方法研究早期儿童辨别不同物体的能力。当一种新异刺激出现时，婴儿的注意力就会朝向刺激物，产生定向反射，其他正在进行的活动立即停止。如果同样的刺激反复呈现给婴儿，最后就会使先前出现的定向反射完全消失，这种现象被称为习惯化，这时如果呈现另一不同的刺激，新的定向反射又会产生，这种恢复了对新事物兴趣的现象被称为去习惯化。当前，习惯化和去习惯化的方法被广泛应用到婴儿的图形知觉、深度知觉等各种感知能力及记忆力的研究之中。在早期智力的研究方面，美国芝加哥大学教育学、心理学教授布鲁姆（Bloom）通过相关追踪研究，发现人的智力发展的50%是在4岁前完成的，30%是在4～8岁完成的，剩下的20%则是在8～17岁完成的。由此可见，儿童出生后的前4年是智力发展的重要时期，这也引发了人们对早期经验和早期教育的重视。

（二）儿童社会性发展成为研究的重点领域

精神分析的社会文化学派修正了弗洛伊德的本能决定论和泛性论，强调社会文化因素对人格的影响，将微观的家庭环境与宏观的社会环境联系起来，反对弗洛伊德的生物学化倾向，促进了儿童社会化问题的研究，使学前儿童的个性研究转向社会性发展方面。

西方心理学家对儿童社会性发展研究的课题设计了亲子关系、同伴关系、自我意识、社会性行为及道德发展等方面。社会化是指个体学习所属社会中的人们必须掌握的文化知识、行为习惯和价值体系的过程。每个社会使儿童达到社会化目标的方式各不相同，但实现社会化的途径和动因基本上是相同的。影响儿童社会化的因素包括家庭、学校、同伴及社会信息传播媒体、社会文化背景等，这些因素是如何作用于学前儿童的个性发展的，成为儿童心理学工作者关心的重要问题。

（三）儿童社会认知发展研究的兴起

社会认知是近年来心理学新的重要研究领域。社会认知是指人对社会性客体及其之间的关系，如人（他人和自我）、人际关系、社会群体、社会角色、社会规范和社会生活事件的认知，以及对这种认知与人的社会行为之间的关系的理解和推断。

儿童社会观点采择发展是儿童社会认知发展研究中的一个重要内容。观点采择是区分自己与他人的观点，并进而根据当前或先前的有关信息对他人的观点（或视角）作出准确推断的能力，经常被形象地比喻为“从他人的眼中看世界”或“站在他人的角度看问题”。美国发展心理学家塞尔曼（Selman）认为观点采择在儿童的社会认知发展中处于核心地位。在发展心理学历史上，首先对儿童观点采择发展作出系统理论阐述和实验研究的是以皮亚杰为代表的认知发展理论，其理论中的两个基本概念——自我中心和去自我中心都与儿童观点采择能力的发展有直接的联系。儿童观点采择能力的发展涉及两个基本条件：一是认识上的去自我中心，即能够认识到对于同一问题，不同的人可能有不同的看法或观点；二是在此基础上对他人观点的推断能力。综观近二三十年来发展心理学家关于儿童观点采择发展的研究，在研究视角和分析取向上，可以区分出两种类型：过程取向和结构分析取向。关于儿童观点采择发展的一般趋势，近年来有关研究者提出，儿童达到观点采择的年龄要早于皮尔杰指出的年龄。香茨（Shatx）等人认为，儿童在四五岁能够达到认识上的去自我中心，其他研究也得出了类似的结论。

儿童心理理论是近 15 年来儿童社会认知发展研究的另一个热点问题。心理理论是指个体凭借一定的知识系统对他人的心理状态进行推测，并据此对他人的行为作出因果性的预测和解释的能力。心理理论最早是由普雷马克（Premack）和沃道夫（Woodruff）于 1978 年提出的，后来这个观点被许多心理学家所采纳，并使这一研究得以延续和蓬勃发展。作为一个新兴的研究领域，目前发展心理学家关于儿童心理理论的研究主要集中在儿童对他人信念，以及信念与行为的关系的认知发展方面。所采用的主要研究策略是通过儿童对他人信念的认知来考察儿童心理理论的发展。儿童心理理论发展的模式有建构理论（constructivism theory）、模仿理论（simulation theory）、模块理论（modularity theory）、匹配理论（matching theory）等。一般认为，儿童在 4 岁时就获得了心理理论。

（四）研究方法呈现生态化趋势

生态化运动是当前儿童发展心理学研究的突出特点之一。近 20 年来，随着现代系统科学思想及方法引入心理学研究领域，儿童心理学家逐渐认识到，儿童是在真实的自然和社会情境中成长起来的，其心理的发展受到多种因素的影响，而这些因素组成一个完整的系统。心理发展是一个信息变化的组织过程，在这个过程中，它必须不断从外界获取、存储、加工信息并通过反应以实现心理的定向调节作用，从而对环境发生适当的反应。因此，要考察儿童心理系统及其发展，必须要将它置于现实生活背景中进行分析，探寻其与外界的联系及变化。

所谓“生态化运动”，是指强调在现实生活中、自然条件下研究个体的心理与行为，研究个体与自然、社会环境中各个因素的相互作用，从而揭示其心理发展与变化的规律。从生态学的观点来看，个体是在真实的自然、社会环境中成长、发展的，个体的心理活动不是一个孤立的系统，心理发展要受到环境中多种因素的影响，因此，在心理发展的研究中应将个体心理置放于现实的社会环境中考察，在自然的情境下进行，一方面从个体的心理系统的变化来研究，另一方面应注重将这一心理系统置于宏观关系中加以探讨。在具体的研究方法上，发展了准实验设计方法，改进了观察法，采用录音机、摄像机、各种生理记录仪等先进的技术手段精确记录现实生活中研究对象的行为表现及其与周围环境的互相作用，重视多因素设计和分析。

（五）更加重视理论研究和实际应用的结合

近年来，科技和文化在世界范围内取得了较快的发展，使儿童的生活内容和方式发生了较大的变化，这也使学前儿童心理发展的研究出现了一些新的领域，并促进了理论研究和实际应用的结合。例如，关于儿童电视和电影的研究，关于儿童学习的问题和关于儿童心理卫生、行为治疗的研究等，成为儿童心理学家关心的重要课题。

四、我国学前心理学的研究概况

我国古代教育家在教育理论和实践上虽也涉及很多儿童心理方面的问题，但学前心理学作为一门独立学科在我国出现较晚。20 世纪初期，开始有人翻译介绍西方儿童心理学著作，如艾华编译的《儿童心理学纲要》、陈大齐译的《儿童心理学》等。

我国最早开创儿童心理学研究的是陈鹤琴，他于 1919 年留学回国后，在南京高等师范学校讲授儿童心理学课程。他的《儿童心理之研究》是中国第一部儿童心理学教科书。他还用日记法对其子从出生到 3 岁进行了长期的观察，这也是较早的有系统的儿童心理研究工作。

20 世纪 30 年代，黄翼重复皮亚杰的实验，并提出自己的看法，他著有《儿童心理学》《神仙故事与儿童心理》《儿童绘画之心理》等书，还进行了儿童语言发展及儿童性格评定等研究。

新中国成立后，儿童心理学取得很大进展。20 世纪 50 年代，在苏联儿童心理学的影响下，我国学者着重探讨了儿童心理学研究的理论方向问题。60 年代，朱智贤编写的《儿童心理学》一书批判地吸取国内外研究成果，密切联系我国的实际，对我国儿童心理学的研究和教学起了积极作用。

20 世纪 60 年代前后，我国儿童心理学除理论方面的探索以外，实验研究工作也广泛开展起来。实验对象大多集中在幼儿期和童年期的儿童。研究课题以认知发展的研究较多，如学前儿童方向知觉的特点、6 ～ 7 岁儿童的时间知觉、学前儿童因果思维的发展、儿童左右概念的发展、4 ～ 12 岁儿童图画认识能力的发展等。还进行了关于 6 岁儿童入学问题、儿童道德品质形成问题及儿童脑电等研究。

20 世纪 60 年代，我国儿童心理学研究工作主要集中于儿童心理发展方面，几乎没有重视方法学研究。约从 70 年代后期起，一些学者开始重视对方法学的研究，并在研究的课题、类型、设计、变量、被试、标准化及具体实验研究方法等方面作了有益的探索。

近 20 年来，我国学前心理学在研究成果和教材建设方面都取得了较大的成就。在研究内容上，逐步由关注儿童认知的发展向注重儿童个性、社会性发展转向，在学前儿童自我意识的发展、同伴交往、品德的发展与培养、亲子关系等方面作了大量的探索，特别是近年来，超常儿童的心理发展、独生子女的心理特征、单亲家庭儿童心理发展成为备受重视的课题。另外，由于心理测量工作在我国的重新兴起，心理学工作者修订了一批学前儿童心理量表，并编制我国自己的学前儿童智力和个性量表，在研究和实践领域都得到了广泛的应用。

第三节　学前心理学的研究方法

学前心理学的研究方法既有儿童心理学研究方法的普遍性，又有本学科的特殊性。学前心理学的研究方法包括实证研究法和理论研究法（仅供本科生用）两大类。

一、实证研究法

英国哲学家培根（Bacon）曾说过："科学是实验的科学，科学就在于用理性方法去整理感性材料。归纳、分析、比较、观察和实验是理性方法的主要条件。"学前心理学既然是一门科学也不例外，既重视运用观察、访谈等方法收集感性资料，更重视运用归纳、分析、比较、实验等理性方法整理感性资料。从事科学研究的人们，势必要对两种变量——自变量与因变量发生兴趣，并孜孜以求于两种变量之间的内在逻辑关系，为此，研究者总是通过一定的控制手段，观察、测量自变量和因变量之间的相应变化，最后从这些变化中找出规律。

根据学前心理学研究的时间取向，可将学前心理学研究分为横断研究和纵向研究两种类型。

（1）横断研究是指在特定时间内同时观察不同的个体来探索其发展状况的研究设定形式。例如，要比较不同年龄儿童的利他行为，可以让 5 岁、4 岁、3 岁、2 岁的儿童分别面对一个 1 岁 6 个月且哭泣的孩子，观察他们是否会把自己有限的资源（糖果、玩具）与对方分享，借以确认分享这种利他行为是否随着年龄增长而增多。通过观测，求出某种心理水平的代表值，或求出几个年龄组儿童的代表值并加以比较。

（2）纵向研究是指在一段相当长的时间内对一个或一组儿童进行定期的系统的随访观测（追踪），以探索其心理发展连续变化的研究设定形式。例如，要比较蒙蒙小朋友在不同年龄段的利他行为，可以定期观察 5 岁的蒙蒙、4 岁的蒙蒙、3 岁的蒙蒙面对一个 2 岁孩子哭泣时的表现，观察不同年龄段的蒙蒙是否会让 2 岁孩子分享自己的资源（糖果、玩具），从而研究分享行为随年龄增长的变化趋势。

这两种研究各有千秋。横断研究是最常用的设计方式，优点是可以同时研究较大样本；可以在短时间内取得大量资料；可以使研究工作降低成本，节省时间和人力。缺点是难以得出个体心理连续变化过程；难以了解心理变化中各事件的因果关系；难以确定导致研究结果中的组间差异的各种因素。纵向研究的最大优点在于可以使研究者随时间的进程，直接地测量个体变化的速率，取得第一手资料，特别适合"早期经验对后期行为的影响""自闭症儿童的行为变化"等这类长期追踪研究。但这类研究耗时费力，对象有时缺乏典型性，且难以保持长期的合作关系。

既然横断研究和纵向研究各有利弊，彼此又不可代替，最好的途径是将两种研究结合起来综合利用。例如，欲研究 0 ～ 6 岁学前儿童的情绪发展，研究者可以选择 0 岁、2 岁、4 岁儿童若干名，进行为期 2 年的定期或不定期观察，2 年期满后，便得到 0 ～ 2 岁、2 ～ 4 岁、4 ～ 6 岁儿童情绪发展的连续资料。

横断研究和纵向研究可以具体分为以下三种方法。

（一）观察法

观察法是有计划、有目的地观察儿童在一定条件下言行的变化，作出详细的记录，然后进行分析处理，从而判断他们心理活动的特点的方法。观察法是科学研究最基本的方法。通过观察，人们可以收集到最直接的资料，包括事件发生、发展的过程和相关的数据。

1. 观察法的分类

按不同的维度，观察法分为以下几种具体类型。

（1）从时间上看，观察法分为长期观察和定期观察。长期观察指研究者在一个相当长的时期内，连续进行系统观察，积累资料，并加以整理和分析。定期观察指按一定的时间间隔持续观察（如每周一次），到一定阶段后予以总结。

（2）从范围上看，观察法分为全面观察和重点观察。全面观察指在同一研究内对若干项心理现象同时加以观察、记录。重点观察则是在同一研究中只观察、记录某一项心理现象。

（3）从规模上看，观察法可分为群体观察和个体观察。群体观察指研究者的观察对象是一组儿童，记录这一群体中发生的各种行为表现；个体观察又称个案法，是对某一特定儿童作专门的观察，它是一种最简单、最直接的心理学研究方法，具有启蒙和试点的作用。

2. 科学观察的主要步骤和准备工作

一次完整的观察，一般应包括以下主要步骤：①确定观察的目的和选定观察的对象；②做好观察前的准备工作，如准备观察工具，设计、印制观察记录表等；③进入观察场所，获得被观察对象的信赖；④进行观察并作记录；⑤整理观察结果；⑥分析资料并撰写观察报告。

在进行观察之前，除了明确观察目的外，必须做好各项技术准备工作。

（1）确定观察内容。观察记录总的要求是记录实验变量引起的反应变量及观察到的明显的行为变化。但因研究主题的不同，观察记录的内容有所不同，通常具体包括以下几种：①语言行为，即被观察对象在受到条件刺激后所表现的对事物的语言反应及其表达词语；②特别语言行为，即被观察对象在受到条件刺激后所表现的语言的音调、音量、持续时间、节奏及特殊发音与词汇；③关系分布行为，即被观察对象在受到条件刺激后所表现的学生与学生、学生与教师之间的距离关系。

（2）确定观察范围。进行观察，不可能包罗万象、面面俱到，除了通过抽样选择了观察对象外，还要在时间、空间上加以取样，限制一定的范围。表 1-2 列出了几种不同取样方法的特点。

表 1-2　不同取样方法的特点

取样方法	特　　点
时间取样	考察在特定时间内所发生的行为现象
场面取样	有意识选择一个自然场面，考察场面中出现的行为现象
阶段取样	选择某一阶段的时间范围进行有重点的考察
追踪观察	对对象进行长期、系统全面的考察，了解其发展的全过程

（3）准备观察仪器。现代化的观察仪器主要有录音机、光学照相机和数码照相机、电视摄像机、录像机、闭路电视装置等，还有进行图像和声音处理的多媒体计算机等。观察之前，不仅要备齐必要的设备，而且要检查其完好率，了解机件的性能功效，掌握操作方法，保证其精确度，以免在使用时产生故障或失真。

（4）设计观察记录表格。一项完整的观察研究必须进行观察并作记录，然后整理观察结果，包括数字统计与文字加工，使材料系统化、精确化、本质化，为进一步分析研究做好准备。

观察记录表格设计要简明、科学、结构化、易于操作。设计的关键，就是要根据实验的假说，对估计可能出现的结果内容条理化、结构化，形成一个层次不同的纲目，制成表格。表格一般应包括以下基本项目：①观察内容（行为表现）；②时间取样；③场面取样；④对象编号；⑤行为、现象表现的等级。在观察前要认真检验记录量表可能出现的误差。有了这样较为周密的量表，在观察时既可以作出合适的详尽记录，又简单易行，只要填写数目或符号即可，这样，让观察者有边观察边思考的余地。

3．观察法的优点和局限性

观察法是科学研究的基本认识方法，但不是唯一的认识方法。观察法既有其十分明显的优点，又有其难以克服的局限性。在研究中，我们应将观察法与其他方法配合使用，扬长补短，相辅相成，充分发挥观察法的作用。

观察法的优点如下：

（1）直接性。由于观察者与被观察对象直接接触，中间不需要其他中间环节，观察到的结果、所获得的信息资料，具有真实可靠性，是第一手资料。

（2）情境性。观察一般是在自然状态下实施的，对被观察者不产生作用与影响，即无外来人为因素的干扰，不会产生反应性副作用，能获得生动朴素的资料，具有一定的客观性。

（3）及时性。观察能捕捉到正在发生的现象，因此所获信息资料及时。

（4）纵贯性。对被观察对象可以作较长时间的反复观察与跟踪观察，对被观察对象的行为动态演变可以进行分析。

（5）普适性。观察法适用范围较为普遍，不但自然科学研究与社会科学研究普遍适用，而且在教育技术研究中，不少方法如调查法、实验法等也与观察法有密切关系。

观察法的局限性如下：

（1）在自然条件下，事件很难按严格相同的方式重复出现。

（2）在自然条件下，影响某种心理活动的因素是多方面的，因此结果难以精确分析。

（3）由于未对条件加以控制，观察时可能出现不需要的研究对象，而要研究的对象却没有出现。

（4）观察结果容易受到观察者本人影响。

（二）调查法

调查法包括谈话法、问卷法、测量法和产品分析法四种。

（1）谈话法。研究者根据一定的研究目的和计划直接询问儿童的看法、态度，或让儿童作简单的演示，并让他们说明为什么这样做，以了解他们的想法，从中分析儿童的心理特点。结合简单演示的谈话法又称临床法。

谈话法有一定的优越性：首先，谈话时调查者与被调查者面对面交谈，当被调查者不理解问题的含义时，询问者可详细地加以说明；其次，调查者可根据谈话情况对被调查者提出补充问题，深入调查；再次，谈话法不受文字能力的限制，对任何文化程度的人，特别是低年级年幼儿童都可以采用；最后，谈话的手段可研究较为广泛的课题，比问卷法获得的信息更为详细，可向不同的访谈对象提出不同类型的问题，较为灵活。谈话法的不足在于费时太多，记录时较为困难，也不能像问卷那样可以进行统计估计。

运用谈话法应注意以下问题。

① 谈话应有明确的目的，谈话时围绕主题进行，不能脱离主题，东拉西扯，漫无边际。

② 要准备好提问的顺序，按一定的思路发问。例如，评价幼儿绘画能力时，可以先问幼儿是否喜欢画画，然后问幼儿喜欢画什么，再问幼儿什么画得最好，如此逐步深入，才能取得较好的效果。

③ 谈话应选择适当的时间。例如，如果一个幼儿正急于到户外去玩，那么此时就不宜谈话。谈话还应选择安静的地点进行，避免其他干扰。

④ 与幼儿谈话时，应语气和蔼、态度亲切，谈话用语应易于幼儿理解。

⑤ 谈话时不能催促幼儿，也不应暗示和启发。

⑥ 谈话过程中，不能对谈话对象有偏见，也不可对谈话内容加以褒贬，在记录整理时，亦不能加入调查者个人的主观印象。

（2）问卷法。根据研究目的，以书面形式将要收集的材料列成明确的问题，让被试回答。更为常用的形式是将一个问题回答范围的各种可能性罗列在问卷上，让被试圈定，研究者根据被试的回答，分析、整理结果。

使用问卷法时应注意以下问题。

① 应尽量避免使用复杂的语句和带有引导性的问题，以使回答者容易理解和作客观性的回答。

② 应尽量采用不记名方式，以保证问卷的真实可靠性。如果出于评价的需要，必需要有答卷人姓名时，问卷设计者一定要周密计划，想出可行的办法。

③ 在对一些可能有明显社会要求和道德规范影响的问卷项目上，应设法掩盖研究的目的，采用投射式提问。例如，在幼儿园领导素质的调查中，不直接问被试自己的看法，而是让被试对“周围其他人”的想法作出评定，从而使被试作出真实的反应。

④ 问卷编好以后，不宜急于实施，最好在被调查对象之外试测一下，经加工修改之后，再进行正式的调查工作，以便收到最佳效果。

（3）测量法。用编好的心理量表作为工具，测量儿童的某一行为表现，然后将测得的数据与心理测验提供的平均水平相比较，可以看出被试的个别差异。在心理学中，测量法常用于测量智力和个性特征。

有效使用测量法应注意以下问题。

① 测量法的使用必须谨慎，防止测量工具的乱编乱用。使用测量法是必要的，但必须加以适度的控制，必须保证测验编制、实施、解释等各个环节的科学性，避免因误用、滥用而导致的不良后果。

② 量表的编制要符合测量学的要求，尤其要注重信度、效度的考察。量表编制者不仅要对心理与教育的有关问题具有较深的造诣，而且要通晓测验的基本原理与量表编制技术。

③ 保证测验的严格施测与客观评估。一般应由专业人员进行施测、评分、解释和作出诊断。

（4）产品分析法。研究者从儿童的艺术作品或学生作业、日记、考卷中分析儿童的心理特点。婴儿的涂鸦、幼儿早期的绘画都是值得分析的产品。

（三）实验法

1．实验法的定义

实验法是一种有计划、有控制的观察。研究者根据一定的研究目的，事先拟订周密的计划，把与研究无关的因素控制起来，在一定的条件下引发被研究者的某种行为，从而研究一定条件与某种行为之间的因果关系。在心理学中，通常把实验的研究者称为主试，把被研究者称为被试。实验法是一种较严格的、客观的研究方法，在心理学中占有重要位置。实验法既可以在实验室里进行，也可以在被试原有的环境中进行。对学前儿童开展的研究，更适合于在儿童熟悉的自然环境中进行。

2．实验研究的一般程序

（1）形成理论假设。在实验前通过查阅文献或观察形成假设。

（2）实验设计。需要注意以下问题。

① 确定自变量及其水平。假使我们要研究亮度对视敏度的影响，我们需要确定不断变化的、可操纵的变量，即自变量，它是亮度。操纵自变量之后，有一个变量会随之变化，即因变量，该研究的因变量是视敏度。与客体相关的还有其他的变量，它们会影响实验的研究，如被试的年龄、性别、健康状况，实验室的环境，测试的时间等因素，这些变量都应该被有效地控制而不对视敏度产生影响，或者产生同样的可预测的影响，这样我们才能抵消这些因素的影响作用，从而单纯地考虑亮度对视敏度的影响。例如，研究故事书中插图对幼儿的理解，其中自变量就是有没有插图，自变量可以分成很多不同水平，至少要分为两个，如故事书中有插图，故事书中只有文字。

② 确定因变量。确定被试的反应变量，即儿童对故事内容的理解程度。

③ 选择被试。

④ 选择具体试验的类型。根据不同类型试验选择不同的方法——被试间设计和被试内设计。

被试间设计：一组被试只接受一组实验处理条件。例如，甲乙两组幼儿，甲组读有插图的故事，乙组读无插图的故事。

存在的问题：两组的差别不完全由是否有插图造成，可能是两组本身记忆能力的差异。

被试内设计：实验过程中让一组被试接受所有条件的处理。例如，只使用一组被试，既读有插图的又读没有插图的故事。实验中要注意的一个方面是控制无关变量。

无关变量：在研究过程中会影响实验结果，但研究者不感兴趣的一些变量。若无关变量没有控制好，会使研究结果产生偏差。例如，一组儿童早晨清醒时被测试，另一组却在午后，就是因为没考虑时间这个无关变量，因此要在同一时间进行测试。

（3）实验观测。实施实验，收集数据。

（4）统计分析。

（5）得出结论。

以上介绍的研究方法注重于收集数量化资料和数据，研究两个现象之间可能存在的内在关系。尤其是实验法，人们更倾向于通过它探求事物之间的因果关系。我们把这一类实证研究称为量化研究。这一类研究具有良好的组织性、严密性、概括性，是心理学的主流研究方法。人的心理具有高度的完整性和复杂性，很难像物理学、生理学的研究那样严密控制，也不可能把人的心理完全分解开来孤立研究。近年来，心理学引进了社会学的"质的研究"、生态学的真实环境研究等方法，在研究对象的选取上采用人种心理学（ethnopsychology）的定点对象选择法，大大拓宽了研究的视野。

研究方法是收集资料和数据的手段，不是研究工作的框框。在实际研究中，研究者不必拘泥于单一的方法。明智的方法是根据需要，将各种研究方法综合起来灵活使用，以便多维度、多层次地收集第一手资料。

二、理论研究法

学前心理学是一门实证性很强的学科，需要从大量的实证性研究中收集资料、掌握数据、分析结果，从而得出关于儿童心理发展的认识。但是，一切具体的研究方法，都只是收集感性材料的直接手段，难以触及发展的规律和本质。因此，研究儿童心理的发展，除了大量采用实证研究法之外，还需要采用理论研究法。否则，具体材料越多，对儿童心理的认识就越混乱，达不到科学研究的目的。

理论研究可分两个层次。

第一层次的理论研究是元分析研究（meta-analysis of research），就是运用测定和统计分析的技术，对某一领域中所有的研究记录和发现作综合的处理，以寻找更为一般的结论。虽然元分析研究仍立足于定量的分析，但由于它更具普遍性、更远离具体事实、更接近普遍规律，因而结论也更可靠。元分析研究是理论研究的基础层次。例如，美国得克萨斯大学法尔博（Falbo）曾对115篇有关独生子女研究的报告进行元分析，发现了这类研究本身的发展特点和独生子女的一些普遍特性，特别是亲子关系对独生子女发展的重要性等，在这一领域里具有广泛的影响。

第二层次的理论研究是发展理论的研究。儿童心理的发展理论，是对发展趋势、发展阶段、发展模式、发展因素等的概括和总结。在发展心理学中，有各种不同的发展理论，如行为主义发展理论、精神分析发展理论、认知发展理论等，每一种理论都对儿童心理发展的规律作出理论的阐述，具有特定的贡献。无论是哪一个理论流派，发展理论总是围绕着"心理学是什么"和"心理学家应如何研究心理现象"这两个问题进行，或者，说到底是围绕着"儿童心理发展的实质是什么"这个问题而展开的。由于儿童心理发展的固有复杂性和科学研究本身的局限性，任何一种发展理论都不可能包容人类心理发展的全部内容，理论与理论之间的不和谐是不可避免的。美国儿童心理学家格塞尔讲过："我们现在关于儿童的知识的准确性，如同一张15世纪的世界地图一般。"儿童心理的发展不可能像物理实验室里的基础实验那样简捷和确定。发展理论应该是多元的。

无论是实证研究还是理论研究，都离不开哲学方法论的指导。唯物辩证法是人类认识史上最科学、最全面、最深刻的哲学方法论，是防止孤立地、片面地、静止地认识儿童心理发展的理性保障。在儿童心理的学习和研究中，我们必须坚持唯物辩证法，使我们的认识始终遵循着正确的方向。

知识之窗

如果没有皮亚杰

瑞士心理学家皮亚杰是20世纪最伟大的儿童心理学家。有人认为，如果没有皮亚杰，儿童心理学也许只是一门非常不起眼的学问。

22岁的皮亚杰取得自然科学博士学位后，在比奈实验室里协助测试儿童的推理能力。他发现不同年龄的儿童所犯的测验错误是不同的，但同一年龄的儿童所犯的错误类型往往相同。他与儿童交谈，向他们提出关于周围世界的问题，仔细听他们的回答。从此，他开始了终生的研究方向——人是怎样获得知识的。他欣喜地说："我终于找到了自己的研究领域了。"从青年时代到80岁，他的大部分时间都在观察儿童，并参加儿童的游戏。他给儿童讲故事，也让儿童给他讲故事。他不时地问儿童："走路的时候，为什么太阳跟着你一起走？""做梦的时候，梦在哪里？"有时，皮亚杰也使用一些小道具，做一些小实验，并向儿童提出一些问题。皮亚杰把他自己使用的研究方法称为临床法。从中，皮亚杰收集到大量有关儿童思维发展的事实。皮亚杰自己的三个孩子也成为他的主要研究对象。美国发展心理学家卡根（Kagan）说："皮亚杰发现的这些现象司空见惯，就在每个人的鼻子底下，可并非每个人都具有发现这些现象的天分。"还有人称，皮亚杰的事实是儿童心理学的最可靠的事实。在此基础上，皮亚杰构建了一套建立在生物学与认识论之间的全新的"发生认识论"，极大地推动了儿童心理学的研究和发展，把20世纪的儿童心理学推到了高峰。

皮亚杰去世后，他的理论的丰富性和对学科的启迪性并没有消逝，相反，更加激发了后人深入研究。

三、一些常见的婴儿心理学研究方法

因为婴儿还不会说话，上述的实证研究法有些不适用于他们，所以研究婴儿的心理就有必要采用一些独特的研究方法。

（一）有意义的自然反应法

婴儿的反应是多种多样的，有先天遗传的，也有后天习得的；有无秩序的，也有有规则的；有自发性的，也有应答性的。其中，有些是有意义的，有些是无意义的。从婴儿有意义的反应中，我们不仅可以看到婴儿对外界物体的辨别与理解，也能看到外界事物对婴儿的作用与意义。在婴儿心理研究中，经常选用的婴儿自然反应法主要有以下几种。

1. 视觉追踪法

婴儿对物体的注视和追踪是一种可作为婴儿心理测查指标的有意义的自然反应法。例如，在婴儿面前放置一个屏幕，屏幕上左右各开一个窗口，左边窗口放有一个好看的球，自下向上运动，直至消失，几秒后球在右边窗口出现，并自上向下运动。反复几次之后，我们就会发现，即使 2 ～ 3 个月的婴儿在看见球在左边窗口消失后，都会将视线转向右边窗口以期待球的出现。这说明婴儿已具有对物体运动轨迹的知觉能力及运动方向、位置的预测和判断能力。

2. 视崖反应法

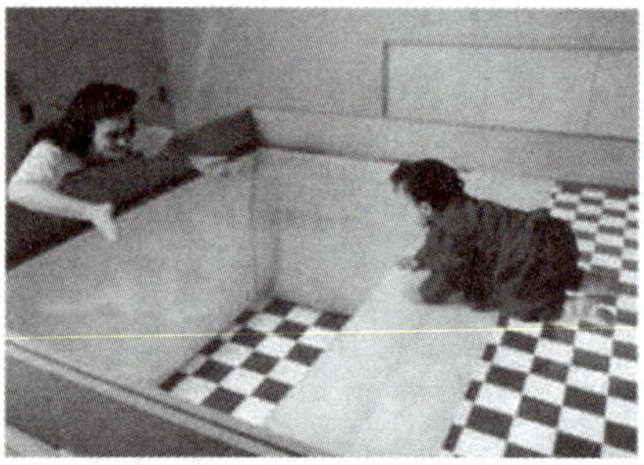

图 1-1　视崖装置

视崖是美国儿童心理学家吉布森（Gibson）和沃克（Walk）于 20 世纪 60 年代设计的一种首先用于研究婴儿深度知觉的实验装置（图 1-1）。这是一个特制的设备，上面以无色透明的钢化玻璃材料为面，底下两端在不同位置放红白格相同的棋盘布，一端紧贴着玻璃置放，看起来没有深度，为“浅滩”，另一端则将同样的图案置于低于玻璃 1.33 米处，造成一个视觉上的“悬崖”，在两端之间的过渡地带贴上白胶布，称为“中央板”。实验时，首先将婴儿置于中央板，然后分别在两侧诱使婴儿爬行。例如，让婴儿的母亲分别在“悬崖”一边和“浅滩”一边招呼他过来，如果婴儿不能认识到不同深度，那么不论母亲在哪一边叫他，他都会爬过来。根据吉布森的研究结果，6 ～ 7 个月已能爬行的婴儿几乎都敢于自由地爬过“浅滩”，而拒绝爬过“悬崖”。这说明这一年龄段的婴儿已具有深度知觉，并对悬崖深度表示害怕、恐惧。在我国，研究者也用同样的装置对婴儿进行了研究，得出了类似的结论。

近年的研究中，研究者将视崖装置的测查与生理指标的测量结合起来，使对婴儿深度知觉的测查大为改善，发现婴儿在更小的时候（2 个月时）就开始具有深度知觉。实验时，他们将 2 个月的婴儿分别置于深、浅两端，发现当将他们置于不同端时，其心跳频率不一，放在深端时婴儿心跳频率下降。研究者认为这是婴儿出现注意反应的标志，同时说明 2 个月的婴儿已能够感知到不同深度，具有最初的深度知觉能力。从情绪发生发展的角度看，恐惧感则在此基础上发展起来。吉布森及其他研究者认为视崖反应不仅仅说明了婴儿是否具有深度知觉，而且在某种程度上表明了婴儿对物体的特性具有一定的认识，他必然是认识到了紧贴棋盘格的一边是坚硬的，可支持他，另一侧则不是。

近年来，研究者还将视崖装置用来研究婴儿与母亲（或其他成人）的社会交往，特别是婴儿与母亲间的情感交流。当将婴儿置于中央板时，分别让母亲（或其他成人）在两侧作出各种不同的表情，如惊恐、害怕，或高兴、愉快，看儿童这时的情感反应和动作反应将会怎样。研究发现，这一方式能有效地测查婴儿与母亲之间的情感社会性交流，婴儿的情感反应和动作反应与母亲表情的性质相同，即当母亲表现出惊恐、害怕时，大多数婴儿不会爬过来，尽管他们想到母亲那边去；而母亲表现出高兴、愉快时，则有更多儿童爬过来（比在一般中性表情情况下多得多）。

3．回避反应法

回避反应是婴儿对于发生在其目前看来似乎带有威胁性的物体或情境所产生的一种回避性反应。例如，身子往后躲闪、头向旁避开、伸手阻挡等都属于回避反应。在利用这种反应方式时，研究者经常在正对着婴儿的一定距离外，呈现一个物体或其视像，然后使它向婴儿移动，当物体或视像由远而近加速向婴儿运动时，物体或视像越来越大，给人以一种逼近的压迫感，这时婴儿就会伸出双手去抵挡物体，或者睁大眼睛、面部紧张，或者头往后仰以回避物体。近年，美国明尼苏达大学的婴儿研究者在实验室里对这种将头后仰的回避反应进行量化测定，他们在婴儿的头部后面放了一个气球，而该气球与敏感的压力传感器相连，当婴儿的头稍往后仰时，传感器就会自动地反映压力的细微变化并将其记录下来，这一措施非常有助于对婴儿物体知觉、认知、情感等的定量分析。

4．抓握反应法

抓握反应法是有效测查婴儿知觉（包括物体知觉、运动知觉、时空知觉等）的自然反应法之一。有人对婴儿进行了这样一则实验：在婴儿 3 个月左右时，在其眼前放一个小球和一个大球，当婴儿还不会用手拿东西的时候，他就能根据球的大小及其与球之间的距离而用不同的姿势去抓：用手掌去抓握小球，用两只手去抱大球。当婴儿 4.5 ～ 5 个月时，研究者在婴儿坐的椅子前面呈现一个运动 的物体（30 厘米 / 秒），发现婴儿能把手伸向物体即将运动的地方而不是他当时看到的物体所在的位置去抓住物体，这表明婴儿不仅知觉到了物体的存在、运动，也知道了物体运动的轨迹与时空关系，以指导自己确定抓握的方向与位置。

（二）偏爱法

偏爱法主要运用于视觉通道，因而又常被称为“视觉偏好”。它通常是在婴儿眼前同时呈现两个或多个物体或图形，考察婴儿对这两个或多个物体或图形的不同注视时间（次数、每次长短），以判断婴儿对某些物体的偏好，因此，也可同时分析婴儿的注意，对物体及其形状、颜色的区分，以及对形状、颜色的喜好等。这种方法也可用于研究婴儿视敏度的发展。在一项研究中，把两个不同密度的栅条图形分别投射到一个屏幕的左边和右边，让婴儿观看，两个主试在屏幕后面通过小孔观察婴儿的视线集中于左边还是右边。事先，观察者并不知道图形将投射到哪一边。研究结果表明，这种方法可靠性极高，能有效地测查婴儿的视觉偏好和视敏度，同时两个观察者之间的相关度高达 0.98。

很长一段时间以来，偏爱法主要用在单一感觉通道（主要是视觉通道）上。近年，研究者突破这一定势发展了新的研究变式，将偏爱法用在听觉、触觉、味觉、嗅觉等通道上，并用此考察婴儿知觉的多通道问题。例如，在婴儿前面同时、并列地放映两部电影，其中只有一部电影是有配音的。结果表明，4 个月的婴儿明显地偏好带有声音的电影，他们对有声电影给予了更多的朝向和倾听，注意专注程度更高，注视时间更长。

（三）习惯化法

给婴儿反复呈现同一刺激，若干次后，婴儿就不会再注意该刺激，或者其注视时间明显变短，乃至最后消失。这表明婴儿在对该刺激注意一段时间后已不愿再注意了，这种现象被称为习惯化。如果这时再用另一新的刺激呈现给婴儿，则其注视时间又会立即回到最初水平，即重新引起婴儿的注意，这一过程被称为去习惯化。因此，习惯化法实际上包括两个程序，一是习惯化，二是去习惯化。这是人类反射学习的最简单、最基本的形式。当一种刺激在很短的时间间隔内多次出现时，反射的强度就会下降，甚至反应全部消失，这就是习惯化。它在研究婴儿感知分辨、注意、记忆等发展上是极为有效的。例如，向婴儿反复地呈现一定结构的图形或一定色调的颜色块，时间久了，婴儿就不会再注视它了，即出现习惯化。此时，改换出现另一图形或颜色块，如果婴儿对新刺激重新表现出注视，则表明他具备了感知分辨能力；如果婴儿对新呈现的刺激并不注视，则表明他并不能分辨前后两种图形或颜色块间的差别，并将其感知为两个系统的图形或颜色块，不具备知觉分辨能力。研究表明，用这种方法可以有效地研究婴儿的图形知觉、深度知觉及颜色知觉等各方面的感知能力，同时可以研究婴儿的保持、再认等记忆能力。

（四）列联强化法

在婴儿的研究中，把常与婴儿的自然探索行为结合在一起的反应法称为列联强化法。例如，婴儿的转头和吸吮行为是列联强化法通常采用的两种反应。每当婴儿产生这两种反应时，就用他感兴趣的事物（食物、玩具、情境、动作、游戏等）给予强化。鲍尔（Bower）曾用这种方法对年龄为 3 个月的婴儿的大小知觉恒常性进行了实验研究。每当 1 米远处边长为 30 厘米的立方体出现时，如果婴儿出现转头反应，就给予强化：母亲跟他玩藏猫猫。当婴儿完全学会后（只要一出现那样的立方体就转头），开始变换物体或物体放置的距离。如果婴儿具有大小恒常性，那么把原来边长为 30 厘米的立方体放置于 3 米远处时，这一立方体的出现仍然能引起他的转头反应。实验结果表明，3 个月的婴儿具有大小知觉恒常性，这与研究者采用习惯化法取得的结果一致。

伴随操作行为的另一种反应方式是吸吮。研究者常用这种反应方式与习惯化法结合起来考察婴儿对声音的辨别。具体的方法是，将空奶嘴与压力传感器相连，以便记录婴儿吸吮的强度和频率。当强度、频率达到一定水平时，给婴儿音乐以强化。婴儿为了保持能够听到音乐就不断使劲吸吮奶嘴。但因总是吸不到奶，便可能产生厌烦情绪，吸吮的强度和频率下降，即出现习惯化。此时，再给以新的刺激（另一种声音），如果婴儿能区分这两种声音，那么他就会产生去习惯化行为，又开始用劲吸吮奶嘴。研究者还常使用这种方法以考察婴儿对声音、图形及图形清晰度的辨别。例如，只有婴儿保持一定吸吮频率、强度时，才使所呈现的图形清晰或呈现一定的图形、声音，否则图形不清晰或呈现婴儿不喜欢的图形、声音。

Chapter 1
Chapter 2
Chapter 3
Chapter 4
Chapter 5
Chapter 6
Chapter 7
Chapter 8
Chapter 9
Chapter 10
Chapter 11

（五）陌生情境研究法

陌生情境研究法是安斯沃思（Ainsworth）创造的，这也是目前最流行、通用的测查婴儿依恋性质的方法。依恋是婴儿与主要抚养者（通常是母亲）间的最初的社会性联结，也是情感社会化的重要标志。在研究中，安斯沃思将一个婴儿与其母亲和一个陌生人安排在实验室中，因为实验室环境和陌生人对婴儿来说都是陌生的，所以称为“陌生情境”。在实验室中，婴儿与母亲和陌生人共有七种不同情境下的组合方式，分别组成七个情节，并以特定的程序排列、进行，见表 1-3。

表 1-3 陌生情境实验程序

情 节	在场人物	持续时间	情境变化
1	母亲、婴儿	3 分钟	母亲和婴儿进入房间
2	母亲、婴儿、陌生人	3 分钟	陌生人进来，加入母婴之中
3	婴儿、陌生人	3 分钟或少	母亲离开
4	母亲、婴儿	3 分钟或少	母亲回来，陌生人离开
5	只有婴儿	3 分钟或少	母亲再次离开
6	婴儿、陌生人	3 分钟或少	陌生人回来
7	母亲、婴儿	3 分钟或多	母亲回来，陌生人离开

表 1-3 中情节 3 和情节 5、6 是关键性的。在情节 3 中，婴儿与母亲在一起时看到陌生人后，母亲再离开，婴儿才与陌生人在一起；在情节 5、6 中，母亲是第二次离开，且婴儿单独一人时陌生人又第二次出现，这是前一情节的递进与强化。情节 4、7 虽然表面上看起来都是母亲与婴儿在一起，但实质上也有很大的区别，情节 4 是婴儿与母亲的第一次重聚，且在陌生人只出现一次后，情节 7 则是婴儿与母亲的第二次重聚，且是在与母亲分离两次又在单独与陌生人待了一段之后。该程序的关键是要考察婴儿分别与母亲在一起、与陌生人在一起、与母亲和陌生人在一起、独自一人时，母亲离开、回来时及陌生人出现、离开时的情绪和行为反应，以作为判断婴儿依恋性质的指标。

知识回顾

学前心理学是研究从出生到入学前的儿童心理特点和发展规律的科学，具有应用性极强的特点。本章从三个角度论述学前心理学的基本理论。第一节主要探讨学前儿童、心理学的概念界定，阐述学前心理学的内容体系，明确学前心理学的研究任务；第二节从儿童观的形成、西方学前心理学的发展、主要的学前心理学理论流派等角度出发，简要回顾了学前心理学的发展历史及其有影响的理论观点；第三节主要探讨学前心理学的研究方法，重点论述了实证研究法中的观察法、调查法与实验法，理论研究法只是简单涉猎。

本章的重点是学前心理学的研究方法，难点是西方学前心理学发展历程中出现的主要代表流派观点。

活动体验

1．采访两位学前教师，从他们那里了解他们对学前儿童的年龄分段看法，请你告知本书的年龄分段。

2．收集其他版本的《学前心理学》，分析各书所涉猎的学前心理学研究内容和任务与本书的异同。

3．梳理学前心理学发展历史，完成表1-4。

表1-4　学前心理学发展历史

派　　别	代表人物	理论要点	研究途径	经典研究	主要成就

4．中国学前心理学之父是最早开创儿童心理学研究的陈鹤琴，你赞同这种看法吗？请说出你赞同或不赞同的理由。

5．访问一所幼儿园，观察幼儿对日常事情的反应。例如，在幼儿被带到幼儿园与家长分离、吃饭或睡觉时，记录下教师与幼儿的交流和幼儿在这些情况下的反应。

6．收集大班孩子的美术作品，分析孩子的性格特征。

第二章 Chapter 2

心理发展的生物学基础和环境基础

本章导读

英国遗传学家高尔顿（Galton）的典型论调是："一个人的能力是由遗传得来的，它受遗传决定的程度，正如一切有机体的形态及躯体组织受遗传决定一样。"

心理的发展究竟是先天遗传的结果，还是后天环境影响使然？这个问题涉及人们对影响心理发展的因素的看法，也是历史上从未间断过的遗传—环境之争。本章着重分析了儿童心理发展的生物学基础——遗传和成熟，以及儿童心理发展的环境基础——家庭和社会文化，并强调遗传和环境因素对心理发展的作用并不是孤立的，而是互相依存、互相渗透的，遗传确定发展的潜在可能范围，环境确定发展的现实水平。读完本章，你就能正确地评价高尔顿的遗传决定论和华生的环境决定论，了解人类的大多数复杂属性是遗传和环境长期交换作用的结果。

目标透视

1. 科学地把握遗传和成熟对心理发展的作用。
2. 认识关键期概念的理论意义与实际价值。
3. 科学地把握社会文化、家庭、幼儿园教育对心理发展的作用。
4. 理解遗传与环境的相互作用，培养学生的辩证思维。

第一节　心理发展的生物学基础

人的心理是一种精神现象，它并非是超自然的，儿童的心理发展离不开所依赖的生物学基础——遗传和成熟。

一、遗　传

在生物界，遗传是一种普遍属性，使生物前后代在特征上具有相似性。所谓遗传，是指亲代将自己的生物特征传递给子代的过程。通过遗传，子代就从亲代那里获得了亲代的生物特征，子代所获得的生物特征就是遗传素质，如机体的构造、形态及机能等。

（一）遗传素质是儿童心理发展的物质前提

心理是物质发展到高级阶段的产物，人的心理是人的神经系统的机能。儿童心理的发展首先依赖于所获得的遗传素质。由于遗传，儿童保持了种族的生物特征与行为模式，遗传决定了个体间的生物学差异，使不同个体在自己的遗传素质的基础上发展形成自己的独特心理，遗传素质是儿童心理发展的物质前提，没有遗传素质这个物质前提，就没有儿童心理的发展。例如，有一种遗传疾病，在遗传过程中，第 21 对染色体发生了畸变，即第 21 对染色体上多了一条染色体，这样的人生下来就具有躯体和智力上的缺陷，被称为“先天愚”，不论后天怎样培养，都不可能成为正常人。

深入思考

小狗星星很聪明，主人徐先生向它伸出 5 根手指，它停顿了 1 秒，就“汪汪汪汪汪”地叫了 5 声。记者随即问道:“4 乘 2 等于几？”星星果真叫了 8 声。小狗星星真的会算算术吗？

（二）遗传奠定了儿童心理发展的个别差异的最初基础

心理学研究表明，遗传素质的不同是造成个别差异的重要基础。它规定了每个儿童不同的心理发展的可能性。

由于遗传素质不同，每个儿童出生时其心理发展已经存在不同的可能性，具有各自心理发展特点的基础。儿童之间的遗传素质越相似，心理发展的相似程度也就越高；反之，遗传素质差异性越大，心理发展的差异也就越大。不同血缘关系者一同抚养或分开抚养时的关联度见表 2-1。

表2-1　不同血缘关系者一同抚养或分开抚养时的关联度①

关　　系	养育方式	关联度
同卵双胞胎	一同抚养	0.85
同卵双胞胎	分开抚养	0.74
异卵双胞胎	一同抚养	0.59
同胞兄弟姐妹	一同抚养	0.46
同胞兄弟姐妹	分开抚养	0.24
被收养的子女	一起生活	0.26

注：这些关联度是对 212 个不同的研究加以总结并由样本规模加权得到的。

（三）遗传素质影响着儿童心理发展的速度和水平

儿童所获得的遗传素质对其心理发展产生重要影响的主要是神经系统的机能，同一天出生的儿童，即便是双胞胎，他们在后天环境中心理发展的速度和水平都会有所差异。一个具有极好遗传素质的儿童，在心理发展的速度和水平上可能会明显地优于其他正常儿童。众所周知的那些“神童”，他们之所以心理发展的速度快、水平高，其中一个重要原因就是具有正常儿童所不具备的极好的遗传素质。

不论遗传素质对儿童心理发展有多大的影响，它仅仅是为儿童心理发展提供了物质基础（自然前提），使儿童心理发展具有了某种可能性，切不可片面地夸大遗传素质在儿童心理发展中的作用。

知识之窗

显性遗传

（1）身高。身高有 70% 取决于遗传，后天因素影响只占 30%。若父母较高，孩子高的机会为 3，矮的机会为 1，偏矮则反之；如果父母中一人较高，一人较矮，就取决于其他因素。

（2）胖瘦。如果父母中有一人肥胖，孩子发胖的概率是 30%。如果父母双方都肥胖，孩子发胖的概率是 30% ～ 60%。也有说法认为，母亲在孩子体形方面起到的作用较大。

① 来自德夫林、丹尼尔斯及罗德（1997）的研究所，不包括布沙尔和麦古（2003）关于一同抚养的被收养儿童的相关度研究。

知识之窗

(3) 肤色。肤色总遵循“相乘后再平均”的自然法则，让人别无选择。若父母皮肤较黑，绝不会有白嫩肌肤的子女；若一方白、一方黑，大部分会给子女“中性”肤色，也有更偏向一方的情况。

(4) 鼻子。一般来讲，鼻子大、高而鼻孔宽呈显性遗传。父母中一人是挺直的鼻梁，遗传给孩子的可能性就很大。鼻子的遗传基因会一直持续到成年，小时候是矮鼻子，成年后还可能变成高鼻子。

(5) 眼睛。

形状：孩子的眼形、大小遗传自父母，大眼睛相对小眼睛是显性遗传。父母有一人是大眼睛，生大眼睛孩子的可能就会大一些。

双眼皮：双眼皮是显性遗传，单眼皮与双眼皮的人所生的宝宝极有可能是双眼皮。但父母都是单眼皮，一般孩子也是单眼皮。

眼球颜色：黑色等深色相对于浅色而言是显性遗传。黑眼球和蓝眼球的人所生的孩子不会是蓝眼球。

睫毛：长睫毛也是显性遗传。父母只要一人有长睫毛，孩子遗传长睫毛的可能性就非常大。

(6) 下鄂。下鄂是不容“商量”的显性遗传。父母任何一方有突出的大下巴，子女常毫无例外地长着酷似的下巴，“像”得有些离奇。

(7) 耳朵。耳朵的形状是遗传的，大耳朵相对于小耳朵是显性遗传。父母双方只要一个人长有大耳朵，那么孩子就极有可能也长有一对大耳朵。

二、生理成熟

生理成熟是指儿童心理发展所依存的内部生理条件，它是一种先天决定的、相对不依赖于环境的机体变化的生长发育。儿童的生理成熟，特别是神经系统和内分泌系统的成熟状况，是其心理发展的必要条件，儿童心理的发展就是伴随着生理成熟而逐步实现的。

（一）生理成熟为儿童心理的发展提供了新的可能性

生理成熟是儿童心理发展的自然物质前提，心理发展不能脱离这个必要的物质前提。高等的动物如黑猩猩，即使生活在人类社会环境中，并进行长期的驯化，也不可能有正常人的心理发展状况，因为它不具备人的机体素质。

生理成熟为儿童心理的进一步发展提供了新的可能性，它使新的心理处于准备状态。当某种器官尤其是脑达到一定的成熟水平时，只要适时地给予适当的训练或刺激，就会使儿童有效地产生相应的新行为模式。例如，四五个月的婴儿，视觉和抓握格式之间的协调，有赖于脑的相应部位的神经纤维的髓鞘化的形成。再如，青春期性腺机能开始发挥作用，第二性征的出现，为儿童性意识的迅速觉醒和自我意识的高涨提供了新的可能性。生理成熟的水平规定了这一时期心理发展的潜在可能范围。

生理成熟只是儿童心理发展的一个必要条件，而不是充分条件。儿童心理的发展离不开生理成熟，但若只有生理成熟而没有其他必要条件的协同配合，儿童心理也不可能得以发展。把心理发展的原因完全归结为生理成熟，是错误的生理决定论的观点。生理成熟只是为儿童心理的发展提供新的可能性，要使这种可能性变为现实性，还必须通过儿童的实践活动才能完成。

（二）生理成熟的程序制约着儿童心理发展的顺序性

遗传的程序编制规定着个体生长发育的历史顺序，而生理成熟的程序又必然制约着儿童心理发展的顺序性。动作格式是建构心理结构的原材料，而儿童动作发展的顺序完全与机体生长发育的顺序一致，也是遵从“首 → 尾律”和“近 → 远律”的：儿童先会抬头，后会翻身，再会坐、爬，最后才会走路；先发展臂部动作，后发展手指动作。当然，儿童动作的发展也不是由生理成熟预定的，一个动作格式的形成，还必须在儿童的活动中由同化和顺应的平衡化机制来加以协调。生理成熟水平会制约儿童对客体发生相互作用的程度和范围，从而制约儿童心理发展的程序，这从幼年儿童的身上看得更加明显。

（三）生理成熟的个别差异制约着儿童心理发展的个别差异

由于儿童的基因型和先天、后天环境千差万别，儿童的生理成熟具有个别差异。生理成熟的个别差异对儿童接受环境的影响起着制约作用，使儿童从出生起就以独特的方式对外界的影响作出反应，并使这种反应带有倾向性和选择性。儿童反应方式的独特性还进一步影响成人的抚养方式和周围的人同他交往的方式，这就使儿童的行为模式更加多样化。因此，生理成熟的个别差异制约着儿童心理发展的个别差异。

特殊能力的发展相比一般能力来说，同生理成熟的个别差异有更高的相关。例如，具有特殊音乐才能的人，他的颞叶构筑区明显与众不同。

从非智力因素的发展来看，生理成熟的个别差异对个性的形成也有一定的影响。儿童高级神经过程的特性——强度、平衡性和灵活性，奠定了其气质类型的基础，并进而使其性格的形成和发展也染上一层底色，使之更易于朝某个方向发展。例如，多血质的儿童容易形成活泼开朗、善于交际的性格，而抑郁质的儿童易于形成忧郁伤感、孤僻独处的性格。

（四）生理成熟的影响力因心理机能和心理发展阶段的不同而异

一般说来，较低级的心理机能和躯体动作的发展受生理成熟的影响较大；而高级的心理机能，如抽象逻辑思维、道德价值判断及高级的社会性情感、意志等，则更多地受社会文化环境的影响，生理成熟的影响力就相对趋弱。

总的说来，在儿童心理发展的早期阶段，生理成熟的影响力较大，随着年龄的增长，生理成熟的影响力逐渐减弱。但是，当某一生理器官和机能处于加速发展时期，生理成熟对心理发展的影响力有可能反弹增大。青春期性腺机能迅速崛起时的情景就是如此。例如，月经初潮的情绪紧张在少女身上就表现得相当明显，她们的忧郁、易怒、拘谨、自卑等与月经周期的一定阶段密切相关，月经过后，情绪又相对高涨。世界上的大多数心理学家都把 12 ～ 14 岁看作情绪发展最困难的时期，男女少年的不适感和执拗性在此期间表现得尤为明显。

生理成熟对儿童心理发展的制约作用还可以通过以下的实验得到证明。美国儿童心理学家格塞尔的双生子爬楼梯实验证明，人的生理成熟对儿童学习技能有明显的制约作用。

格塞尔选择了一对双胞胎，他们的身高、体重、健康状况都一样。让哥哥在出生后的第 48 周开始学习爬楼梯，48 周的小孩刚刚学会站立，或者仅会摇摇晃晃勉强地走，格塞尔每天训练这个孩子 15 分钟，中间经历了许多跌倒、哭闹、爬起的过程，终于，这个孩子艰苦训练了 6 周后，即到了孩子 54 周的时候，他终于能够自己独立爬楼梯了。

双胞胎中的弟弟，基础情况跟哥哥完全一样，不过格塞尔让他在 52 周的时候再开始练习爬楼梯，这时孩子的基本走路姿势已经比较稳定了，腿部肌肉的力量也比哥哥刚开始练的时候更加有力，并且他每天看着哥哥训练，自己也一直跃跃欲试，结果，同样的训练强度和内容，他只用了 2 周就能独立地爬楼梯了，并且还总想跟哥哥比试下高低。

一个是从 48 周开始，练习了 6 周，到了 54 周学会了爬楼梯；另一个是从 52 周开始，练习了 2 周，也是在 54 周时学会了爬楼梯。后学的尽管用时短，但效果不差，而且具有更强的继续学习意愿。

格塞尔原来认为这只是一种偶然现象，于是他更换了另一对双生子，结果类似；又换了一对，仍然如此。如此反复进行了上百次对比试验，最终得出的结果是相同的，即孩子在 52 周左右，学习爬楼梯的效果最佳，能够用最短的时间达到最佳的训练效果。

此后的几年，格塞尔又对其他年龄段的孩子在其他学习领域进行试验。例如，识字、穿衣、使用刀叉，甚至将试验领域扩展到成人的学习过程，都得出了类似的结论，即个体成长的某一段时期，其成熟程度恰好适合某种行为的发展，如果此刻施加有益的教育影响，会达到事半功倍的效果。但如果失去或错过发展的机会，以后将很难学会此种行为。这一时期我们称之为“关键期”。因此，应该了解和抓住儿童心理发展的关键期，对儿童进行相应的教育。

遗传因素和生理成熟的发展对儿童心理发展是有影响的，但它们并不能决定儿童的心理发展，决定儿童心理发展的是环境因素。

第二节　心理发展的环境基础

环境对儿童心理发展的影响是毋庸置疑的。所谓环境，就是指儿童周围的客观世界，它包括自然环境和社会环境。阳光、空气、水和花草树木是保证儿童身心健康发展的自然环境因素。儿童所处的社会、生活水平、生活方式、家庭状况等是影响他们心理形成与发展的社会环境因素。其中社会文化和家庭、幼儿园教育对儿童心理发展影响巨大。

一、社会文化

社会文化是影响儿童心理发展的重要的环境因素。社会文化由物质文化、精神文化和行为文化构成，它们对儿童心理的发展有着非常重要的影响。

（一）文化传统

人的心理不同于动物心理，除了遗传生理结构和机能上的差异外，更重要的是人生活在人的文化传统之中。人类创造了自己的文化，又将自己置身于一定的文化环境之中，人类文化是人的心理产生的决定性条件。如果儿童出生后没有生活在人的文化环境中，就不可能形成人的心理。

民族不同，文化传统就有所差异，生活在不同民族文化环境中的儿童，心理发展就不一样。米德（Mead）曾对新几内亚三个未开化部落作过现场调查，探讨一个民族的文化特质和其成员心理特征之间的关系。结果发现，在相同的环境中接受相同文化影响的成员之间，有着某种共同的心理特征。我国河北等地的一些农村，有着“沙袋育儿”的习俗，我国心理学工作者采用回顾性调查的方法，对 400 名“沙袋育儿”的儿童进行过研究，发现沙袋养育时间不超过 1 年的儿童且 IQ $\leqslant$ 70 的占 30.60%，超过 18 个月的儿童且 IQ $\leqslant$ 70 的占 52.60%。可见这种文化传统妨碍了儿童的心理发展。

（二）拷贝世界

人类社会已进入信息时代，电影、电视、广播、书刊、报纸、计算机网络等大众传媒从不同的侧面影响儿童心理发展。这些大众传媒具有影响速度快、覆盖面广、不受时间和空间限制等特点，对儿童心理发展起着潜移默化的作用。特别是计算机网络和电视具有视听统一的特点，生动活泼的情景对儿童具有很强的吸引力，能使儿童体验到许多自己不能亲身经历的场景。他们耳濡目染大众传媒提供的各种信息，既接受积极的影响，又不可避免地接受消极的影响，这都不同程度地影响儿童心理发展。

二、家　庭

家庭是由有血缘关系、婚姻关系或收养关系的成员组成的基本的社会单元。儿童从出生就生活在家庭中，家庭的各种因素都会对儿童心理发展产生重要影响。

（一）家庭自然结构

家庭自然结构是指家庭成员是否完整及家庭成员间的关系。儿童心理发展客观上应有一个完整与和谐的家庭环境，儿童在完整与和谐的家庭环境中受到成人的呵护，享有父爱和母爱，这是儿童心理健康发展所必需的。残缺和不和谐的家庭则不利于儿童心理的健康发展。

残缺家庭是指核心家庭中父母离婚、分居或一方死亡、出走等原因造成家庭成员不全的家庭。英国心理学家调查了许多不同类型的家庭后发现，品德不良的学生有 58% 来自残缺家庭。美国的一项调查表明，犯罪少年有 1/2 ～ 2/3 来自残缺家庭。我国曾有学者对我国大陆 28 个省、市、自治区小学一至五年级的 729 名离异家庭的儿童和 825 名完全家庭的儿童进行过情绪方面的比较研究，结果发现离异家庭的儿童表现出更多的焦虑、自卑、孤僻、冷漠、畏缩、敌对等消极情绪。

研究表明，不和谐的家庭比残缺家庭对儿童心理发展的消极影响更大，尤其是父母的长期分歧、争吵、敌对，可能会使儿童产生严重的焦虑、困惑、多疑等消极心态，形成不良个性，甚至可能导致儿童产生反社会行为。

另外，由于部分农民进城务工，出现了实际上的家庭结构不完整问题，生活在这样的家庭中的儿童在心理发展上可能也会受到一定影响。有研究表明，父母外出打工的农村留守儿童在人身安全、学习、品行、心理发展等方面都存在不同程度的问题。

（二）家庭经济条件

家庭经济条件对儿童心理发展也具有重要影响。国外学者曾对不同经济条件的家庭的儿童的智力发展进行过研究，他们按经济条件的好坏，将一批 8 个月大的婴儿分为两个组进行智力测量，当这些儿童 4 岁时再进行测量。结果发现，家庭经济条件好的儿童的智商高于家庭经济条件差的儿童，从智商在 70 以下的儿童的人数来看，家庭经济条件差的高出了家庭经济条件好的儿童的 7 倍。为什么会是这样呢？其主要原因是富裕的家庭经济条件为儿童提供了良好的生活环境和教育，促进了儿童心理的健康发展。

虽然富裕的家庭经济条件有利于儿童的心理发展，但并不意味着家庭经济条件越好，儿童心理发展就越好，家庭经济条件不好，儿童心理发展就不好。家庭经济条件仅仅是影响儿童心理发展的众多因素中的一个。

（三）家庭教育

在影响儿童心理发展的家庭因素中，家庭教育是最重要的一个因素。在家庭教育中，家长的儿童价值观、家长对孩子的期望、家庭教育方式等对儿童心理发展起着重要作用。

1. 家长的儿童价值观

不同的儿童价值观影响家长对儿童发展方向的定位，家长的儿童价值观是随生活方式改变而变化的。几千年以来，我国传统的儿童价值观就是养儿防老、传宗接代、继承家业、光宗耀祖。这仅仅是从自己小家庭的利益上来教育儿童，缺乏社会责任感，且重男轻女。在我国社会主义条件下，人们的生活方式发生巨大变化，绝大多数家长的儿童价值观发生了改变，不再是从自己小家庭的利益出发来教育儿童，而是将培养儿童视为一项社会责任，希望自己的孩子成为社会的有用之才。不仅重视孩子的身体、能力的发展，同时重视思想品德的培养。

2. 家长对孩子的期望

家长对孩子的期望是家长对自己的孩子长大后成为什么样的人所进行的预测或设想，每一个家长都对孩子抱有期望。家长的期望凝聚着对孩子的爱，适当的期望会激励孩子发奋学习，促进心理的健康发展；反之，不适当的期望则是孩子不必要的心理压力的根源，会使他们厌学，与父母发生冲突，成为儿童心理健康发展的障碍。

3. 家庭教育方式

家庭教育是通过一定的方式来进行的，不同的家庭教育方式对儿童心理发展的影响不同。美国心理学家怀特（White）对400名儿童的调查研究发现，父母对1～3岁儿童的教育方式可决定他们一生主要的个性品质。我国心理学者对家庭教育中父母的态度对子女性格形成的影响进行过研究，结果表明：支配型的态度，孩子的性格表现为消极、缺乏主动性、依赖、顺从；干涉型的态度，孩子的性格表现为幼稚、胆小、神经质、被动；宠爱型的态度，孩子的性格表现为任性、幼稚、神经质、温和；拒绝型的态度，孩子的性格表现为反抗、冷漠、自高自大；不关心型的态度，孩子的性格表现为攻击、情绪不稳定、冷酷、自主；专制型的态度，孩子的性格表现为反抗、情绪不稳定、依赖、服从；民主型的态度，孩子的性格表现为合作、独立、温顺、善于社交。据于海琴对150名劳教人员早期父母抚养方式的研究表明，劳教人员的父母抚养方式与常模有显著差异，温暖的情感显著少于正常人，这些劳教人员早期接受的教育方式主要是溺爱型、矛盾型、放任型和拒绝型。

三、幼儿园教育

对儿童心理发展产生影响的诸多环境因素中，社会文化因素具有复杂性和偶然性，家庭因素对儿童心理发展的影响具有自发性，而幼儿园教育有着其他环境因素所不可替代的影响。儿童进入幼儿园后，幼儿园就成为儿童主要的社会生活场所，是儿童接受社会化影响最丰富、最集中的社会生活环境。幼儿园教育按照社会生活的要求，有组织、有计划地对儿童实施系统影响，最大限度地利用积极因素，控制消极因素，促进儿童心理的健康发展。在儿童心理的发展过程中，幼儿园教育相对于其他环境因素而言，起着主导作用。

幼儿园教育由教育者、受教育者、教育内容和教育手段构成，对儿童心理产生重要影响的主要涉及以下四个方面。

（一）教育内容

幼儿园教育内容是国家依据社会发展对社会成员的要求和儿童身心发展的规律而精心组织的，对儿童进行有效教育的中介。教育内容中既有人类认识自然的成果，又有认识社会的结晶，这些都是儿童心理健康发展所必需的。

就教育内容的性质来看，自然科学类的内容使儿童间接地获得了对自然现象和自然规律的认识，有助于他们唯物主义世界观的形成。人文社会科学类的内容使儿童间接地获得了对社会现象和社会发展规律的认识，也为儿童提供了仿效的榜样，特别是语文、历史等学科的内容更是如此。儿童在学校里通过学习课程计划中规定的课程，在逐步掌握人类社会几千年积累起来的科学文化知识与技能的同时，形成了各种能力、价值观念和符合社会道德规范要求的行为方式。美国社会心理学家曾对五个国家的初级课本进行过分析，结果发现各国都根据各自的传统编制教育内容，使男女不同角色发挥不同的作用。

（二）园　风

每所幼儿园都有自己的园风，它是幼儿园文化环境的重要组成部分。园风是指幼儿园集体通过培养而长期形成的、幼儿园成员所共同具有的、富有特色的、稳定的幼儿园风气与精神面貌，包括集体舆论和带倾向性的集体行为。

儿童进入幼儿园后，园风自发地对儿童心理产生潜移默化的影响，使儿童的心理与行为逐步趋于与校风一致。大量研究证实，良好的园风能促进儿童知识与技能的掌握、能力的发展，同时能陶冶师幼的情感及促进幼儿良好行为习惯的养成。现实社会生活中，家长在为孩子选择就读的幼儿园时，幼儿园的园风是他们所考虑的重要因素，甚至是首要因素。

（三）教　师

教师受社会的委托对儿童实施教育，在对儿童的教育中发挥着主导作用，这种主导作用主要通过教师自身角色作用的发挥而实现，既有正式角色作用，又有非正式角色作用。

教师对儿童心理发展的影响首先表现在教师的身份和地位发挥着巨大作用。社会赋予教师对儿童实施教育的职责，他们按社会的要求组织利用各种积极因素，控制和排除消极因素，将社会的要求转化为儿童自身的需要。儿童在教师的组织下，不仅获得了知识与技能，发展了能力，也形成了一定品德。

同时，教师自身也对儿童产生潜移默化的影响。儿童在幼儿园接触最多的就是教师，教师的一言一行，尤其是教师的态度和人格是儿童有意或无意仿效的方面，是影响儿童心理健康发展的重要因素。教师在对儿童进行教育的过程中，对儿童发展的期望往往对儿童心理的发展有重要作用。美国心理学家罗森塔尔（Rosenthal）做了这样的实验，他到一所学校对一至六年级的学生进行智力测量，从中随机选出了20% 的学生，对教师讲这些学生最有发展潜能，将来可能会表现出非凡的才能。8 个月之后，罗森塔尔又去那所学校对学生进行第二次智力测量，结果发现那 20% 随机抽出的所谓最有发展潜能的儿童都有了出乎意料的进步，尤其是一、二年级学生的进步更为明显。

（四）同伴交往

儿童的心理发展离不开社会交往，社会交往是影响儿童形成和发展个性特点、掌握社会行为的主要方式。如果儿童不进行交往，与世隔绝，必然会导致其心理发展异常。我国明代的明成祖（朱棣）是篡夺建文帝的皇位后登基的，他迁都北京后，将建文帝 2 岁的儿子朱文圭单独隔离关押了 53 年，朱文圭孤独地生活了 53 年后，变成了一个“出门牛马不能识”的头脑迟钝的人。

儿童的交往主要有两个层面。一是与成人交往，如父母祖辈、教师和其他的成年人。儿童与成人的交往，多以单向服从为主要特征，他们听从成人的安排，仿效成人对现实的态度和行为方式。二是儿童与儿童的交往，即同伴交往。儿童与同伴的交往相对于与成人的交往而言，是以平等合作为主要特征的交往，这种交往多是在自然状态下进行的，如与邻居、同学、亲友的同龄孩子之间的交往等。在儿童心理发展过程中，尤其是儿童社会化的进程中，同伴交往是不可缺少的。儿童交往的同伴可分为正式的同辈群体（如同班同学）和非正式的儿童群体（如一个社区的儿童）两种类型。儿童的同伴交往来自后天生活环境中产生的交往需要，据有关研究表明，儿童的同伴交往需要随年龄的增长而日趋强烈。埃利斯（Ellis）等人观察了 436 名 2 ～ 12 岁的儿童在家里及家附近的游戏活动，以研究儿童与成人、与同龄儿童、与其他儿童的交往情况。结果发现，从婴儿期到青少年前期，儿童与其他儿童的交往逐步增多，与成人的交往则逐渐减少。

儿童的同伴交往对其心理发展的影响是巨大的。首先，通过对其他儿童的认识而逐步认识自己，这是儿童自我意识形成的重要条件；其次，在交往中获得了与他人沟通的能力与技能，学会处理各种关系，这是与成人交往所不能获得的；最后，儿童的同伴交往满足了他们归属的需要，有助于儿童的同情心、责任感、友谊感的形成和发展。国外心理学家曾观察过刚上幼儿园的 3 ～ 4 岁儿童的情况，开始这些儿童都不愿参加其他儿童的活动，而是观察其他儿童的活动，似乎在寻找适当的游戏规则。大约过了一个月后，他们才与其他儿童一起活动。其他儿童对新来的儿童的反应也与之相应。

我国自 20 世纪后期实行计划生育政策以来，儿童绝大多数为独生子女，再加上家庭经济条件越来越好，成人对孩子的关照呵护倍加，儿童的同伴交往相对减少，这不利于儿童心理的健康发展。

第三节　遗传与环境的相互作用

在儿童心理发展上，遗传与环境之间的相互关系是十分密切的。遗传只提供儿童心理发展的可能性，环境和教育则规定儿童心理发展的现实性。一般来说，大多数人的遗传素质相差不大，其心理发展之所以有差异，决定性的因素在于环境和教育的不同。

一、三个孩子的三种发展

美国心理学家高特斯曼（Gottsman）发现，每个人对环境的反应因遗传天性的不同而不同。他举了一则三个孩子从被收养的儿童福利院转到一个富有的家庭中的例子来说明这个问题。这三个孩子——伯恩、琳达和朗从环境条件不好的福利院转到一个收养家庭一年以后，三个孩子的智力发展发生了变化，但是变化的程度很不相同：伯恩的智商从 100 提高到 150，琳达的智商从 75 提高到 100，而朗只从 54 提高到 60。也就是说，环境的变化是相同的，但是由于遗传的作用，他们三个人的反应却很不相同。

这个事实说明了遗传和环境关系的两种情况。第一，由于我们每个人具有独特的遗传天性，我们对相同的环境所作出的反应也各不相同。当环境不好时，朗的智力测验分数比伯恩低得多，而良好的环境使伯恩的智力分数比朗提高了很多。第二，有时候不同的遗传—环境组合能使两个孩子看上去完全相同。如果让伯恩生活在毫无刺激的环境里，他的智商分数是 100，大约等于儿童智力的平均分，而琳达也能得到这个分数，但她必须生活在充满刺激的家庭环境里才行。换言之，儿童对环境的反应范围是不同的，遗传和环境的独特组合既能使行为相似，也能使行为不同。

二、遗传环境相关论

天性和教养还以另一种方式共同发挥作用。美国弗吉尼亚大学教授斯卡尔(Skall)提出了遗传环境相关论，认为遗传和环境是经常联系在一起的。不仅环境会影响儿童发展，儿童的遗传基因也会影响儿童所处的环境。随着年龄增长和心理发展，这一过程不断地发生变化。她认为，遗传和环境之间存在着三种关系：被动关系、激发关系和主动关系。

幼年期的遗传和环境关系有两种形式。第一种叫作被动关系，因为儿童不能控制它。起初，父母给儿童提供环境，而这种环境是受他们自己的遗传特征影响的。例如，父母是优秀运动员的，可能喜欢户外活动，在孩子年幼时经常带他们游泳、上体操班。因为身处“运动员”环境，孩子可能会继承父母的运动能力，他们以后可能成为优秀运动员，这里既有遗传的作用，也有环境的作用。第二种叫作激发关系。儿童主动引起别人对他们的反应，这种反应受到儿童自己遗传特征的影响，成人的反应又加强了儿童的最初反应方式。例如，一个活泼、友善的小孩受到的社会刺激可能比一个消极、安静的孩子更多。一个善于合作、注意力集中的学前儿童可能比一个注意力不集中、心不在焉的孩子得到父母更多的耐心、细致的教导。

随着儿童年龄的增长，遗传和环境之间的主动关系就变成了主要的因素。由于儿童经验的增加，他们走出家庭来到幼儿园、邻居、社区中，可以作出越来越多的个人选择，遗传因素在寻求更适合他们的外界环境方面发挥着越来越大的作用。身体协调、体格健壮的孩子会花更多的时间在运动场上，有音乐天赋的孩子会参加各种表演班。

这种根据自己的遗传条件积极选择环境的倾向被称为生态环境选择。婴儿和年幼儿童不能进行更多的生态环境选择，因为他们的父母替他们选择了环境。相形之下，年长儿童和青少年则较多地改变他们的环境。这种生态环境选择可以解释为什么在儿童时期被分开收养的同卵双生子，后来重新团聚时，在嗜好、对食物的偏好、选择朋友和职业方面有很多惊人的相似之处。它还有助于我们理解为什么一些追踪研究中会发现，从婴儿期到青少年期，同卵双生子比异卵双生子和被收养的兄弟姐妹在智力及个性方面更相似。遗传和环境的影响不是一成不变的，而是随着时间变化而变化的。随着年龄的增长，遗传因素在我们所经历和自我选择的环境方面可能变得越来越重要。

知识回顾

本章主要论述了影响儿童心理发展的生物学基础和环境基础。生物学基础包括遗传和生理成熟，遗传是影响儿童心理发展的物质前提，生理成熟则提供了儿童心理发展的可能性，而最终心理发展由可能性变成现实性有待于环境基础。环境基础包括社会文化、家庭、幼儿园教育等，它们对儿童心理发展的影响起着决定性作用。生物学因素和环境因素并不是孤立的，它们相互作用、相互影响，共同制约儿童心理的发展。

本章的重点是影响儿童心理发展的生物学基础和环境基础，难点是二者如何相互影响、相互制约。

活动体验

1. 1920年，在印度的一座名叫米德纳波尔的小城，人们常见到一种“神秘的生物”出没于附近森林，一到晚上，就有两个用四肢走动的像人的“怪物”尾随在三只大狼后面。后来人们打死了大狼，在狼窝里终于发现这两个“怪物”原来是两个裸体的女孩。其中大的年龄约七八岁，小的约两岁。这两个小女孩被送到米德纳波尔的孤儿院去抚养，还给她们取了名字，大的叫卡玛拉，小的叫阿玛拉，到了第二年阿玛拉死了，而卡玛拉一直活到1929年。这就是曾经轰动一时的“狼孩”故事。

据记载，“狼孩”刚被发现时用四肢行走，慢走时膝盖和手着地，快跑时则手掌、脚掌同时着地。她们总是喜欢独自活动，白天躲藏起来，夜间潜走；怕火、光和水，不让人们给她们洗澡；不吃素食而喜欢吃肉，吃时不用手拿，而是放在地上用牙齿撕开吃。每天午夜到早上三点，她们像狼似的引颈长嚎。她们没有感情，只知道饥时觅食，饱则休息，很长时期内对别人不主动发生兴趣。不过她们很快学会了向主人要食物和水，如同家犬一样。只是在一年以后，当阿玛拉死的时候，人们看到卡玛拉“流了眼泪——两眼各流出一滴泪”。

(1)“狼孩”是人，但为什么不能获得人的许多重要的学习任务？

(2)“狼孩”终生没有学会说一句话的事实说明了什么？

2. 我国北宋时期，江西金溪县的方仲永天资过人，5岁能作诗，而且是“指物作诗立就”，周围的人都很惊奇，并称赞他，其父也认为他是天才，就天天带他到四乡去表演，并从中取利，从此再也不让他学习了。等到方仲永12～13岁时，其诗已很平淡，以后人们就再也听不到他的名字了。结合这一实例，试分析环境因素对儿童心理发展的影响。

3. 描述影响儿童心理发展的因素，与同学讨论遗传与生理成熟、环境（社会文化、家庭、幼儿园教育）是怎样影响幼儿心理发展的。

4. 选取三个家庭，了解每个家庭的家长的儿童教育观、对孩子的期望及家庭教育方式，并分析上述因素是如何影响孩子心理的及哪一类家庭的教育方式值得推荐。

产前期个体及新生儿篇

同事林丹得知自己怀上了孩子之后，非常兴奋，经常在办公室里讨论关于孩子的各种各样的话题："胎儿在肚子里是怎样长大的？胎儿有听力吗？胎教通过什么起作用？宝宝出生后能看见东西吗？宝宝出生后能分辨出妈妈的气味吗？"这些问题都是未来的父母非常关心和感兴趣的，专家的建议就是花点时间多阅读一些有关学前儿童身体和心理发展的书籍，提早做准备，这对宝宝的成长有百益而无一害。

产前期是个体生命的开始，从毕生发展的观点看它是人生的准备或人生的第一站。那么，产前期个体心理状态是什么样的？怎样识别发展正常的新生儿？新生儿有没有本事？他们有哪些本事？这是本篇重点阐述的问题。

第三章 Chapter 3

产前期个体和新生儿的心理发展

本章导读

人的生命始于受孕之时，这已是不争的事实，例如，胎儿在第七周的时候，已具备成人所有的外部特征和内部器官，大脑的构造已如成人的脑，送出脑波，指挥其他器官的功能——心脏稳定地跳动，胃部产生消化的汁液，肝脏制造血细胞，肾脏也开始活动，手臂和身体的肌肉已经在运动。第八周之后，足月的婴儿所具备的每一样构造都已齐全。因此本书讲述学前儿童的心理发展，也将胎儿的心理发展考虑进去。

怀胎十月，一朝分娩。呱呱坠地的那一刻，世界多了一个小小的你。你全然不顾外界的喧嚣，只沉浸在初生甜蜜的睡梦中，在父母爱的注视中长大，在父母爱的叮咛中成长。虽然你双眼紧闭，但你小小的脑袋里却蕴含了丰富的世界。你不仅会睡觉、会哭闹、会吃奶，实际上你还具有令人意想不到的能力。生下来第一天你就喜欢看图案；生下来第一天你就对浓度高的糖水有兴趣；生下来你就会听、会动，会具有好多无条件反射。你的世界一直是人们的向往。

目标透视

1. 掌握胎儿的心理发展。
2. 掌握新生儿具有的能力。
3. 了解新生儿具有的无条件反射。

第一节 产前期个体的心理发展

胎儿期是个体诞生前在母体内发展的阶段，又称胎内期。个体发展从父母生殖细胞交配构成受精卵时开始。受精卵在母体内分裂发展、长成胎儿，而后诞生。胎儿期是儿童发展的第一阶段，约长 280 天。在这一时期内，个体从微小的受精卵长成长约 50 厘米、重 3 000 ～ 3 500 克的新生儿。

关于胎儿期的生理发展，中国古代医学家曾作过探索。例如，唐代孙思邈在《千金要方》中概述为："一月胚，二月胎，三月血脉生，四月形体成，五月能动，六月诸骨具，七月毛发生，八月脏腑具，九月谷气入胃，十月百神备，则生矣。"这一概括虽未尽精确，但在当时已很先进。

关于胎儿期的心理发展，很多生理学家及心理学家借助先进技术进行了有益的探索。到现在为止，我们所知晓的胎儿的心理世界并不是一张白纸，而是奇妙的、精彩的、纷繁复杂的。

一、胎儿的感知觉

最近，生理学家的研究证实胎儿具有五种感觉：听觉、视觉、嗅觉、味觉和肤觉。胎儿最早形成的是肤觉，其次是听觉。正是胎儿具有了这五种感觉，才使胎教具有了可行性。

知识之窗

肤觉的定义

肤觉指的是皮肤受到物理或化学刺激所产生的触觉、温度觉和痛觉等皮肤感觉的总称。

妊娠第四个月，胎儿的耳朵、眼睛等感觉器官逐渐形成和发展起来，此时胎儿对外界的声音、光线和动作已不再无动于衷，而是逐步有了反应。

知识之窗

人的生命始于受孕之时

任何熟悉高等法院近年历史的人都知道，1971 年 10 月，在“洛伊对韦德”案之后，220 位杰出的医生、科学家和教授联署，向高等法院递呈一份顾问摘要（此类文件是就某法律问题向法庭提出的建议）。他们向法院说明，现代科学已经证实了人类生命是延续的，未诞生的孩子从受孕的那一刻起就是一个人，应该和其母一样被视为人。这份文件的要旨是说明现代科学（胚胎学、胎儿学、遗传学、产期学与所有的生物学）都清楚而肯定地证实：未诞生的婴儿确已是个人。

“洛伊对韦德”案是关于美国得克萨斯州的一名未婚怀孕女子，因为得克萨斯州的法律禁止堕胎，无法获得合法堕胎。当时美国有几个州是允许堕胎的，可是她没有路费前往。最后她上诉美国高等法院获胜，她的案件影响了美国其他 50 个州，同时通过堕胎合法化，轰动一时。可是今天，这位女主角已经是一位重生的基督徒，并且大力反对堕胎。

（一）听觉的发展

实验结果显示：怀孕 6 个月开始，胎儿对外界的声响，开始有了不断地“凝神倾听”的动作。研究人员曾把一只微型的话筒经阴道插入子宫，听里面的声音，结果吃惊地发现，胎儿生活的空间竟是一派喧哗和吵闹的空间。首先，我们可以想象，怀孕期间母亲腹腔内的子宫是一个非常吵闹的环境。子宫内有波动的羊水，子宫壁上附着巨大的胎盘，在胎盘和胎儿之间又有包裹着两根动脉和一条静脉的脐带，当血液从胎盘流至胎儿时势必会不时发出微微的湍流声。其次，母体的腹腔内还可产生从胸腔传来的有节奏的心音，有来自胃、肠不断发出的蠕动声。最后，母亲生活的外界环境，更充满了各式各样的声音，其中既包括音响里播放出的悦耳的音乐声、电视里传播出的各种故事情节的对话，也包括街道上嘈杂的汽车喇叭声、摊贩的叫卖声，还包括家庭里的各种对话和开门、关门的声音等。这些声音都将传入胎儿的耳内。如果加以分析、比较，在这些声音中，最为嘈杂的当属母亲胃肠道发出的咕噜咕噜的蠕动声；最为动听并能支配胎儿所处环境的声音，却是母亲那富有节律的心脏搏动声。如其节奏正常，胎儿就会知道一切正常，胎儿会因感到所处环境安全而无忧无虑。可见，在胎儿的整个发育过程中，听觉给胎儿带来的影响最大。因此，在我们的胎教内容中，利用胎儿的听力对胎儿实施教育也相应占据重要的地位。借助声音，对胎儿进行良好的指导，也是我们实施胎教的有效途径。

用什么方法能够证明这些观察和看法呢？下面介绍四项实验结果。

1．用仪器监测

用先进的彩色多普勒测定仪对胎儿进行监测时发现，在各种声响出现时，胎儿的心跳数目出现变化：如果发出的只是超声（测定仪本身发出的，并无可听见的声音），则胎儿的心率依然如故；如果胎儿听不到声音，其心脏是不会出现反应的。

2．听母亲心音

由于胎儿听惯了母亲的心音，等他出生时母亲把他抱在左侧胸前，使孩子的耳朵紧紧地贴在母亲心脏跳动的区域，孩子就会安静下来。

3．唤胎儿名字

在孕妇妊娠期间，让父母给胎儿起一个小名，并让父亲经常面对母亲的腹部呼唤孩子的小名，天长日久，待宝宝出世后，当他听到呼唤他的小名时，会突然停止吃奶或在哭闹中安静下来，有时甚至会露出即兴的表情。这项实验结果在一定程度上说明，胎儿不但具有听力，而且对声音有一定的领悟能力。

4．播放心跳录音

新生儿室内播放心脏跳动录音时，一部分新生儿听到这种录音比没听到这种录音表现得活泼、饮食和睡眠状况良好、体重迅速增加、呼吸能力不断增强，而且不爱哭闹、不易生病。

以上的观察和研究都说明，胎儿对母体及母亲的声音具有依赖性与敏感性，这与胎教有着直接的关系。众所周知，耳朵是胎儿与环境保持联系的主要器官，也是进行听力训练特别是音乐胎教的基础。因此，近年来人们对音乐胎教和听觉功能研究越来越重视。20 世纪 80 年代以后，人们用现代科学技术对胎儿听力进行测定，除证明胎儿有完整的听力外，还提出胎儿在子宫内能接受“教育”和进行“学习”，并形成最初的“记忆”。这种新的认识，为胎教提供了科学的依据。

随着对胎儿听觉系统的研究，专家们发现，胎儿患先天性耳聋，在子宫内就可能被诊断。当他出生后，可进行早期听觉训练，为避免部分儿童失去听觉提供了可能。

（二）视觉的发展

过去的研究认为：胎儿的视觉比其他感觉器官的发育缓慢。这一结论似乎很容易理解，因为母体子宫内基本上见不到光亮。其实不然，经过专家们的进一步研究发现，胎儿的视觉在妊娠第 13 周就已形成，能看到东西了，但胎儿并没有看。胎儿虽然在这个时候看的动作不明显，但对光线很敏感。实验对以下四个方面进行了观察。

1．对光敏感

妊娠 4 个月起，母亲进行日光浴时，胎儿就可能有所察觉，表明胎儿已经对光线很敏感了。

2．眼活动变化

用胎儿镜观察发现，当胎儿入睡或有体位改变时，他的眼睛活动次数就会增加。在妊娠后期，如果将光线送入子宫内，胎儿的眼睛和活动增加；多次强光照射，胎儿还会安静下来。

3．脑电和心率变化

光照射后用脑电图监测，可见胎儿脑部对光照射有反应；用电光一闪一灭地照射母体腹部，经过 B 超监测会发现胎儿心率出现剧烈变化。

4．生后观察

胎儿出生后不到 10 分钟，就能发挥视觉作用，检查发现：新生儿的视力只关注

30～40 厘米以内的东西，这恰好也与他在子宫内位置的长度相等。

（三）触觉的发展

触觉的发展要比视觉的发育相对早一些。

1．妊娠早期

胎儿尚小，他就能在羊膜内滑动；当自己的手触到嘴时，他的头会歪向一侧，并张口。这表明触动他的体表后他有感觉的反应。

2．妊娠后期

胎儿发育长大后，当隔着母体摸胎儿的头部、臀部和身体的其他部位时，胎儿的反应相对早期的表现有较大进步，他可以用嘴去吮手，表明胎儿对触觉有着灵敏的反应。用胎儿镜直接观察发现，用一根小棍接触到胎儿的手心时，能观察到胎儿的手指会紧握拳头作出反应；碰到胎儿足底时，其脚趾也会动、膝和髋还可以屈曲，有时连嘴都会张开。

这些结果表明：胎儿不仅有触觉，而且接受刺激后会有不同反应。这种能力为开展胎教奠定了基础。

（四）味觉的发展

胎儿的嘴巴也发育于妊娠第 2 个月。在妊娠 4 个月时，胎儿舌头上的味蕾已发育完全。尽管羊水稍具咸味，胎儿还是能够津津有味地品尝。新西兰科学家艾伯特•利莱（Albert Lilly）通过一个简单的实验证明胎儿的味觉在 4 个月时已经出现。他在孕妇的羊水里加入了糖精，发现胎儿正以高于正常 1 倍的速度吸入羊水，而当他向子宫内注入一种味道不好的油时，胎儿立即停止吸入羊水，并开始在腹内乱动，明显地表示抗议。

（五）嗅觉的发展

胎儿的鼻子早在妊娠第 2 个月就开始发育，到了第 7 个月，鼻孔就能与外界相互沟通。但是，由于被羊水所包围，他虽然已经具备了嗅觉，却无法一展身手，自然其嗅觉功能也就不可能得到较大的发展。尽管如此，胎儿的嗅觉在一出生时就能派上用场，新生儿在吃奶时能闻出母体的气味，而且只要他一接近母亲就能辨别出来。

（六）痛觉的发展

美国科研小组发现，胎儿在母体里成长到第 28 周，身体受到刺激时，他们的大脑会有疼痛感。加利福尼亚大学妇产科专家罗森（Ronson）医生领导的科研小组近期公布了自己的研究结果：在胎龄 28 周时，胎儿的大脑里会发育出能对疼痛刺激作出反应的组织。疼痛感是一种有意识的大脑活动，它是皮下中枢和大脑皮层内能对疼痛刺激作出反应的组织之间不间断地进行神经信号交换形成的。而胎儿在胎龄 28 周之前，尽管身体受到外部刺激时也会作出伸缩四肢的举动，但马克（Mark）认为，那只是一种自然的条件反射，是无意识的大脑活动，而不是痛觉。

二、胎儿的记忆

胎儿的记忆从何时开始呢？某些研究人员声称胎儿从第 6 个月开始就有记忆，也有一些研究人员认为是第 8 个月。有一点是肯定的：胎儿在出生前就有记忆力，并能存储。以下两则实验证明了这一点。

一是荷兰科学家指出胎儿在子宫中就在学习掌握短期记忆和长期记忆。

马斯特里赫大学医院的范赫特朗（Van Tran）领导的医学小组使用一种无害的振动声音刺激器来测试 25 名胎儿的反应。这些胎儿胎龄在 37 ～ 40 周不等。这种刺激器每隔 30 秒放在孕妇肚子上，并且停留 1 秒，总共做 24 次。这样的试验在 10 分钟之后及 24 小时之后再做一次。胎儿的反应用超声波扫描仪记录。如果胎儿的躯体在感到振动的 1 秒之内会移动，这就可以当成积极反应。

在 25 名接受测试的胎儿中，有 19 名在 10 分钟之后再进行测试时反应速度比第一次加快。24 小时后再做这项试验时，胎儿们对这种刺激的熟悉速度也像第二次那样快。但是如果胎儿的肢体对四次刺激没有反应，那就表明胎儿对这种现象已经熟悉了。范赫特朗说：“胎儿能够记住刺激，尽管他们或许需要不止一种刺激才能形成对刺激的认识。”

研究人员强调说，整个试验过程都遵照了各种安全规则，以避免对胎儿造成伤害。胎儿的心脏得到了监护，并且这则试验在一名伦理委员会的监督下进行。

二是美国北卡罗来纳大学的狄加斯柏（De Gaspe）的一则实验。

狄加斯柏对 16 名离预产期还差一个半月的妇女进行观察。先请母亲对胎儿朗读一本名为《帽中的猫》的书，然后他设计了一则实验，让新生儿吸一个奶嘴，奶嘴上接上一架录音机。如果用一长一短的吸法，就可以听到母亲朗读《帽中的猫》的录音；如果用另一长短不同的吸法，就听到母亲朗读另一本读物的录音。结果表明，大部分婴儿会选择《帽中的猫》的吸法。这说明胎儿可能有一定记忆能力。

正是胎儿有了上述的感知和记忆两种能力，才使胎教具有了意义。

三、胎儿的性格

随着早期教育研究的不断深入，人们已深刻认识到健康的心理是儿童健康发育不可缺少的因素，而儿童早期心理的重要组成部分——性格，也越来越受到人们的重视。现代科学已经证明：胎儿期的性格对其今后的发展起着至关重要的作用，而胎儿的性格在很大程度上取决于他的生活环境及其他因素的影响。影响胎儿性格形成的因素有以下几个方面。

1. 性激素的影响

20 世纪 70 年代初期，很多国家都用雌性激素、黄体酮或它们的化合物来防止流产。但到了 20 世纪 80 年代后期，人们越来越认识到了这类药物产生的不良影响。

美国纽约州立大学的一项报告表明：如果孕妇使用雌性激素或黄体酮，那么，所生的孩子具有明显的女性特征。如果是男孩子，便有女性化的趋势，表现为性格懦弱，很少具有攻击性；如果是女孩子，则比一般的女孩子更加女性化。

此外，孕妇服药与胎儿的行为也有密切关系。同时使用了黄体酮、雌性激素的孕妇所生的孩子与只注射黄体酮孕妇所生的孩子相比，则更具有明显的女性特征。

2. 母亲情绪的影响

调查表明：婚后家庭不和睦的夫妇所生的孩子因恐惧心理而出现神经质，比婚后生活美满的夫妇所生的孩子神经质的发生率要高 4 倍。由此可见，母亲以愉快、舒畅、甜蜜的心情欢迎孩子的到来，并经常保持健康的心理状态，不仅对胎儿的身体发育有重大意义，还可以使孩子在性格及其他方面健康地发展。

3. 思想行为的影响

例如，当孕妇处于口头上表示不愿意要孩子，但内心却想生的矛盾状态时，胎儿因接受不同的情感信息而引起精神上的混乱，出生后大多感觉迟钝、体弱乏力。因此，孕妇应根除这种矛盾心理。

又如，美国的伯尼（Bernie）曾分析了一则典型的案例：一个乳名叫克里斯蒂的女孩子出生后拒绝吸母亲的乳汁，对别人的乳汁却不厌恶，后经专家多方面研究才确定她不愿与母亲“交流”，是因为当初母亲不愿生她并想过堕胎。可见，母亲的思想行为影响着孩子的性格，因此，孕妇应根除这种心理。

4. 精神状态的影响

科学家研究表明：孕妇的精神状态，如孕妇的情感、行为、思维等均可引起激素内分泌量的改变，从而对胎儿的性格形成起着间接的作用。

热爱胎儿的母亲所生的孩子与厌恶胎儿的母亲所生的孩子在身心发展等各方面，尤其在性格上，前者都明显优于后者。厌弃胎儿的母亲早产、流产和生出低于标准体重儿的概率很高，尤为严重的是，这种婴儿精神异常较多，这样的孩子长大后往往情绪不稳定。

四、胎儿的习惯

最近一些研究表明，胎儿也像成人一样有着某些“生活习惯”。瑞典医生舒蒂尔曼（Shug Tillman）研究了新生儿的睡眠类型，从而证实了这一事实。

舒蒂尔曼认为，新生儿的睡眠类型是在怀孕后几个月内由母亲睡眠所决定的。为此，舒蒂尔曼专门设计了一则实验，他将孕妇分为早起型和晚睡型两种类型，然后对这些孕妇进行了追踪调查。结果发现，早起型母亲所生的孩子，天生就有早起的习惯；而晚睡型的母亲所生的孩子也同其母亲有着同样的习惯——晚睡。

从上述结果中我们可以得出这样的结论：在出生前的几个月内，胎儿就可能和母亲在某些方面有着共同的习惯了。

五、胎儿的活动

怀孕 4 个月以后，孕妇的子宫膨大较快，羊水迅速增加，胎儿的活动也在增加。

这时孕妇可以感到胎儿在子宫内拳打脚踢、频繁活动，这就是胎动。对于大多数孕妇来说，胎动是可以理解的，但有少数孕妇仍怀有一种神秘感。

实际上，在怀孕 7 ～ 8 周时，胎儿在子宫内就已经开始活动了，只不过此时孕妇察觉不到而已，但能通过 B 超的影像很清楚地观察到。

怎样才算正常的胎动呢？一般说来，孕妇从怀孕 4 个多月开始能感到胎动，以后胎动的次数逐渐增多；怀孕 28 ～ 38 周，是胎儿活动最频繁的时期；将近足月时由于胎头下降，胎动次数减少，这是正常的。正常情况下，胎儿的活动是有一定规律的。

那么，胎动多少次才算正常呢？一般说来，正常的次数应不低于 3 ～ 5 次 / 小时，12 小时内胎动次数在 30 次以上。有时由于各种原因造成胎儿缺氧，胎动就会因此发生变化，次数减少或变弱，这是胎儿发出的危急信号，孕妇应给予重视。如果胎动次数逐渐减少，甚至减少到 12 小时只动 10 次以下或一动不动，说明胎儿已经很危险。一般计算连续 12 小时胎动次数不大可能，因此，可在早、中、晚各测 1 小时，然后把测得的胎动次数相加再乘以 4，即为 12 小时胎动次数。如果每天只能测 1 次，最好在晚上，且时间要固定。一般在晚 7 ～ 8 点记胎动次数是最能反映胎儿是否缺氧的一种信号。如果发现胎动减少，应及时向医生反映，至于如何处理，可由医生根据孕妇情况与胎儿情况作出决定。

第二节　新生儿的心理发展

人在出生过程中，都要奋力挣扎，在经历过拖、拉、挤、压等各种磨难之后，才开始自己的人生之路。涉足人世后的第一个月，即新生儿期，是新生儿从胎内生活变为胎外生活的阶段。过去人们对新生儿了解甚少，认为新生儿只会睡觉、哭闹和吃奶，实际上新生儿具有令人意想不到的能力。

一、新生儿的能力

新生儿会看、能听，有嗅觉、味觉和灵敏的触觉。不过这些能力和新生儿的状态有密切关系。新生儿有以下六种状态。

（1）深睡：眼闭合，身体平静，呼吸规则。

（2）浅睡：眼虽闭合，但面部表情丰富，表现为微笑、皱眉、噘嘴等，身体有少量自然活动，呼吸不规则。

（3）瞌睡：眼可半张半闭，眼睑闪动，有不同程度的躯体运动。

（4）安静觉醒：眼睁开，显得机敏，活动少，对视、听刺激有反应。

（5）活动觉醒：眼睁开，活动多，不易集中注意力。

（6）哭。

新生儿在不同状态下有不同的行为表现。新生儿状态和成人相似，但每种状态持续时间不同，如新生儿每天要睡 18 ～ 20 小时。

1. 新生儿的视觉

研究发现，新生儿生下来第一天就喜欢看图案，不喜欢看单一色的屏幕，而且他们对类似人脸图形的兴趣超过其他复杂的图形。要使新生儿看清物体，应将物体放在距其眼 20 厘米左右处。例如，给新生儿看红球，当新生儿觉醒时，持红球距宝宝的脸约 10 厘米处轻轻晃动。当宝宝看到后慢慢地移动红球，宝宝的眼和头能追随红球移动的方向，头从中线位向左或向右转动，有的宝宝会稍稍抬头向上看，有的还会转动 180° 看红球。当宝宝注视你后，慢慢移动你的头向宝宝一侧，然后另一侧，宝宝会不同程度地转动眼睛和头部，追随你脸部移动的方向。90%以上新生儿都有这种能力。新生儿会追随移动物体看，这是大脑功能正常的表现。

2. 新生儿的听觉

新生儿的听觉具有一定的定向能力。在新生儿醒着的时候，父母如果用摇铃在宝宝耳边轻轻地摇动，发出悦耳的声音，他们会转动双眼，并把头转向发出声音的方向。如果将宝宝的头恢复转到他的右边，然后在他的左边又摇动摇铃，宝宝又会把头转向声源。新生儿不但能听，而且能看向声源物，说明宝宝眼睛和耳朵这两种感觉器官已联系起来了，使宝宝能更好地适应环境。

宝宝喜欢听高调但不尖锐的声音，父母在和宝宝说话的时候要提高声调，但当环境中有尖锐声音的时候，宝宝的头会向相反的方向转去，或以哭吵来拒绝干扰。新生儿喜欢听人的声音，特别是母亲的声音。在他醒着的时候，如果和宝宝说话，宝宝的眼和头会慢慢转向说话的人，脸上现出高兴的样子。

一般新生儿在哭闹的时候，听到母亲的声音就会变得安静下来，转过头去看自己母亲的脸。这可能是因为宝宝在母亲子宫里的时候就听惯了母亲的声音。

3. 新生儿的嗅觉、味觉和触觉

味觉和嗅觉也是感觉的一部分，相对于视觉和听觉来说，孩子一生下来他们的味觉和嗅觉就相当灵敏了。

新生儿具有良好的味觉，出生后不久就能够辨别不同的味道，他们喜欢品尝带有甜味的水，对咸味、酸味或苦味的水表示出痛苦、不愉快的表情。新生儿的嗅觉也相当灵敏，能区别不同的气味，尤其对来自母亲身上的气味特别敏感。专家发现，出生 6 天的新生儿就能辨别自己母亲身上的气味。在婴儿的鼻子两侧各放一块奶垫，上面留有各位母亲的乳汁，一侧是婴儿自己母亲的奶垫，另一侧是他人母亲的奶垫，观察新生儿能否将头转向自己母亲的奶垫。结果发现：生后 2 天的新生儿不表现出对自己母亲奶垫的兴趣，而到了第 6 天时，大多数新生儿能经常地将头转向自己母亲的奶垫。说明生后 6 天的新生儿已经能够闻出自己母亲的气味了。平时，母亲在给孩子喂奶时就能发现，自己的孩子能闻到母奶的香味，并急切地寻找奶头。

新生儿的触觉很敏感，尤其是口周、眼、前额、手掌和脚底对触觉刺激最敏感，而前臂、躯干、大腿等部位的触觉比较迟钝。当母亲用乳头或手等轻触新生儿口唇或口周皮肤时，他马上就会出现吸奶动作并将脸转向被触的一侧寻找乳头或手等接触他的东西；当你试图用手扳开新生儿眼皮时，他就会把眼闭得紧紧的；当你用手刺激新生儿手掌时，他会出现握持反射，不由自主地把你的手握得紧紧的。

4. 新生儿的记忆

新生儿不但能看，而且能记住所看到的东西。例如，床头挂一个玩具，开始时他看的时间长，以后看的时间逐渐缩短。如果换一样新的东西，他又会重新表现出兴趣，这叫作对“新奇东西的反应”。

这可以说明新生儿对已经看过的玩具或图像有早期记忆的能力。更有趣的发现是新生儿能认出母亲脸上的变化。

有一位母亲感冒了，为了保护婴儿而戴上了口罩，当抱起生后只有 8 天的小宝宝喂奶时，发现孩子频繁地看她的脸，好像觉察到发生了异常事情，母亲的脸和以前不同了。结果小宝宝吃奶减少了，白天睡午觉时也不安定，入睡也不那么容易了，总的睡眠时间比以前减少了。以上情况说明新生儿能认识他们母亲的脸，并记住她们的模样，一旦改变，就表现出心神不定的样子。还有一位母亲注意到，当她戴上有眼镜架的近视眼镜代替贴在角膜上的镜片时，她的日龄只有一天的小宝宝表现出迷惑不解的样子。所有这些事实告诉我们，新生儿从一出生开始，不仅会看东西，还能记住看到的形象，他们已有更高一级的脑功能。

总之，新生儿有活跃的视觉能力。在觉醒时，他们能自然地看周围的世界，喜欢看复杂的、多样的和运动的物体，并有视觉记忆力。

5. 新生儿具有和成人交往的能力

新生儿和父母或看护人交往的重要形式是哭。正常新生儿的哭有很多原因，如饥饿、口渴、尿布湿等，还有在睡前或刚醒时不明原因的哭闹，一般在哭后都会安静入睡或进入觉醒状态。年轻父母经过 2 ～ 3 周的摸索就能理解他们哭的原因，并给予适当处理。新生儿还会用表情如微笑或皱眉及运动等，使父母体会他们的意愿。过去认为在父母和新生儿的交往中父母起主导作用，实际上是新生儿在支配父母的行为。

6. 新生儿具有运动能力

胎儿在子宫内就有运动，即胎动。出生后新生儿已有一定活动能力，如新生儿会将手放到口边甚至伸进口内吸吮。四肢会做伸屈运动，当听到别人说话时，他们会随音节有节奏地运动，表现为转头、手上举、伸腿类似舞蹈动作，还会对谈话者皱眉、凝视、微笑。这些运动和语言的韵律是协调的，有时宝宝用手试图去碰母亲说话的嘴，实际上宝宝是在用运动方式和成人交往。新生儿还有一些反射性活动，如扶起直立时会交替向前迈步，扶坐位时头可竖立 1 秒或 2 秒或 2 秒以上，俯卧位有爬的动作，口有觅食的活动，手有抓握动作，并有抓住成人的两个手指使自己悬空的能力。

7. 新生儿具有模仿能力

新生儿在安静觉醒状态，不但会注视你的脸，还有模仿你脸部表情的奇妙能力。当和宝宝对视时，你慢慢地伸出舌头，每 20 秒一次，重复 6 ～ 8 次，如果宝宝仍注视着你，他常会学你的样子，将舌头伸到口边甚至口外。宝宝还会模仿其他脸部动作和表情，如张口、哭、悲哀、生气等。不模仿的新生儿也是正常的，只是他们不愿意做这些动作。

知识之窗

新生儿的健康标准

经过专家们的研究认为，新生儿健康应具有十个方面的标准。

(1) 新生儿降生后先啼哭数声，后开始用肺呼吸。头两周每分钟呼吸40～50次。

(2) 新生儿的脉搏以每分钟120～140次为正常。

(3) 新生儿的正常体重为3 000～4 000克，低于2 500克属于未成熟儿。

(4) 新生儿头两天的大便呈黑色绿粘笛状，无气味。喂奶后逐渐转为黄色（金黄色或浅黄色）。

(5) 新生儿出生后24小时内开始排尿，如超过或第一周内每日排尿达30次以上，则为异常。

(6) 新生儿体温在37～37.5℃为正常。如不注意保暖，体温会降低到36℃以下。

(7) 多数新生儿出生后第2～3天皮肤轻微发黄，若在出生后黄疸不退或加深则为病态。

(8) 新生儿出生后有觅食、吸允、伸舌、拥抱等反射。

(9) 给新生儿照射光可引起眼的反射。自第2个月开始视线会追随活动的玩具。

(10) 出生后3～7天新生儿的听觉逐渐增强，听见响声可引起眨眼等动作。

二、新生儿的反射行为

当我们看到强烈的光线时，就会眨眼睛；如果轻轻敲击一下膝盖，脚就会自动地弹跳起来。这都是一些不学而能的先天反射行为。在新生儿中，我们可以观察到许多类似的反应。新生儿反射是新生儿对特定的刺激形式的一种天生的自动反应，是新生儿最早、最明显的有组织的行为模式。

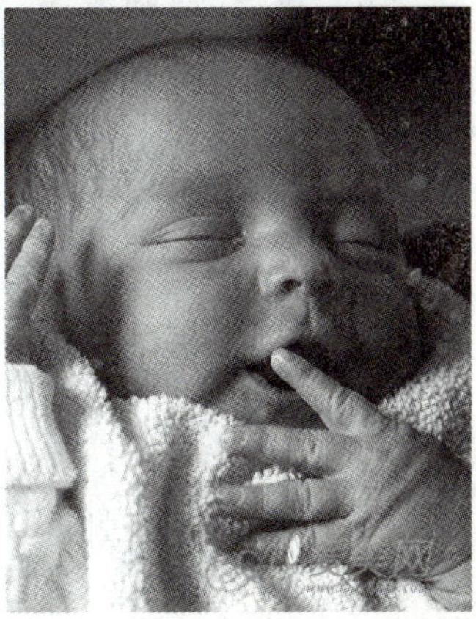

1. 觅食反射

新生儿来到世界的一个重要本能是“准备吃”，而觅食（或寻找）反射就是为了使其容易获食。用手指或乳头轻触新生儿的口角或面颊部，他们就会将头转向被触摸的这一侧，并有张嘴和吸吮动作。这种重要的反射，能使新生儿找到和吃到食物。该反射正常在生后3～4个月时消失。

2. 吸吮反射

胎儿在母亲肚子里的时候，为了出生后能立即吸奶，嘴巴已开始运动，以练习吸吮能力。出生后，如果母亲将手指放入宝宝的口中，他会自然地吸吮，而且常会吸吮自己的手指，甚至直接吸吮接触到嘴唇的东西。该反射正常在生后 4 个月左右时消失。

3．呼吸反射

持续性吸气与呼气。怀孕 20 周的胎儿会有不规则的呼吸节律，每分钟 30 ～ 100 次，且会有呼吸暂停期；出生时，健康的婴儿会有稳定的呼吸节律，尤其是睡眠时；在出生第 1 个月会与哭泣协调，第 3 个月转变到与非哭声的发声协调。

4．握持反射

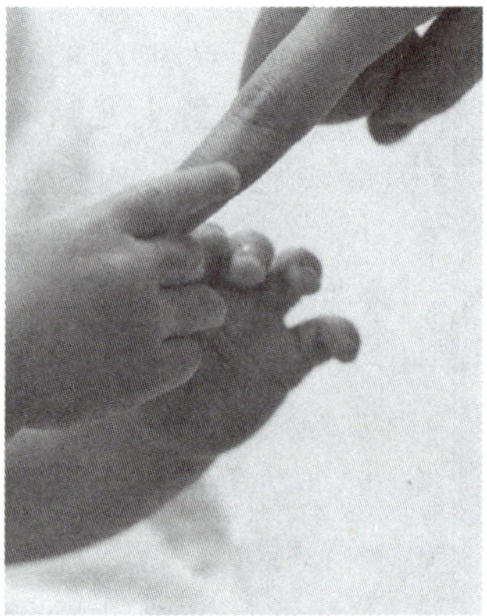

将手指或笔杆触及新生儿手心时，他们会马上将其握紧不放，抓握的力量之大，足以承受他们的体重，如借此将新生儿提升在空中可停留几秒。该反射正常在生后 3 个月时消失，以自主抓握取代，超过 4 个月有可能是神经病变。新生儿在第 1 个月时常紧握拳头，但如超过 2 个月仍持续握拳，可能是中枢神经系统损伤。

5．拥抱反射

当突然改变新生儿的姿势时，或者当他听见大的声音时，新生儿出现两上肢向两侧外展伸直、手指伸开、两下肢伸直，然后两上肢向胸前屈曲内收，呈拥抱状姿势，有时伴有啼哭。该反射正常一般在生后 4 ～ 5 个月时消失。

6．踏步反射

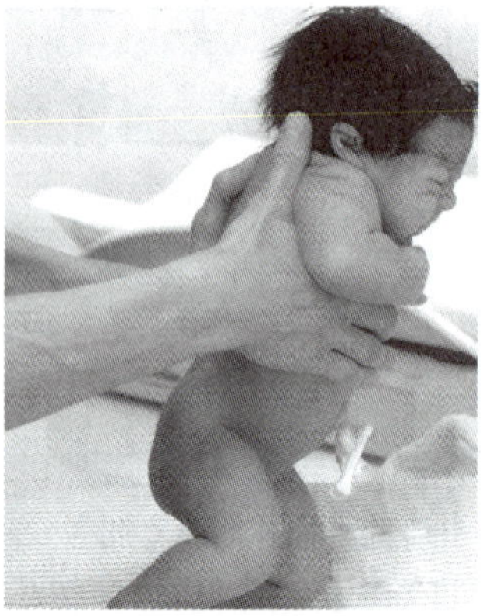

当新生儿被竖着抱起，把他的脚放在平面上时，他会作出迈步的动作。从新生儿背后将手放在他的手臂下方，并以拇指扶住其头部背侧，当新生儿直立后，以其足部接触地面，切不可使其足部向足底弯曲，新生儿的反应为髋与膝关节弯曲和受刺激的脚踩住地面。当轻缓地移动新生儿向前走时，其一脚置于地面，另一脚会举步向前，产生了几个一连串步伐交换的运动。这一反射在新生儿出生后不久即出现，6 ～ 10 周时消失。

7．交叉伸腿反射

新生儿仰卧，在其膝关节处用手按住使腿伸直，再刺激同侧足底，则另一侧下肢会出现先屈曲，然后伸直并内收，内收动作强烈时可将此腿放在被刺激侧的腿上。该反射正常在生后 2 个月时消失。

8．惊跳反射

手托新生儿，使其脸朝上，然后迅速下降，新生儿则伸直双臂，然后缩回紧贴胸前，握紧拳头。出生后 1 个月内这种反射表现明显，4 个月时消失。

9．游泳反射

把新生儿以俯卧的姿势轻轻放进水里，他的双手、双脚会扑扑腾腾地作出非常协调的游泳动作。

10．躯干弯曲反射

平抓新生儿使之俯卧在检查者的手上，用手在婴儿背部中线外 1 厘米处的脊柱旁线，由肩部延伸至臀部滑动刺激，新生儿躯干会弯向刺激一侧，肩部与骨盆向同一方向移动。该反射约 2 个月后消失。

11．旋转反射

两手抓住新生儿腋下，以臂膀平举向着检查者，然后将他转到一侧与另一侧。新生儿头部会随着旋转的方向转动，若你用拇指限制其头部活动，其眼球会转至旋转的那一侧。

12．蜷缩反射

当新生儿的脚背触及桌面边缘时，其腿会抬到桌面上，作出类似小猫的蜷缩动作。

13．眨眼反射

新生儿对强光会有闭眼反应。新生儿 4 周后就可以注视一件物体。

14．听觉眨眼反射

听觉眨眼反射又名耳蜗眼睑反射，即两眼对尖锐的声音有眨眼反应。

15．追踪反射

追踪反射是指眼睛随着物体移动。

16．视觉颈部反射

当新生儿的眼前闪过一道亮光时，他会扭转颈部，显得要尽力避开亮光。

17．瞳孔反射

新生儿的瞳孔对明亮光线收缩，周围环境黑暗时则放松。

18．吞咽反射

吞咽反射又称呕吐反射。轻压新生儿舌根，其会有作呕反应。

19．避缩反射

新生儿对于肢体疼痛刺激时，会表现出哭和退缩。

知识回顾

本章从两个方面阐述了胎儿与新生儿的心理发展。首先，介绍胎儿的心理发展。生理学家的研究证实胎儿具有五种感觉：听觉、视觉、嗅觉、味觉和肤觉。胎儿最早形成的是肤觉，其次是听觉。正是胎儿具有了这五种感觉，才使胎教具有了可行性，除此之外，胎儿还具有记忆能力，有一定的性格。其次，介绍了新生儿具有的视觉、听觉、嗅觉、味觉、记忆等心理能力和新生儿先天带来的十九种反射行为，这些能为新生儿更好地适应外界环境奠定了基础。

本章的重点是胎儿感觉的发展及新生儿具有的能力，难点是新生儿先天具有的反射行为。

活动体验

1. 你赞同生命始于受孕吗？请调查周围学生对于“生命始于何时”的看法。

2. 观看相应的纪录片或医学片，佐证本书所介绍的胎儿的心理，如有本书没有涉及的，请在书籍的旁边标注。

3. 请制作一份PPT，向全班学生介绍胎儿的心理发展。

4. 到附近的妇婴医院参观，观察医院在分娩室的周围是如何介绍新生儿养育知识的。

5. 将新生儿健康十标准告知周围即将做奶奶、姥姥的人。

6. 假设你是一位教师，即将讲授新生儿的心理能力，你准备怎么讲、怎么设计提纲、通过什么方式，并想一想可能会遇到哪些问题。

7. 明确本章所提到的新生儿的十九种反射行为，谈谈这些反射行为对新生儿的意义。

婴儿及先学前期儿童篇

出生后的第一年，是儿童生长发育最迅速的时期，也是儿童心理发展最迅速的时期，这个时期儿童的进步是非常明显的。

1～3岁被称为先学前期，这个时期变化同样巨大，孩子学会走路、说话都在这个时期，而且这一年龄阶段是儿童心理发展过程中的第一个转折期，又有人称之为“第一个反抗期”或“第一个危机期”。

本篇着重介绍婴儿及先学前期儿童的心理发展，但考虑心理发展离不开生理发展这个基础，故在介绍心理发展之前将简要介绍儿童的生长发育及动作发展。

第四章 Chapter 4

婴儿的心理发展

本章导读

本书将 1 ～ 12 个月的儿童称为婴儿，婴儿期是人生的一个重要阶段。在这生命的头一年，婴儿的变化是巨大的。刚生下的新生儿虽然先天带有很多心理能力，但这些更多的是无条件反射，只能对外界刺激作出固定的、机械的反应，并且新生儿的大部分时间是在睡眠中度过的。经过了 11 个月的发展，儿童以全新的面貌呈现在人们眼前：在儿童过 1 周岁生日时，他已经能够站立，有的甚至能踉踉跄跄走路；他的感知觉迅速发展；他的前语言能力也快速发展。这一切究竟怎样发生的？本章，我们将向同学们介绍婴儿的身体发育原则和规律，介绍婴儿的身体发育特征、婴儿的动作发展及婴儿的心理发展。学完本章，同学们会对婴儿有新的认识。

目标透视

1. 了解婴儿的身体发育原则和规律。
2. 掌握婴儿的动作发展规律。
3. 掌握婴儿的心理发展规律。

第一节　婴儿的身体生长发育及动作发展

一、婴儿的身体生长发育

1 ～ 12 个月正是孩子吃母乳的时期，是婴儿期，也叫乳儿期。

在整个儿童期内（从出生到成熟时期），婴儿期是一个发展最快的时期。出生后的第 1 年中，婴儿的身体发育最旺盛，尤其是出生后头 6 个月发育最为迅速。婴儿期的婴儿身心各方面都有了极为显著的发展变化。

从外部指标看，出生后头几个月，身高平均每月增长 3 厘米以上，半年后有所减缓，每月增长 1 ～ 1.5 厘米。1 岁时，身高可达 70 ～ 75 厘米，达到出生时的 1.5 倍。出生后 1 年内体重增加更明显，体重 3 倍于出生体重，1 岁时，可达 9 ～ 10 千克。

婴儿的骨骼、肌肉系统发育也很快，但骨化过程未完成。从 2 ～ 3 个月开始，脊柱的四个生理性弯曲相继形成，肌肉的力量也不断增强。婴儿能逐渐支撑住身体重量，能逐渐抬头、翻身、坐、爬、站甚至能走上几步。但婴儿的骨化过程未完成，骨骼仍易变形，肌肉也易疲劳，所以让婴儿练习各种动作时，必须注意适时适量，不要过早让婴儿坐、站，每次练习的时间不宜过长。

根据每个婴儿出生和生长的具体情况，可运用下列公式对婴儿身体发育情况进行估算（仅供参考）：1 ～ 6 个月，体重（克）＝出生体重＋月龄 ×600；7 ～ 12 个月，体重（克）＝出生体重＋月龄 ×500；1 岁以后，体重（千克）＝实足年龄（岁）×2 ＋ 8。

临床也可以用下列公式推算婴儿体重：1 ～ 6 个月，体重（千克）＝ 3 ＋月龄 × 0.7；7 ～ 12 个月，体重（千克）＝ 7 ＋（月龄－ 6）×0.5。

二、婴儿的动作发展

研究表明，婴儿时期是动作发展最迅速的时期。婴儿通过积极的活动形成和发展自己的心理，同时已形成的心理又反过来调节以后的活动。

（一）手的动作的发展

作为人类特点的手的动作的发展，在儿童心理发展上具有巨大的意义。

婴儿从出生后的第3个月起，一种不随意的手的抚摸动作就开始了。他无意地抚摸着襁褓或被褥，抚摸着亲人或玩具，抚摸着自己的小手。到第5个月左右，由于抚摸动作的不断反复，同一个动作总是引起同一个结果，这就形成了反映事物关系的稳固的感觉——运动表象，这就成为一种“学会了”的动作，从而使动作带上了一定的随意性。以后，当他看见亲人或玩具时，不但会发出快乐的声音，而且会伸出手来抓摸。这样，婴儿开始把手作为认识的器官来感知外界事物的某些属性。

婴儿动作的重复是由定向反射来强化的，因为婴儿通过每一个动作，都会发现事物新的方面或新的因素，而成人言语的强化、组织作用也越来越明显。

从婴儿出生后半年开始，手的动作有了进一步的发展。第一，婴儿逐步学会拇指与其余四指对立的抓握动作，这是人类操作物的典型方式。随着这种操作方式的发展，手才可能从自然的工具（跟动物的肢端一样，五指不分）逐步变成使用或制造工具。第二，婴儿在抓握动作过程中，逐渐形成眼和手，即视觉和动觉联合的协调动作，这就发展了婴儿对隐藏在物体当中复杂的属性和关系进行综合分析的能力，也就发展了婴儿的知觉和具体思维的能力。

手的动作继续发展下去，从在两只手与眼的合作下玩弄一种物体到同时玩弄两种物体，再到用不同的方式来玩弄各种物体。例如，把小盒子放在大盒子里，用小棒槌敲击铃铛等，婴儿就进一步认识了事物的各种关系和联系。

随着婴儿动作的发展，动作的随意性也日渐增长。但是，在整个婴儿期内，有目的、有计划、有预见性的随意性动作还是看不见的，因为它们是与婴儿言语的发展直接相联系的。

知识之窗

手的发展

1个月：小手可以捏紧，可以反射性地抓住东西。

2个月：可以张开手，有意识地抓住东西。

3个月：手保持张开，但还不能长时间地握住东西。

4个月：意识到手是自己的，可以吃手、吮手、玩手。

5个月：可以用两只手抓住物体，这时最愿意吃自己的脚。

6个月：能够用拇指和食指拿住东西，可以转动手腕。

7个月：拇指与食指对应比较好，双手均可抓住物品。

8个月：灵活性有很大的发展，拇指和食指可以像镊子状抓住物体。

9个月：灵活性继续发展，可以用食指抠东西。

10个月：一只手可以同时拿起两个东西，放开时有些不灵活。

11～12个月：自己可以吃东西、拿蜡笔，还可以传递东西，协调能力每天都有提高。

（二）行走动作的发展

婴儿行走动作的发展在婴儿心理发展上的意义也是非常巨大的。

行走动作的发展同样要经过一个漫长的过程。婴儿在大约 3 个月的时候，开始能够翻身；到第 6 个月的时候，能够坐起来；大约八九个月的时候，开始会爬；而到 1 周岁的时候，就会站起来，并有可能开始行走。当然，由于种种条件，如营养状况、练习的机会等，婴儿之间是有个别差异的。

知识之窗

坐　立

孩子在坐立前，需要颈部、肩部和躯干等部位的肌肉发育起来，以支撑和控制头部，保持躯干的直立。孩子必须学会平衡能力，以防每次拿东西或转身时跌倒，一般的孩子在 8 ～ 9 个月内达不到这个水平。

- 出生时：孩子需要扶着才能坐住。如果把孩子放成坐着的姿势，其后背与头部就会前倾，孩子支持不住，不扶着就会倒下。
- 1 个月：孩子的后背仍很软，但略有一点力气。尽管孩子努力挺一下，但需要马上扶住他。
- 4 个月：如果扶着孩子呈坐姿时，孩子能够挺起头部，后腰部很软，但上部比较僵硬。
- 6 个月：孩子不用扶着就能坐立，但只能坐几秒。孩子这时开始喜欢坐在椅子上，周围用东西垫好。
- 7 个月：孩子可以自己坐立，但不很稳定。孩子的背部还撑不起来，有时需要用双臂，放在前面当作支柱。这样空不出手来，所以每次想做点什么事情时，就会造成人仰马翻。
- 8 个月：孩子不用双手就可以坐直，但不是十分稳定，所以在孩子周围一定要用软垫子围好，以防翻倒。
- 9 ～ 10 个月：孩子的平衡能力增强，可以扭转身体看周围的事情，可以伸手够东西。

爬　行

孩子在能爬之前，必须端正姿势。孩子必须先伸直身体，才能伸手臂；必须先学会控制头颈，才能有力量用胳膊撑起身体，这样胸和头才能离开地面。很难说清孩子什么时候才能开始爬，所以理解发育不应该基于年龄，而要基于阶段。重要的是当你的孩子对爬不感兴趣时，请不必担心。有些孩子不喜欢总是趴着，却非常喜欢看周围的事物，所以很快度过了爬行的过程，而有些孩子根本就没有学会爬行，直接就会走路。

知识之窗

出生时：孩子出生时就有爬行反射，但在孩子伸直身体后，很快就丧失了这一反射。

4个月：孩子可能会同时抬起胸和腿，双手伸开，呈游泳状。

6个月：孩子能用胳膊支撑起上半身，收回双腿时表现出快要爬的姿势。尽管孩子表现出爬行的姿势，但是孩子对此并不热衷。如果真想爬，也是前后摇动不定。

7个月：孩子也许6个月的时候就已经能够靠张开的双臂撑起身体了。

8～9个月：孩子在地板上已经能够把自己推向前进，头能挺直，做出踢腿的动作。

站　立

3个月：在孩子能够支撑起头部以后，大多数人喜欢把孩子面朝自己举到前面，把孩子的小脚放在膝上。在反复上举孩子的过程中，孩子意识到他的脚接触到你，感受到撑起自己体重的物体。很小的孩子，尽管还撑不起头部，也喜欢这种抱法。

6个月：如果把孩子抱起来呈站立姿势，孩子可能会做出蹦跳的动作，表现为弯下膝部与大腿的关节，然后伸直。

7～8个月：孩子不再有蹦跳的动作，取而代之的是舞蹈动作。孩子总是不停地将一个脚放在另一个脚的上面，然后把下面的脚抽出来。

9～10个月：孩子的双脚可以撑起体重，但还不能掌握平衡。当扶住孩子的腋下时，可以看到孩子能够站起来，并做出迈步动作。如果把孩子放在你的两腿之前，他们会走上一两步。孩子这时需要你牢牢地扶住，因为他的平衡能力还不完善。

10个月以后：孩子对膝部、腿部的肌肉控制能力有很大的提高，会抓住周围的家具努力使自己站立起来，但这时的平衡能力仍然很差。

婴儿开始直立行走，不但使他们有可能主动地去接触各种事物，而且有利于各种感官（听觉感官、视觉感官、言语感官）的发展，从而大大地扩大了他们的认识范围。

第二节　婴儿各种感官的发展

婴儿期的婴儿，感知觉迅速发展，并初步具备了前言语交流能力。

感知觉是个体发展中最早发生，也是最早成熟的心理过程。感知觉对婴儿心理发展具有重要的意义。婴儿通过感知觉获取周围环境的信息并适应周围环境。这一过程不是被动的，而是主动的、积极的、有选择性的过程，是对来自周围环境信息的察觉、组织、综合及解释。

一、婴儿视觉的发展

人们之所以把眼睛比喻为“心灵的窗户”，是因为人类为了认识环境、适应环境而对眼睛的依赖远远超过了对其他任何感官的依赖，但是，令人遗憾的是，似乎和这种需要不相称，婴儿的视觉却是所有感觉中发育成熟最晚的。我们知道，视觉是由眼睛和大脑的相应部位共同掌管的，新生儿的眼睛和大脑发育都还不成熟。例如，掌管调节眼与物体距离的晶状体肌肉，在出生时还很弱；负责接收光线并往大脑输送的视网膜细胞，在出生后几个月才慢慢成熟；而掌管信息接收的视觉皮层细胞到几岁以后还不能和成人相比。

虽然婴儿的眼睛还看不清楚，但他们并不放弃积极探索周围的世界。他们总能从视野中找出令他们感兴趣的一切事物，努力追随移动的物体，只是这种移动的速度比较慢，准确性也较差。

（一）婴儿的视敏度

1. 婴儿视敏度的发展

视敏度是指眼睛区分对象形状和大小微小细节的能力，俗称“视力”。人们通常的看法“小孩眼尖”并不正确，因为他们的视敏度比正常成人低。1961 年，美国心理学家范茨（Fantz）在特制的观测室里采用注视时间为指标，研究婴儿的视敏度。通过呈现不同宽度黑白条纹的图形，可以测量婴儿和成人的视敏度。所能看清的条纹越窄（较高的空间频率），则视敏度越好。新生儿的视敏度为 20/600 ～ 20/200，只有正常成人视敏度的 1/10。6 个月时，婴儿的视敏度已发展到 20/70 左右，1 岁时与成人相当接近。儿童视敏度发展最快的时期是在 7 岁左右，学龄中期增长速度又有些加快。由于学龄期阅读量的增加，眼睛疲劳容易让儿童的视敏度下降。

2. 婴儿视敏度的测定

测定婴儿视敏度是为了检查孩子的视力发展。视敏度测定结果的差异，取决于不同的测量方法，也取决于不同的测量条件。

（1）测查婴儿视力应注意创设适宜的条件。

① 只有在觉醒的状态下，视觉能力才明显地表现出来。一般来说，吃奶后一个小时左右是比较好的时刻。刚吃饱时，孩子往往容易处于昏昏入睡状态；孩子熟睡后，也不易使他调整到清醒状态；孩子快要到吃奶时间时，因为饥饿而容易哭闹，也不是适宜的状态。

② 情绪状态影响视敏度的表现。

③ 室内的光线对测定视力也有影响。光线太亮，妨碍孩子睁眼看东西；光线太暗，

孩子看不清楚。

④ 室内喧哗，不利于视觉集中，影响测量结果。

(2) 视敏度的测定，除了一般的视力表测试方法外，还可用以下方法来测试婴儿的视力。

① 突然地将手或其他物品放在孩子眼前，如不引起眨眼反射，是不正常表现。

② 孩子对眼前出现的小玩具，没有追随或去抓拿的表现，是不正常表现。

③ 一只眼被遮挡时，孩子没有用手去拨开遮挡物，也不哭闹，表明该眼视力极差。

④ 看东西时歪头，医学上称为“代偿头位”，表明两眼视力不平衡。如果将孩子的一只眼睛盖起来，“代偿头位”减轻或消失，证明歪头因视力缺陷引起；如果遮住一只眼睛后，头位不改善，则是“斜颈”而非视力问题。

⑤ 看东西时，眼靠得过近；看远处时，皱着眉头或眯缝眼睛。这些表现多为视力不正常。

⑥ 孩子有畏光现象，在阳光下常常把视力差的一只眼闭上，多是弱眼。

⑦ 活动范围常常自我限制，动作缓慢，往往由于视功能不好，在估计周围景物的距离、高低、深浅上有困难。

⑧ 生下即出现“黑眼珠”(角膜)过大，超过一般孩子，且常有“夜哭”，烦躁不安，可能是危害较大的致盲症——先天性青光眼。

3. 影响婴儿视力的因素

婴儿的视力受遗传和环境因素的影响。

研究证明：遗传因素与近视有密切关系，从双生子的研究看，同卵双生子近视的一致率比异卵双生子高。可见，近视的发病率有家庭影响，因此，父母近视的孩子，应重点预防近视的发生。

环境对视力的影响不可忽视。视觉的发展需要经验的参与。换句话说，视觉经验是促进婴儿视觉发展的必要因素，而视觉经验是由环境提供的。事实证明，婴儿近视眼的发生发展与环境和教育有关。

(二) 婴儿的颜色视觉

新生儿出生后不久，就出现了颜色视觉。有人给 3 个月的婴儿呈现两个亮度相等的色盘，一个是彩色的，另一个是灰色的，以测定婴儿对两个色盘注视的时间。研究发现，婴儿对彩色色盘注视的时间比灰色色盘长 1 倍，一般认为，婴儿从 4 个月开始对颜色有分化性反应，能辨别彩色和非彩色。一般来说，婴儿比较喜欢波长较长的暖色如红色、黄色，特别是红色物体特别容易引起婴儿的兴奋。

二、婴儿听觉的发展

据研究，新生儿甚至胎儿就已经具有了一定程度的声音感受能力。婴儿早期对声音的感知和辨别主要表现在对声音的注意和定位及对语音的辨别上。

一般说来，婴儿听力的发展可以分为三个阶段。0 ～ 4 个月为第一个阶段。科学家沃夫（Warf）曾做过实验，结果发现出生 2 周的婴儿，听到大人的声音会停止哭喊，但听到摇铃声音却不会停止哭喊。这说明孩子已经能分辨出人的语音和一般声音了。孩子到 3 个月就可以区别男声和女声，听到和蔼可亲的话语会发出微笑，或发出呜呜声表示满意，听到严厉的语调会显出害怕的表情。到了 4 个月，就会转头用眼睛来寻找说话的人，有时还会安静地倾听母亲的娓娓细语，对孩子说来，这是一种很好的享受。

5～8 个月是听力发展的第二个阶段。婴儿开始把语言和具体说话的人联系起来，能辨认出父亲、母亲及其他人的声音，并对不同声音作出不同的反应。更重要的是，这一阶段的孩子已经能把一定的语音和一定的实物联系起来。大人说“灯灯、椅椅、电视”，孩子会转头看这些物品，有的还能用手指，这说明孩子已经能听懂某些词语了。

9～12 个月是孩子全面理解语言的阶段。家里常见的物品，他们都可以根据大人的声音加以辨认；家里常来的客人，他们也可以根据名称来辨认。这说明孩子能听懂的词越来越多了。同时，孩子对简单的句子也能理解了。大人说“再见”，他会招手；大人说“望月亮”，他就会抬头看月亮；大人说“狗狗来了”，他就会赶快把头埋在人怀里。这段时间里，有的孩子还能理解比较复杂的句子。

婴儿的言语听觉敏锐度随年龄而提高，听觉影响婴儿的言语和思维的发展，应注重保护听觉器官，注重训练婴儿的听觉辨别能力。

三、婴儿触觉的发展

触觉是婴儿第一个“醒”过来的感觉。每个婴儿都会通过对轻、重，尖、钝，冷、热等感觉刺激的体会来探索世界。

婴儿的触觉表现包括触觉辨识和触觉防御两种。触觉辨识能力能够让婴儿累积软硬、冷热不同材质的经验；触觉防御能力则可以帮助婴儿了解环境的安危，进而保护自己。

0～2 个月：新生婴儿的触觉已经很敏感，在嘴边、眼睛、前额、手掌和脚底等部位尤其明显，所以当母亲用乳头或手等轻触婴儿口唇或口周皮肤时，他马上就会出现吸奶动作并将脸转向被触碰的一侧寻找乳头或手。当母亲试图用手翻开婴儿眼皮时，他就会使劲把眼闭得紧紧的。

3～6 个月：婴儿嘴上的神经末梢发育要多于指尖，探测物品的灵敏度也最高。因此，在婴儿 6 个月之前，会更多地利用嘴来感觉周围的环境，如不断地啃自己的小拳头，喜欢安抚奶嘴等。不得不承认，很多人有喜欢咬指甲、笔头之类的坏习惯，都和这个时期有很大关系。

7～12 个月：婴儿开始进入自主爬行期，因为会经常使用手掌到处探索，所以手的触觉敏锐度会得到极大加强。婴儿会喜欢伸手拿玩具，触摸不同形状、不同质感的东西，并慢慢记住它们之间的不同。母亲可以用各种不同质地的布，如的确良、灯芯绒、麻布、丝等做成一块块小垫子，让婴儿用手摸一摸。过不了多久，婴儿就能对号入座了。

触觉在 3 岁前儿童的认识活动中占主导地位。随后触觉逐渐与视听觉紧密结合，到幼儿期触觉在认识发展中的地位逐渐下降，并让位给视觉和听觉。

四、婴儿味觉和嗅觉的发展

味觉是选择食物的重要手段，是婴儿出生时最发达的感觉。婴儿能以面部表情和身体活动等方式对甜、酸、苦、咸四种基本味道作出反应。这表明他们已具有了辨别能力。

嗅觉功能在出生 24 小时就有表现，并能形成嗅觉的习惯化和嗅觉适应。出生一周能够辨别不同气味，且表现出对母亲体味的偏爱。人的嗅觉改善延续到成年，到老年又衰退。人的嗅觉敏感个别差异很大。

婴儿嗅觉与味觉的发展如下：

1 个月：新生婴儿的嗅觉和味觉都已经有了相当的发展，婴儿在出生最初几天就存在味觉的性别差异，女婴比男婴更喜欢甜味。一周后能区别母乳香味，对刺激性气味表示厌恶。味觉发育成熟较早，偏爱甜味。

2 个月：可区分五味（酸、甜、苦、辣、咸），对刺激的气味会产生排斥反应。适当让孩子闻一些大人可以闻到的任何气味。

3 个月：嗅觉和味觉继续发展，能辨别不同味道，并表示自己的好恶，遇到不喜欢的味道会退缩、回避。在棉棒上沾少许稀释过的醋，让婴儿舔舐，观察其是否出现回避、退缩等行为。

4～5 个月：喜欢尝试，想把所有东西放到嘴里，借助舌头学习与物品间的关系，对食物的微小改变已很敏感。留意婴儿拿握在手里的物品，观察是否有口水的痕迹。喂辅食的时候，仔细观察便可以发现婴儿对不同味道的细微反应。

6～9 个月：味觉处于极为发达的状态，过了婴儿期会慢慢衰退。

9～12 个月：会表现出对甜味和盐味的爱好，分辨气味的能力还会进一步提升。

五、婴儿知觉的发展

婴儿知觉的发展表现为各种分析器的协调活动，共同参加对复合刺激的分析和综合。

空间知觉是由视觉、听觉、触觉和动觉联合活动而形成的复杂知觉，包括形状知觉、深度知觉和方位知觉。

（1）形状知觉：习惯化研究说明 3 个月的婴儿已有分辨简单形状的能力。形状知觉研究还表明，幼小婴儿就具有模式化的、有组织的视觉世界。他们偏爱一定程度的复杂的世界、信息量多的图形和对他们具有社会性意义的某些形状，不喜欢没有图案的模式。

（2）深度知觉：吉布森（Gibson）等通过视觉悬崖装置的实验发现 6 个月的婴儿就已经具有深度知觉。有人发现 2～3 个月的婴儿能够把“视崖”作为新异刺激物来辨认。

（3）方位知觉是人们对自身或客体在空间的方向和位置关系的知觉，是借助一系列参考系或仪器，靠视、听、嗅、动、触摸、平衡等感觉协同活动来实现的。上下两个方向以天地位置作为参考；东、南、西、北的方向以太阳的升落、地球磁场、北极星作为定向依据；而前、后、左、右完全以知觉者自身的面背朝向为定向依据。在正常情况下，人主要靠视听进行方向定位。

婴儿期是个体感知觉发展的最重要时期，也是感知觉发展最迅速的时期，更是对婴儿感知能力发展的干预和训练的最宝贵时期。

六、婴儿注意力的发展

注意力是对一定对象的有意识地指向性认知过程，它是“心灵的门户”，是获取知识和发展智力的起点。婴儿出生后不久即具备无条件的定向反射能力，以后逐步发展成两种注意力：无意注意（没有预定目标，是不由自主的注意）和有意注意（有预定目标，是通过主观意愿来支配的注意）。

婴儿年龄越小，无意注意越占优势。2 个月时，当发亮或色彩鲜艳的物体出现在视野内时，婴儿会睁眼注视，并发出喜悦的声音；3 个月后能集中注意一个新鲜事物；5 ～ 6 个月时能稳定地注意某事物，这些注意一般不持久、不稳定、容易分散；6 ～ 7 个月后婴儿开始对周围色彩鲜明、发响、能活动的东西产生较稳定的注意，这是有意注意的萌芽。随着年龄增长，注意逐步明确，注意时间越来越长。

七、婴儿前言语的发展

言语发展是婴儿心理发展过程中最重要的内容之一。这不仅因为语言是人类心理交流的重要工具和手段，而且因为语言在婴儿认知和社会性发展过程中起着重要作用，对其以后的心理发展有着深远而重大的影响。在西方，人们普遍认为语言的获得就标志着婴儿期的结束。英文“infant”一词来自拉丁语，意思是“不能说话”。正因为如此，20 世纪 50 年代以前人们对婴儿言语很少研究，只是随着 50 年代心理语言学的产生，人们才逐渐从言语获得的角度来研究婴儿言语的发生发展。

在婴儿掌握语言之前，有一个较长的言语发生的准备阶段，称为前言语阶段（prelinguistic stage）。一般都把从婴儿出生到第一个具有真正意义的词产生之前的这一时期（0 ～ 12 个月）划为前言语阶段。在此期间，婴儿的言语知觉能力、发音能力和对语言的理解能力逐步发展起来，出现了咿呀学语、非语言性声音与姿态交流等现象，这些统称为前言语现象或前言语行为。

（一）言语知觉的前言语发展

近二十年来对婴儿言语知觉的大量研究表明，婴儿言语知觉的前言语发展可分为以下五个阶段。

1．妊娠中、后期

5～8个月的胎儿已有了初步的听觉反应和原始的听觉记忆能力，能大致区分乐音、噪声和语音，并表现出对母语语音的偏爱。个别胎儿还表现出对语音的辨别和记忆能力。

2．新生儿期

0～1个月的婴儿已能对声音进行空间定位，并能根据声音的物理特征来辨别各种声音的细微差别，表现出对语音（尤其是母亲语音）明显的偏爱。有研究发现，刚出生1～2天的新生儿对成人的言语就有明显的“同步反应”。

3．发音游戏期

2～4个月的婴儿已开始理解言语活动中的某些交往信息，能和成人进行“互相模仿”式的“发音游戏”，能够辨别区分并模仿成人语音，并能辨别清浊辅音，获得了语音范畴性知觉能力。

4．语音修正期

5～9个月的婴儿已能辨别言语的节奏和语调特征，并开始根据其周围语音环境改造、修正自己的语音体系。那些母语中没有的语音在这一阶段逐渐被丢失。

5．学话萌芽期

9～12个月的婴儿已能辨别母语中的各种音素，能把听到的语音转换为音素并认识到这些语音所代表的意义。这使他们能够经常地、系统地模仿和学习语音，为言语的发生做好了准备。

（二）语音的前言语发展

吴天敏和许政援将婴儿语言前期的语音发展划分为三个阶段，即简单发音阶段（0～3个月）、连续音节阶段（4～8个月）和学话萌芽阶段（9～12个月）。E. 卡普兰（E.Kaplan）和G. 卡普兰（G.Kaplan）则把它划分为四个阶段，即哭叫（0～1个月）、唧唧咕咕（1～6个月）、咿呀学语（6～10个月）和标准化言语（11个月以后）。

朱曼殊和张仁俊在进行个案追踪研究后认为，前言语阶段语音的发展可分为三个阶段，即0～4个月的单音节阶段、4～10个月的多音节阶段和11～12个月的学话萌芽阶段。周兢通过对汉语婴儿进行纵向追踪和横向补充的研究后认为，前言语阶段婴儿的发音练习大致经过单音发音阶段（0～4个月）、音节发音阶段（4～10个月）、前语词发声阶段（10～18个月）三个阶段。而国外有学者把英语婴儿的前言语发音分为五个阶段，即反射性发声（0～8周）、喁喁作声（8～20周）、玩弄语言（16～30周）、重叠牙牙学语（25～30周）和非重叠学语（9～18周）。

上述学者的研究结果基本一致。由此可见，婴儿的语音获得过程可归纳为：从最初的哭声中逐步分化语音，并沿着单音节音—双音节音—多音节音—有意义语音的顺序发生发展。朱曼殊和张仁俊认为，各类语音发生发展的顺序是由发音器官各部位的生理成熟程度所决定的。由于人类婴儿发音器官的生理发展具有共同规律，世界各国婴儿最初的语音发展呈现出普遍的规律性。

（三）前言语交流的发展

大量研究表明，婴儿在能够用语言进行交流之前的这一年里，能够采用一些特定的声音和姿态进行信息交流，这就是前言语交流。它们同样具备了言语的三大基本特征，即目的性、指代性和约定性。在言语产生以后的漫长时间里，它们仍在某些特定场合发挥着语言替代物的作用。

1. 前言语交流的目的性

贝茨（Bates）及其同事研究发现，婴儿 9 个月时即能有目的地进行交流，其标志是原始祈使（proro-imperacves）和原始陈述（proro-declaratives）行为的产生，而后者包括呈示（showing）和给予（giving）两种行为。

在原始祈使行为产生的过程中，婴儿为获得某一物体而发生以下变化：①交错注视；②更正交流失败信息；③工具性姿态的仪式化（ritualization of previously instrumental gestures）。这种仪式化使原本是工具性行为的姿态失去原有功能，而只作为该行为的符号参与交流。

2. 前言语交流的指代性

指示（pointing）是前言语交流指代性的典型外在表现，在前言语交流过程中扮演着特殊而重要的角色。关于其起源问题，目前仍存在激烈争论。有研究发现，婴儿出生后 9 周就出现了类似于指示动作的姿势。这表明人类生来具有产生指示动作的某种“生物准备性”。也有研究发现，指示动作的出现标志着随后语言能力的大发展，二者有一定正相关。

3. 前言语交流的约定性

一些研究者认为，9 个月时出现的工具性行为的仪式化现象，实质上是婴儿语言交流约定性的最原始的开端。婴儿主要是通过模仿和仪式化这两个途径来学习、掌握语言系统中的约定性指代关系的。婴儿出生后头半年里，就可通过操作条件反射逐渐实现其交流行为的仪式化过程，9 个月时能真正通过模仿来学习掌握各种约定性。

（四）言语的发生

关于婴儿言语的发生及其标志问题，目前仍存在激烈争论。欧美心理学家认为，婴儿说出第一个与某一事物有特定指代关系的母语中的词标志着言语的发生，时间在出生后 9 ～ 11 个月。我国心理学家认为，婴儿最早说出的具有概括性意义的词才是言语发生的标志，时间为 11 ～ 13 个月。综合多种研究材料，我们认为，由于个体间有着较大的差异，婴儿言语发生的时间为 10 ～ 14 个月。

1. 第一批词的产生及其生态学分析

婴儿最早可以在 9 个月时说出第一个有特定意义的词语，最晚则在出生后 16 个月时。对这第一批词进行生态学研究发现，它们具有很强的场合约定性（contextbound)，即它们只能用来指代很有限的某个特定情景（场合）下发生（或出现）的某一特定事物，还不具备概括性意义，只具备原始的指代性、对应式的象征性和一定的交流意义，就好像是某一特定场合下特定事物的伴随物一样。

但是，进一步的研究发现，在婴儿说出的第一批词中，有一些已具备了概括性意义。这一发现表明，在言语发生过程中婴儿之间也存在着较大的个体差异，它推翻了“第一批词不具有概括意义”的结论，并将严格意义上的词语发生的时间推进到出生后 10 个月。

2. 词语的获得与运用

在言语发生阶段，婴儿词语的获得与运用主要体现在以下三个方面：①继续掌握一些场合限制性较强的词；②已掌握的词开始摆脱场合限制性，获得初步的概括意义；③开始直接掌握一些具有概括性和指代性功能的词语。其中，词语的去场合限制性（decontextualisation）是婴儿真正掌握词语、获得概念的重要途径，其外在表现为，原本只用于特定场合、特定事物的词语，现在迁移、运用到与此事物有关的不同场合。

关于这一阶段婴儿获得与运用词语的内在机制问题，纳尔逊（Nelson）和巴雷特（Barrett）在核心因素理论的基础上进一步提出了原型理论（prototype theory）。它很好地解释了“外延缩小”“外延扩大”和“匹配错误”等婴儿获得词语过程中所特有的现象，也得到实验研究和实际观察结果的有力支持和证明，因而是可接受的。

知识回顾

在整个儿童期内（从出生到成熟时期），婴儿期是一个发展最快的时期。出生后头几个月，身高平均每月增长 3 厘米以上，半年后有所减缓，每月增长 1 ～ 1.5 厘米，1 岁时身高可达 70 ～ 75 厘米，达到出生时的 1.5 倍。出生后 1 年内体重增加更明显，体重 3 倍于出生体重，1 岁时，可达 9 ～ 10 千克。婴儿动作的发展主要表现为手的抓握动作的发展和直立行走动作的发展，这两项动作的发展对婴儿心理发展意义重大。婴儿期心理发展的主要特点是：视觉、听觉、触觉、味觉和嗅觉等感觉迅速发展；形状知觉和深度知觉等知觉也发展较快；婴儿的注意力以无意注意为主；婴儿期处于前言语发展时期。

本章的重点是婴儿的心理发展，难点是婴儿的前语言发展。

活动体验

1．用具体数字证明婴儿期是一个发展最快的时期。

2．分析婴儿手的抓握与动物大猩猩手的抓握的不同。

3．讨论婴儿手的抓握动作的发展和直立行走动作的发展对婴儿心理发展的意义。

4．假设社区邀请你阐述婴儿的心理发展，限时1小时，你将选择婴儿心理发展的哪些问题作为要点。

5．观察一个婴儿，并与他（她）进行交流，记录下他（她）对你的反应。如果有机会，最好记录下婴儿的十种反应，分析婴儿前语言时期的特点。

6．描述你所知道的婴儿心理发展（描述得越详细越好）。

第五章 Chapter 5

先学前期儿童的心理发展

本章导读

自我意识敏感期是所有敏感期中最重要的一个时期，因为我们将来要成为什么样的人，来源于这一时期的发展。保证了这个敏感期的发展，就保证了未来人格的强大。

1～3岁是儿童生长发育的又一个重要时期，也是儿童心理发育的重要时期。除了自我意识敏感期，还有哪些心理发展的重要时期？本章将详细介绍先学前期儿童身体发育、动作发展及心理发展的特点，学完之后，你就会游刃有余地处理上述情况，成为年轻父母的咨询者。

目标透视

1．了解先学前期儿童的身体发育特点。
2．掌握先学前期儿童躯体动作与双手动作的发展特点。
3．掌握先学前期儿童心理的发展特点。

第一节　先学前期儿童的身体发育与动作发展

1～3岁是儿童生长发育的又一个重要时期，这是儿童进入幼儿园以前的一个阶段。幼儿园的儿童称为学前儿童，因此将3岁前的儿童称为先学前期儿童。

一、先学前期儿童的身体发育

先学前期儿童的身体发育虽然比婴儿期减慢了，但与以后时期相比还是十分迅速的。

先学前期儿童的身高平均每年增长8～10厘米，2岁时可达85厘米左右，3岁时可达93厘米左右，比出生时增加近1倍。体重增长的速度也很可观，3岁时达到13千克左右，为出生时的4倍。先学前期儿童的胸围还较小，1岁半以前头围大于胸围，头身比例仍不平衡，因此，头大脚小、头重脚轻，走路难以保持平衡，两腿和身体的动作不协调。

先学前期儿童的全身骨骼肌肉仍比较嫩弱。骨骼还在继续骨化，仍具有弹性大、易弯曲的特点；骨骼系统布满血管，组织不够坚实；骨骼的纤维组织基本上由软骨组成。大肌肉已经先发展，但耐力还较差，易疲劳；小肌肉远未发展起来，因此一般还不能从事需要手指精细活动的、灵活性、准确性很高的动作。

先学前期儿童的内脏器官有了一定的发展。此时期正常的儿童心率在100次/分钟以上，3岁时降为100次/分钟，但与成人相比仍很快，因此仍不宜做剧烈运动，以免加重心脏的负担。

总之，先学前期儿童的身体各系统发育仍很柔嫩，不能耐劳，不宜进行过分剧烈的活动，但已能保证儿童从事一些最基本、最简单的活动。

二、先学前期儿童的动作发展

先学前期儿童的躯体动作和双手动作继续发展，比以前更加熟练、复杂，而且增加了随意性，可以比较自如地调节自己的动作。

（一）躯体动作的发展

与婴儿期相比，先学前期儿童在躯体动作方面有了很大的发展，这主要表现在掌握行走的技巧上。

先学前期儿童在十三四个月时，一般就能独立行走。刚开始，儿童身体各部分还不能配合协调，整个身躯前倾，两臂不会自然摆动，两脚不会交替前进，蹒跚学步，很容易跌倒。1～2岁行走还不自如，原因如下：

(1)头大脚小。成人头长和身长的比例是1∶8，孩子出生时是1∶4，2岁时是1∶5。头和身体的比例不平衡，头比较大，脚相对比较小，因此，头重脚轻，难以保持平衡。

(2)全身的骨骼肌肉比较嫩弱。孩子的骨骼系统布满血管，组织不是很结实，骨骼的纤维组织基本上由软骨组成，因此，支撑身体行走还不够有力。

（3）脊柱的弯曲没有完全形成。孩子生下时，脊柱几乎是直的。他开始抬头时出现第一个生理弯曲，即颈椎向前凸起，颈部弯曲支持头的活动，孩子可以抬头和自如地转动头部。六七个月时出现胸椎向后凸起，支持坐的动作，1 岁左右腰部向前方的弯曲才逐渐成熟，而这个弯曲的形成是与直立行走的姿势相辅相成的。一方面，它的形成支持了直立行走的姿势；另一方面，这个弯曲又在学习直立行走的过程中逐渐形成。如果不学走路，这个弯曲就无法形成。

（4）两腿和身体动作不协调。两腿和身体动作的协调使儿童保持全身的平衡。由于不善于协调动作，孩子开始走路时常常把双臂张开，有时甚至横着走，以求保持平衡。

其后，在成人的扶持、鼓励下，经过反复练习，儿童逐渐能够控制身体的重心，身体各部分也逐渐协调，走路时身体平稳，姿势自然，速度加快，两脚能够有规律地交替前进。除此之外，儿童还慢慢学会了上下楼梯、台阶，单足站立，横走后退，跨越简单的障碍物等。一般在正常情况下，儿童约在将满 2 岁的时候，就能够掌握行走的技巧，在平坦的道路上行走能达到自如的程度。在先学前期结束时，儿童可以走较长的路，为进入幼儿园创造了条件。

关于我国先学前期儿童躯体动作的发展顺序见表 5-1。

表5-1 先学前期儿童躯体动作的发展顺序

单位：月

躯体动作项目	常模年龄	躯体动作项目	常模年龄
独立走几步	13.7	双脚跳	26.7
自己能蹲	13.9	能组织活动	27.1
会跑但不稳	16.7	不扶栏杆上下楼	28.1
踢球	17.6	手臂举起投掷	29.3
双手扶栏杆上下楼	19.3	跳远	30.5
能控制跑	19.8	从楼梯末层跳下	31.7
自己上下矮床	20.0	独脚站	33.4
一手扶栏杆上下楼	23.9		

儿童能够独立行走，便能自由行动，主动接近别人，和其他小朋友一起玩，接触更多的事物，这对先学前期儿童的独立性、社会性和认识能力的发展具有积极的作用。

（二）双手动作的发展

先学前期儿童的双手动作在成人的指导和自己的不断练习中发展，而且参与到生活各个方面。

在游戏中，两三岁的儿童喜欢用各种方式摆弄物体，有时用手抓取，有时用棍棒等敲打物体；有时一手紧握，有时推送；有时双手聚在头顶，有时抱在胸前。在儿童看来，用手摆弄物体就是一种游戏。

在平时，儿童会做各种动作，但这种动作不是为了完成某种任务，而是对动作本身感兴趣。例如，一个 1 岁半的儿童，把门一会儿打开，一会儿关上，连续 26 次，他就是喜欢听开关门时吱吱嘎嘎的声音，乐此不疲。平时我们和儿童玩打扑克的游戏也是如此，儿童重视的是出牌的过程，而不是游戏的结局。

先学前期儿童双手动作的发展，可以使儿童在一定程度上完成自我服务。儿童在父母或教师的帮助下，逐渐学会了自己吃饭、穿衣、洗手、取拿和收拾玩具等。儿童的双手动作也在自我服务的过程中得到发展。儿童 1 岁以后，就可以学习自己用小勺吃饭，2 岁时就可以比较熟练地运用小勺吃饭。先学前期儿童对自己穿脱衣服、鞋袜也很感兴趣，但一般来说，2 岁时还不能独立进行，到近 3 岁时，儿童逐渐在成人帮助下学会穿衣服。

先学前期儿童一般喜欢自己洗脸洗手，但同时对玩水很感兴趣，需要成人的指导和帮助。

关于先学前期儿童双手动作的发展顺序可参阅表 5-2。

表5-2　先学前期儿童双手动作的发展顺序

单位：月

双手动作项目	常模年龄	双手动作项目	常模年龄
把小球放入瓶中	12.3	自己洗手	27.6
搭积木 2 ～ 4 块	12.9	搭火车	28.1
拿柄摇拨浪鼓	13.2	翻书一次一页	28.3
从瓶中倒出小球	13.4	穿串球	28.3
双手端碗	17.1	搭桥	28.9
搭积木 5 ～ 7 块	20.9	折纸成长方形	31.1
一手端碗	27.0	折纸成正方形	34.1

先学前期儿童的双手动作的发展复杂多样，不论是在速度、稳定性还是协调性上都明显提高，动作的发展对儿童心理的发展具有积极的影响，为儿童进入幼儿园学习更复杂的知识技能做好了准备。

深入思考

结合所学的婴儿与先学前期儿童身体生长发育特点及动作发展特点，总结 0 ～ 3 岁儿童身体发育的规律及动作发展的规律。

第二节　先学前期儿童的心理发展

先学前期是真正形成人类心理特点的时期，儿童在这一时期学会走路、使用工具，开始说话，出现表象思维和想象等人类特有的心理活动，并出现独立性。换句话说，各种心理活动逐渐齐全。

一、会使用工具

1岁以后，孩子逐渐能够准确地拿各种东西。1岁半左右的孩子，已经不再是把手里的任何东西都拿来敲打，单纯摆弄，而是根据物体的特性来使用。这就是把物体当作工具来使用的开端。2岁半以后，孩子能够自己用小毛巾来洗脸，拿起笔来画画。

1～3岁儿童学习使用工具有一个发展过程，大致经过四个基本阶段。

第一阶段，完全不按用具的特点支配动作。儿童把拿到手的物品简单地当作自己手的延续。例如，拿勺子盛了东西送到嘴里，就像把自己的拳头送到嘴里一样。他盛了东西，把勺子斜着送，还没送到嘴边，大部分食物就都掉了。这个阶段，孩子不停地改变运用物品的方式，变化的方式虽多，但是实际有效的方式却不多。偶然也会出现一些有效的动作，可是采用一种方式后，他会立即更换另一种方式，所以有效的方式也不能巩固下来。

第二阶段，不再连续变换新方式，进行同一动作的时间有所延长。偶然碰上一种有效的方式，儿童会立刻抓住它，而且比较小心地做完某种动作。例如，拿着勺子的柄盛满食物后，慢慢地平着端起来，达到嘴的高度才向嘴里送。

第三阶段，主动地重复有效动作。不再是等待有效动作偶然出现，可以说，儿童已经开始主动掌握经验中的有效动作方式。不过，这时孩子常常固执地运用某种动作方式，即使遇到困难和失败，也不肯放弃自以为有效的方式。

第四阶段，能够按照用具的特点来使用它，并且能够根据使用时的客观条件改变动作方式。如果有不正确的动作，很快就会改正。

这一年龄的儿童在学习使用物品的动作中，有时还会出现倒退现象。例如，已经学会熟练地拿着勺子吃饭，忽然有一阶段不好好地使用勺子吃，而是把饭粒都撒在桌子上。原因是孩子对熟悉的动作已经失去新鲜感，他对新动作产生了兴趣，这个阶段的孩子喜欢用大拇指和食指去捡细小的东西，因此故意把饭撒在桌子上，然后将其逐粒拾起来。这是前进中的倒退，也可以说是表面倒退中的实际前进。因为此时出现的是孩子精细动作的发展。孩子每学习一种新动作，都是劲头十足，学会之后又把精力转移到别处。

2～3岁儿童能够学会多种动作，不仅双手协调，而且能使全身和四肢的动作协调起来。例如，端着盛了水的杯子从一个房间走到另一个房间，不会摔破杯子。

案例分析

小美马上就满2岁了，近期开始出现打人的情况。有时候小美拿着玩具出去，别的孩子冲她瞧一眼，她就要说："不要看我的！"然后就要去打别的孩子，别的孩子的家长都说她很霸道。前几天和同事都带上了孩子一起出去玩。同事给两个孩子一人一小盒饼干，小美谢过之后把饼干放在桌子上，同事的孩子伸手过来也想拿着吃，结果小美大叫："这是我的！"然后伸手就打，两个孩子打了起来，被大人们分开后，小美又大哭起来。

案例分析

很多宝宝在2～3岁这个阶段，有一天突然会对妈妈说“不”，如果发生不符合他/她心意的事情，就会大哭大闹，表现出完全以自我为中心，什么都说“是我的”，对什么要求都说“不”。宝宝从开始说“我”到说“不”，对成人表现出抗拒，说明宝宝有了自我意识，进入了自我意识的敏感期。

分析：在这一敏感期，孩子出现最多的现象是划分“我的”及“你的”，同时通过说“不”使用自我的意志，感觉“我说了算”是重要的。这时的宝宝也会抗拒别人和他/她亲近，如果想亲他/她或抱他/她，宝宝的反应就会很激烈。

这期间，宝宝会拿着自己的东西说：“这是我的。”他/她也拒绝和别人分享食物。他/她对成人未经允许就触摸他/她也极为愤怒，以尖叫、跺脚、推拒来捍卫自我，以这样的方式向成人宣布：“我的身体是属于我的。”

二、无意注意进一步发展，有意注意开始萌芽

从儿童生活的第2年起，随着儿童活动能力的增长、生活范围的扩大，儿童开始对周围很多事物产生兴趣，这就使先学前期儿童的无意注意有了进一步的发展。

无意注意在整个先学前期占有主导地位，具体表现如下：

一是对周围事物的无意注意。2岁的儿童对周围事物的留意程度有时超过我们的预料。例如，一个2岁2个月的孩子注意到对面楼顶上有几只鸽子，于是他每天都趴在窗上看它们，想跟它们玩。他还注意到奶奶家窗户外面经常有一辆小轿车，但回到自己的家趴在窗台上看就没有了，于是问妈妈：“怎么没有小轿车呀？”

二是对别人谈话的无意注意。2岁左右的儿童很留心别人的谈话，他们经常出其不意地接上别人的话茬。例如，一个2岁3个月的孩子，每当听到大人谈论有关他的话题，无论正做什么都立刻停下来，说：“说我呢。”

三是对事物变化的无意注意。2岁多的儿童不仅注意到周围不变的事物，更关注周围变化的事物。例如，一次，幼儿园托班的一个小朋友豆豆穿了件新衣服，教师说“豆豆真漂亮”，一个小男孩马上跑过来说“我先看见的”。又如，有一次，教师刚刚烫了头发，这个儿童立刻就称赞教师：“老师真好看！”据天津和平保育院的调查，对有兴趣的事物，1.5岁儿童能集中注意5～8分钟；1.9岁儿童能集中注意8～10分钟；2岁儿童能集中注意10～12分钟；2.5岁儿童能集中注意10～20分钟。

同时，由于言语的作用和成人的要求，儿童的注意开始能服从成人提出的活动任务，因而也出现了有意注意的萌芽。例如，成人要求婴儿看电视机里的少儿节目，他们能集中注意看一会儿，但如果不感兴趣，很快就把注意转移了。据观察，婴儿在成人要求下看电视的时间不如他们自动去看电视保持的时间长。

三、语言迅速发展

语言的迅速发展是1～3岁儿童突出的特点。这里又可以分为1～1.5岁和1.5～3岁两个时期。

1. 1～1.5岁的单词句时期

1～1.5岁是单词句时期。这个时期儿童语言的特点如下：

(1) 单音重复，如说“妈妈”“爸爸”“抱抱”等。

(2) 一词多义。例如，儿童说“椅”这个词，可以是代表“拿椅子来”“请客人坐椅子上”“哥哥拿走了他的椅子”等。

(3) 以音代物，如叫汽车为“bei-bei”(呗—呗)，叫小铃铛为“ling-ling”(铃—铃)。

(4) 词的内容限于与儿童日常生活有关的事物，而且多数是名词。

案例分析

一个14个月的孩子被成人抱着时，着急地往柜子的方向挣扎，嘴里叫“ta，ta”(音)。成人先给他拿出奶糕粉，他边摇头边摆手，说：“xi，xi。”成人于是给他拿糖罐，问：“是这个吗？”他用尽力喊：“xi，xi。”成人拿一块糖放在他嘴里，他脸上露出了笑容。

分析：此案例中的儿童言语发展处于单词句阶段，特点是表达不够明确，语音不够清晰，必须辅以表情和动作。

2. 1.5～3岁的多词句时期

1.5～3岁是多词句时期。这个时期可以说是儿童语言发展的一个跃进阶段，它是儿童学说话积极性高涨的时期。在这个阶段内，随着儿童理解言语能力的发展，儿童的语言表达能力也逐渐发展起来，语言结构也更加复杂化。这些都为儿童心理的进一步发展提供了重要的条件。这个时期的主要特点如下：

(1) 随着儿童掌握词汇的数量增多，开始出现了多词句。每个句子一般包括2～4个词，如“爸爸上班”“妈妈再见”等。

(2) 儿童不仅能说一些简单句，而且会说一些复合句，但这个阶段的复合句只是两个简单句的组合，儿童还不会使用连接词，如“不要你，我自己睡”等。这个时期的儿童特别喜欢和成人说话，喜欢听简单的故事和朗读儿歌。

(3) 语言的概括作用明显地发展起来。两三岁儿童对“猫”一词的认识，已不只是代表家里的那只猫，还代表着他曾经见过的各色各样的猫。

3岁左右的儿童已掌握了一些最基本的词汇、词类，学会了一些简单的句子，他们所说的话基本上符合语法。

四、表象思维的发展

人类特有的表象、想象和思维活动，是在2岁左右形成的。

表象：当事物不在眼前时，儿童能够在大脑中出现关于该事物的表象（如形状、颜色等特点），特别是在 1.5 ～ 2 岁时。

想象：想象是对头脑中已有的形象进行加工，重新组合成新形象的过程。

思维：思想是脑对客观事物概括的、间接的反应，是认识的高级形态。典型的人类思维是以语言为工具的抽象逻辑思维。儿童的思维是人类思维发展的低级阶段，它具有思维的本质特点——反应的概括性和间接性，但是抽象概括水平很低，还不是典型的人类思维。

随着先学前期儿童语言的发展，儿童的表象也发展起来，特别是 1.5 ～ 2 岁，当事物不在眼前时，儿童能够在大脑中出现关于该事物的表象。表象的发生使儿童的认识活动出现重大的变化，他的记忆已不停留在再认那些重新出现的事物，还可以回忆起过去见过的事物。例如，1 岁前儿童离开妈妈时会哭，过一会儿就忘了，妈妈重新露面时，他看见了，又想起之前想要找妈妈。2 岁左右，即使妈妈不重新出现，他也要找妈妈，当他看见了和妈妈有关的东西，也会想起妈妈。

表象的发生使儿童有可能产生想象。1 岁的儿童只能胡乱摆弄物体，2 岁的儿童已经能够拿着物体进行想象性活动。这时出现了游戏的萌芽。例如，拿着一块长积木在娃娃头上擦，想象着给娃娃梳头。也出现了最初的绘画活动，如画出一个近似圆形的东西，说它是“太阳”。

人类典型的认识活动形式——思维，也是在这个时期发生的。这时孩子出现了最初的概括和推理。例如，能够把性别不同、年龄不同的人加以分类，主动叫“爷爷”“奶奶”或“哥哥”“姐姐”。在生活中，2 岁以后的孩子开始会讲道理，如妈妈睡觉了，他知道不能去吵妈妈。对一些事情还能提出自己的道理。例如，成人告诉他“天黑了，该睡觉了”，他会立即反问“那么月亮为什么不睡觉”，这个时候的思维是非常具体的，而且只在活动中进行。所以说它带有“直觉行动”和“感知运动”性质。

至此，儿童的认识过程，从感觉到思维，就已经全部形成了。

五、情绪进一步分化和发展

婴儿刚出生时情绪比较单一，到 1 岁以后逐渐分化，2 岁左右已经出现了各种基本情绪。先学前期儿童情绪情感发展的趋势主要有三个方面。

（1）社会化。最初的情绪是与生理需要相联系的。随着儿童年龄的增长，情绪逐渐与社会性需要相联系，这个联系的过程就是情绪的社会化过程，也就是情感的发展过程。儿童情绪情感社会化表现在：情绪中社会性交往的成分不断增加；引起情绪反应的社会性动因不断增加；表情的社会化。

（2）情绪情感越来越丰富、深刻。情绪情感的丰富主要是指情感过程越来越分化，情感指向的事物越来越多；情绪情感的深刻主要是指指向的事物性质的变化，由指向事物的表面到指向事物的内在特点。

（3）情绪的自我调节化。随着年龄的增长，儿童对情绪过程的自我调节越来越强。这种调节加强表现在三个方面：情绪的冲动性减少、情绪的稳定性增加、情绪情感从外露到内隐。

先学前期儿童的情绪表现出以下几个特点：①情境、外部性，即随外部情境、条件的变化而变化，或者减弱甚至消失；②激动、冲动性，即高兴时马上会手舞足蹈、笑逐颜开，愤怒时马上会咬牙切齿、暴跳如雷；③暂时性，即某种情绪的持续时间不会太长，即使大人不管他，到一定时间后，这种情绪也会变化；④与生理需要有关，特别是在婴儿期更为明显，饥饿与身体不舒适时就会哭、吃奶时就会笑。2～3岁的幼儿也会常常因为生理需要得不到满足而情绪表现欠佳。

六、逐步出现了最初的有目的的活动

（1）模仿性游戏活动。儿童在运用物体的基础上，开始通过一些比较复杂的动作来反映现实，这就是最原始的、最低水平的游戏。实际上，这种游戏还只是重复模仿日常所见的成人所做的某些动作，如用匙子喂布娃娃吃东西，用手帕给布娃娃盖被子，等等。这种年龄的儿童在游戏的时候，往往喜欢用日常用品，而不愿使用玩具。例如，他们看到桌子上放的茶杯、汤匙或镜子等东西的时候，就想拿过来玩。这个时期的游戏内容还是非常简单、贫乏而片断的，游戏活动都是由当前存在的具体东西引起的，想象的成分极少。

（2）最原始的学习活动。两三岁的儿童开始喜欢模仿成人“写字”。实际上，他们是拿着笔在纸上乱画一些圈圈和线条，并且自己说“这是一只狗”“这是小猫”。有时儿童也用泥团、面团来塑造一些物体，虽然他们捏得粗糙，也不很像。

（3）最原始的劳动活动。两三岁的儿童已经可以做一些简单的自我服务性的劳动，如洗衣、穿衣、吃饭，还能模仿成人的样子用小刀“切菜”、用扫帚“扫地”。开始时动作比较笨拙，但在慢慢学会这些动作以后，还能够做一些擦桌子、搬凳子、摆碗筷等简单的服务性活动。

七、出现独立性

孩子进入第2个年头，就不像以前那样顺从了。特别是2～3岁，他有了自己的主意，和家长的意旨不一致。例如，1岁多的孩子，走路还摇摇晃晃，却要到处走、到处钻，见到东西就扯，见小洞就扣。2岁左右，外出走到路上，不愿意总是让妈妈领着走，而是自己跑跑跳跳，时而蹲下捡块小石子当“手榴弹”，时而捡根树枝当枪使用。这是孩子出现独立性的表现。由此，人际关系的发展进入了新的阶段。

独立性的出现是开始产生自我意识的表现。这时孩子知道“我”和他人有区别，在语言上逐渐分清“你”“我”，在行动上要“自己来”。例如，他要自己走路，成人要抱着他走，他会把身体挺直，使成人无法抱他，嘴里还说“我自己”或“自己走”。

独立性的出现是儿童心理发展非常重要的一步，也是人生头2～3年心理发展成就的集中表现。它表明，儿童心理具备了人类的一些特点：直立行走、使用工具、用语言交际、能进行想象和思维、有了自我意识。人类正是由于有了这些特点，才能够有极大的主观能动性。儿童出生时固然已不同于动物，但只有发展到这个阶段，才真正开始形成人类的全部心理机能。

知识之窗

先学前期儿童自我意识的发展

所谓自我意识，是人对自己及自己与客观世界关系的一种意识，由知、情、意三个方面统一构成。“知”指自我认识，包括自我感觉、自我理解、自我概念等；“情”指自我的情绪体验，包括自我感受、自尊、自爱等；“意”指自我控制和调节，包括自我控制和自我掌握等。发展心理学家认为，儿童在出生时是没有自我意识的。精神分析学家玛勒（Marhler）把新生儿比作“蛋壳中的小鸡”，他们不能把自己同外界环境区分开来，还不具备本体性，所以会经常发生把自己的小手或小脚当玩具来玩耍的情况。自我意识不是与生俱来的，而是在后天的生活中、在个体与客观环境尤其是与社会环境的相互作用中逐渐形成的。它的发展直接关系到儿童健康个性的形成。

10～15个月。1岁左右的儿童的自主意识开始发展，他们会要求自己做事情。例如，自己拿勺子吃饭，自己喝水，而拒绝成人的帮忙。11或12个月的婴儿很容易把接近他们头、手、脚的东西作为外部的东西和自己区别开（例如，把一个小圆环挂在孩子的耳朵上，他们很快就能摘下圆环），但很难把身体前方接触到的东西分别出来（例如，将圆环紧贴婴儿身体，使其对身体产生压迫感，他们也只是扭一扭身体，拽一下衣服，没发现什么）。这时如果看孩子在镜子前的反应，就会发现他们把镜子当作游戏伙伴，亲吻它，和它贴脸。在13个月左右的时候，儿童开始区分自己和别人，能通过照片来指认自己，也能在自己和其他儿童的合影中准确地找出自己。

15～18个月。儿童开始把自己作为客体来认识，一些儿童能发现点在自己鼻子上的红点，并伴随一系列的动作和表情，如用手捂自己的鼻子、脸红、扭头等。这时儿童的自我意识情绪（如尴尬）在自我认识发展的同时也开始发展。除此之外，重要感也开始有了初步的发展。有研究者指出，重要感是儿童自尊发展的基础，它是指儿童由于在心理上渴望得到他人的注意、接纳或接受、支持、喜欢，所以就通过言语、身体姿态、面部表情等方式来展示自己，从而获得他人肯定的情感体验。在观察中有这样的例子：在观察16个月大的儿童的时候，有一次实验者刚进屋，儿童就拉着他走到沙发前，用手拍拍沙发，让他坐在那里，接着儿童走到音响旁，打开音乐，随着音乐跳舞。跳了一会儿后，儿童停下来看着实验者，实验者说“跳得真好”，儿童笑了起来，继续摆动身体。

18～36个月。20～24个月时，儿童明显增加了控制性微笑，表明儿童已经能意识到自己可以通过努力完成某些事情。2岁左右的儿童已具有用言语表达自己的能力，逐渐从第三人称转变到第一人称，这是自我意识的巨大进展。此外，西方有人研究儿童约束性顺从的发展，发现两三岁儿童的约束性是逐步发展的。约束性顺从是指儿童全心全意、心甘情愿地遵从成人的要求而约束、调节自己的行为，它是儿童由外部控制逐渐过渡到自我控制的中间环节，对儿童自我控制的形成具有重要意义。

知识回顾

本章从两个方面介绍了先学前期儿童的心理发展。第一节首先介绍了先学前期儿童的身体发育：身高平均每年增长 8 ～ 10 厘米，3 岁时可达到 93 厘米左右，3 岁时体重增长为出生时的 4 倍等，总之，这段时期儿童的身体发育虽然比婴儿期减慢了，但与以后时期相比还是十分迅速的。其次介绍了先学前期儿童动作的发展：躯体动作和双手动作继续发展，比以前更加熟练、复杂，而且增加了随意性，可以比较自如地调节自己的动作。第二节重点介绍了先学前期儿童的心理发展，这段时期是真正形成人类心理特点的时期，儿童在这时期学会走路，使用工具，开始说话，出现表象思维和想象等人类特有的心理活动，并出现独立性。换句话说，各种心理活动逐渐齐全。

本章的重点是先学前期儿童的心理发展特点，难点是先学前期儿童的身体发展与动作发展。

活动体验

1．先学前期儿童身体发育与婴儿一样快，这种说法对不对？为什么？

2．1 岁半的浩浩在广场上踉踉跄跄地走着，姥姥在后面一边保护着一边说：“怎么这样走路呢？”请告诉浩浩的姥姥，浩浩行走还不自如的原因。

3．到附近的早教机构选择一位小朋友，密切观察他（她）一天。观察其如何与小朋友交流、如何与教师交流。详细记录这位小朋友的言行，分析他（她）的言语发展情况。

4．到社区广场捕捉两例先学前期儿童出现独立性的例子，观察照看者的反应，并分析照看者的反应是否恰当。如果你是照看者，你会如何反应？

5．与同学讨论先学前期儿童心理发展表现在哪些方面。

幼 儿 篇

淘淘度过了 3 周岁的生日后不久，妈妈就把他送进了幼儿园。入园的第一天，淘淘有些怕生人，身体紧紧贴着自己的妈妈，不让妈妈离开他半步。而牛牛已是中班的孩子，一到幼儿园的大门口就挣脱了奶奶的手，欢快地跑向他的小伙伴。在洒满阳光的操场上，孩子们欢乐地嬉戏着，有的玩滑梯，有的荡秋千，有的在“蹦蹦板”上使劲地往上蹦……淘淘睁大了眼睛望着哥哥姐姐们一派生龙活虎的景象，心动了，胆子也大了，他来到了牛牛的跟前，想和牛牛一起玩。

与婴儿、先学前期儿童相比，幼儿的动作更加灵活。这时候的孩子一旦醒来就难以安静下来。幼儿喜欢玩什么游戏？幼儿喜欢看什么动画片？幼儿的语言能力如何？怎样理解“儿童画”？如何挖掘幼儿的创造力？这些都是本篇要探讨的问题。

第六章 Chapter 6

幼儿认知的发展

本章导读

幼儿心理的发展主要是指在低级的心理机能的基础上，逐渐向高级的心理机能转化的过程。幼儿心理发展的具体内容包括幼儿认知的发展、幼儿言语的发展、幼儿情绪的发展、幼儿个性的发展、幼儿社会化的发展等。

目标透视

1. 把握幼儿身体发育的特点。
2. 掌握幼儿躯体动作与双手动作发展的特点。
3. 掌握幼儿视觉、听觉的发展特点，了解幼儿运动觉的发展特点。
4. 把握幼儿空间知觉、时间知觉的发展特点，了解幼儿社会知觉的发展特点，掌握幼儿观察的发展特点，能够运用实例阐述幼儿感知觉及观察力的培养策略。

5. 理解记忆的概念，掌握幼儿记忆及记忆策略的特点，了解幼儿元记忆的特点。

6. 科学地把握想象的概念，掌握幼儿想象的特点。

7. 理解创造力的概念，把握幼儿创造力的发展特点，了解创造型幼儿的人格特征，领会幼儿的艺术能力的发展。

8. 掌握幼儿思维发展的一般规律和特点，了解幼儿思维发展研究的新进展，了解幼儿思维具体领域的发展，掌握促进幼儿思维发展的活动设计原则。

第一节　幼儿的身体发育与动作发展

一、幼儿的身体发育

学龄前（3～6岁）孩子的身体发育相比较3岁以前，发育速度相对减缓，但是比后期发展还是要快得多。在3～6周岁这个阶段，儿童的身高年增长4～7厘米，体重年增加4千克左右。这个时期儿童由于各项生理的发育速度很快，新陈代谢比较旺盛，但是由于身体的生物机体的机能发育还不成熟，对外界环境的适应能力及对疾病的抵抗能力都较弱。

这个阶段儿童的骨骼硬度较小，但是弹性非常大，比较而言可塑性强，因此一些舞蹈、体操、武术等项目的训练可以从这个阶段开始。也正因如此，如果儿童长期姿势不正确或受到外伤，就会引起骨骼变形或骨折。

这个阶段肌肉的发育还不平衡，大肌肉群发育得早，小肌肉群发育还不完善，而且肌肉的力量差，特别容易受损伤。这个阶段肌肉发育的特点为：跑、跳已经很熟练，但是手的动作还很笨拙，一些比较精细的动作还不能成功完成。

这时儿童的皮肤非常娇嫩，特别容易受伤或受到感染，对温度的调节功能比成人差，当外界温度突变时，容易受凉或中暑，因此要及时增减衣服。

儿童心肺的功能比成人要差，儿童心肺体积比例大，心脏的收缩力差，平均每分钟心跳90～110次，大强度的运动会使儿童的心脏负担加重，影响身体健康。肺的弹性较差，对空气的交换量较少，所以儿童呼吸时频率很快，许多儿童为了方便呼吸，养成用嘴呼吸的习惯，易患感冒、肺炎。因此要及时纠正这种习惯，让他们学会用鼻子呼吸。

儿童身体中的血含量比成年人多，但是儿童血液里水的成分较多，凝血物质少，出血后血液的凝固速度慢。正常的血色素为13～14克，低于13克为贫血。儿童淋巴细胞较多，嗜中性白细胞较少，易感染各种传染病，因此要注意增强体质，提高抵抗力。

比较而言，学龄前儿童的听觉和嗅觉能力非常强，但是外耳道比较狭窄，到3岁时外耳壁还未完全骨化和愈合，而且他们的咽鼓管即鼻咽腔与鼓室之间的通道比成人粗短，呈水平位，因此要注意耳鼻的卫生，防止水进入耳内，引起中耳炎。

这个阶段儿童的排尿次数多，控制力差。这是因为现阶段儿童的膀胱肌肉层较薄、弹性差，储尿机能弱，再加上神经系统对排尿过程的调节作用差，因此，在儿童兴奋或疲劳时特别容易遗尿。另外，女孩由于尿道口经尿道入膀胱的距离短，容易感染，特别要注意外阴的卫生。

学龄前儿童的身体发育总的来讲还不完善，对各种疾病的抵抗能力还很弱，因此在加强锻炼的同时，还要养成良好的个人卫生习惯，并且要注意营养。

深入思考

以下说法是否正确：

(1) 幼儿这一阶段发育最为迅速。

(2) 幼儿可以进行书写训练。

(3) 幼儿易感染各种传染病。

(4) 小班幼儿就可以用筷子吃饭。

(5) 小班幼儿已经能够初步辨认红、黄、绿、蓝等基本色。

(6) 3岁幼儿仅能辨别上下方位，4岁幼儿开始能辨别前后方位。

你是否能够正确回答上述问题？幼儿的世界远远不同于我们成人的世界，请根据你对幼儿的了解快速地解答上述问题，并记录下你的答案。在本章的学习中将会涉及上述问题，到时可以对照你的答案。

二、幼儿的动作发展

在幼儿期，由于儿童的骨骼和肌肉联合构成的运动器官在发展，调节和支配儿童运动器官的能力也在增长，这些为幼儿动作的发展准备了条件。在成人的指导和帮助下，尤其是在幼儿园有计划的培育下，幼儿的动作得到了进一步的发展，从而使幼儿的动作灵敏协调、姿势正确。

（一）躯体动作的发展

幼儿控制大肌肉和小肌肉的能力不断改善，躯体动作有明显的发展。

1. 走

走是实现位移的基本技能之一，也是幼儿大肌肉动作发展的一个重要方面。走不仅为幼儿其他大动作的发展奠定了基础，而且使幼儿探索的空间大大扩大。

整个学前时期，幼儿走的动作一直在不断发展。三岁以后，幼儿走路时全身的紧张状况已经基本消除，但还不够协调和自然；四五岁以后，动作的协调性提高；

五六岁后，能够自然、轻松地走路，并根据需要自如地控制走的节奏和方向。

锻炼幼儿走的动作可以促进幼儿神经系统的发育。成人通过观察幼儿走路姿势可以及时发现幼儿的健康状态。例如，生病或体弱幼儿，走路时常常无精打采。良好的走路姿势不仅是身体健康发展的一个标志，也是反映人的性格与精神状态的一个重要方面。例如，走路时低头或东张西望，摇摇晃晃或弯腰躬背常常被视为不良的习惯。在日常生活中，成人应多提供机会让幼儿进行走步锻炼，同时注意纠正幼儿的走路姿势。

2. 跑

跑是走的动作的延伸，与走不同的是，跑的动作速度快，由单脚支撑与腾空交替形成周期。完成跑的动作需要有足够的腿部力量（蹬地）、平衡能力（维持着地及腾空时的身体姿势）和动作的协调能力（躯干与四肢的协调），因此，跑的动作的发展，反映了幼儿多种身体机能的提高。跑是年幼儿童最常见的动作之一，即使走路尚未稳健的孩子，也在积极地尝试跑。三岁前，孩子跑步时还左右摇晃，身体僵直，双臂紧绷；三四岁的幼儿跑的动作开始平稳，但速度较慢，且不能快速跑或改变方向跑；五六岁以后，幼儿的跑步动作基本成熟，不但速度提高，而且能够自如地控制速度和方向。

锻炼幼儿跑的动作有利于增强幼儿腿部肌肉力量，提高幼儿身体的平衡能力和身体动作的协调性，并为幼儿其他动作，如跳跃等动作的发展奠定基础。跑的动作的成熟与发展使幼儿的活动能力提高，为其参与多种体育活动和游戏活动提供了条件。跑步对增强幼儿的体质具有重要意义，跑步时幼儿的能量消耗上升，呼吸和血液循环加快，因此，可以锻炼幼儿的心血管系统和呼吸系统。此外，跑步还有助于幼儿中枢神经系统功能的完善，提高幼儿对环境的反应能力。与走和跑相比，跳的动作更难，需要更多的技能。

3. 跳

儿童两岁时出现跳的动作，但三岁后动作还不够协调；四岁后上下肢的配合逐渐协调，落地时能缓冲；五六岁后幼儿可以掌握各种跳跃动作的技能，动作的灵活性、协调性有了很大提高。

4. 平　衡

平衡是幼儿进行各种活动和保持身体姿势所必需的重要因素，是幼儿进行走、跑、跳等大肌肉运动的基础。在学前期，幼儿的平衡能力是逐渐发展的，其趋势是从保持一种身体姿势到做各种动作和采取各种姿势时都能保持稳定。幼儿平衡能力的发展有赖于大脑皮层功能的完善，兴奋和抑制过程平衡的完善，以及视觉、前庭器官的协调控制能力的发展。

提高平衡能力对幼儿多方面的发展具有重要意义。例如，可以促进幼儿神经系统功能的完善和各种动作技能的协调发展，为幼儿参与多种体育活动和掌握更为复杂的动作技能（如滑冰、骑三轮车等）奠定基础。锻炼幼儿的平衡能力，对其个性的健康发展也有积极的促进作用。为了保持身体平稳，需要幼儿精神集中，勇敢、镇定、意志坚强。在提高平衡能力的过程中，幼儿的注意力、坚持性、意志力等品质也会得到发展。此外，平衡感的获得还有助于提高幼儿的自信心。

（二）双手动作的发展

孩子在幼儿期已经明显和婴儿期有了不同，他们的神经已经可以控制双手的动作了。在幼儿的实践活动中，可以看到双手动作发展的过程。

1．自我服务方面

幼儿初期只能在大人帮助下穿、脱衣裤和鞋袜。到幼儿中期，他们可以独立地、有次序地穿、脱，整理好衣物并将其放在固定的地方。到幼儿晚期，他们更能迅速地穿、脱，而且能够自己系鞋带。

在进食方面，幼儿先学会用匙吃饭，到幼儿中期逐渐学会用筷子吃饭。

2．学习活动方面

幼儿双手动作的发展也在学习活动中表现出来。例如，在美术活动中，幼儿初期开始运用彩色铅笔，但很不熟练，只能画一些简单线条；到幼儿中期，能控制绘画动作，用彩色铅笔涂出形象，而且不涂到形象轮廓之外；到幼儿晚期，更能自如运用较重或较轻的笔力涂出深浅不同的颜色。

3．游戏活动方面

幼儿的双手动作在游戏中得到练习，变得协调和敏捷。例如，玩皮球时，幼儿初期只有当皮球恰好抛掷到他们张开的手中时，才能用双手接住，而且要抱在胸前；到幼儿中期，他们就会注视着球抛来的方向，用双手自如地接住，还能连续拍球；到幼儿晚期，不仅能接球、拍球，还能更进一步运球投篮等。

关于我国 3 ～ 6 岁的儿童一些双手动作项目的发展顺序见表 6-1。

表6-1　我国3～6岁儿童双手动作的发展顺序

单位：月

精细动作项目	常模年龄	精细动作项目	常模年龄
模仿画“O”形	35.4	模仿画“□”形	46.4
会自己穿衣	37.3	会复制“□”形	49.7
模仿画“+”形	38.7	画人，画了六处	50.4
画人，画了三处	46.2		

总之，幼儿期儿童的动作，不论躯体动作或双手动作都有明显发展，但相对而言，双手动作的发展要比躯体动作较迟、较慢。而幼儿手腕、手指等小肌肉群的发展又较晚、较慢，需要较长时间才能加以随意控制。因此，不要过早或长时间地让幼儿进行小肌肉动作，到适合的时候（孩子的细小肌肉群发育好了之后）他们自然就会灵活地运用。

第二节 幼儿感觉的发展

幼儿认知的发展是指感觉的发展、知觉的发展、记忆的发展、想象的发展、创造力的发展、思维的发展等。

人生最初的两年，即言语形成之前，儿童主要依靠感知觉认识世界。

西方儿童心理学的始祖普莱尔（Preyer）所著的《儿童心理》一书，其英译本题为《幼儿的感觉与意志》。该书记述了他对自己小孩的系统观察。他每天观察三次（早上、中午、晚上各一次），从出生到3岁末，作出了“完全的日记”。该书的主要部分是研究幼小儿童的感觉。

著名的瑞士心理学家皮亚杰把儿童出生到2岁这一阶段称为认知发展的“感知运算阶段”，认为这是认知发展的第一个阶段。在这个阶段，儿童依靠从感官得来的信息对环境刺激作出反应。如果儿童不能用感官接触到某个客体，即不能看到、听到或接触到等，儿童就不去寻找该客体，即认为它不存在。

在幼儿的认知活动中，感知觉占据重要地位。感知和思维相比，感知在3～6岁儿童的认知活动中仍占优势。可以说，幼儿是借助形状、颜色、声音来认识世界，而不是依靠语言交往所获得的知识来认识世界。幼儿的思维活动虽然已经有所发展，但其思维仍然紧紧依靠感知的形象。例如，在皮亚杰的守恒实验中，幼儿对物体长短、大小，对液体容量的多少等的判断，往往根据直接感知的形象，而不是事物的本质。换句话说，幼儿的思维常常受感知所左右。

同样，幼儿的记忆也直接依赖感知的具体材料。幼儿对直接感知过的形象的记忆，比对语词记忆的效果好。

此外，幼儿的情绪和意志行为，也常受直接感知的影响而变化。

幼儿感知的发展是思维发展的基础。神经生理学的材料也证明了感知觉在幼儿认识活动中的重要性。如果幼儿期发生皮层视觉区域的功能障碍，则会影响思维活动的发展，而成人的这种障碍，只影响视觉的分析综合活动，不影响较复杂的思维活动。

儿童感知觉的发展不仅对整个认识活动有重要作用，而且对控制自己的行动有一定意义。感知的反馈，即通过感知纠正这个中间机制，能够促进有目的的行动的发展。

深入思考

1954年，加拿大麦克吉尔大学的心理学家首先进行了“感觉剥夺”实验：实验中给被试戴上半透明的护目镜，使其难以产生视觉；用空气调节器发出的单调声音限制其听觉；给被试的手臂戴上纸筒套袖和手套，腿脚用夹板固定，限制其触觉。被试单独待在实验室里，几小时后开始感到恐慌，进而产生幻觉……在实验室连续待了三四天后，被试者会产生许多病理心理现象：出现错觉幻觉；注意力涣散，思维迟钝；紧张、焦虑、恐惧等。实验后需数日方能恢复正常。这则实验（当然这种非人道的实验现在已经被禁止了）说明了什么？

一、幼儿视觉的发展

1．视觉敏锐度

视觉敏锐度是指幼儿分辨细小物体或远距离物体的细微部分的能力，也就是人通常所称的视力。

有人认为幼儿年龄越小视力越好，事实上并非如此。幼儿前期到幼儿晚期，儿童的视觉敏锐度由低到高发展着。例如，研究者对 4 ～ 7 岁的幼儿进行了调查。调查时应用一种视力测试图，图上有许多带有小缺口的圆圈，测量幼儿站在什么距离可以看出圆圈上的缺口。调查的结果是：4 ～ 5 岁幼儿平均距离 2.1 米才能看出缺口；5 ～ 6 岁则可距 2.7 米；6 ～ 7 岁则为 3 米。如果把 6 ～ 7 岁幼儿的视觉敏锐度的发展程度作为 100%，则 5 ～ 6 岁儿童为 90%，而 4 ～ 5 岁为 70%。可见，随着年龄的增长，视觉敏锐度也在不断提高。不过，发展速度是不均衡的，5 ～ 6 岁和 6 ～ 7 岁的幼儿视觉敏锐度的水平比较接近，而 4 ～ 5 岁和 5 ～ 6 岁幼儿的视觉敏锐度的水平相差较大。因此，为幼儿准备读物教具时，应当注意视觉敏锐度的发展。例如，年龄越小，字、画应该越大，不要让幼小儿童看画面或字体很小的图书；上课时，也不要让他们坐在离图片或实物太远的地方，以免影响幼儿的视力和教育效果。

有实验证明，幼儿通过有兴趣的活动（如“猜中”类型的游戏），可以有效地提高视觉敏锐度。学前初期可以平均提高 15% ～ 20%，学前晚期可以提高 30%。

2．辨色能力

幼儿初期儿童已经能够初步辨认红、黄、绿、蓝等基本色。但在辨认混合色与近似色，如橙与紫、橙与黄、蓝与天蓝等，往往出现困难。同时，难以完全正确地说出颜色的名称。

幼儿中期的大多数幼儿已能区分基本色与近似色，如黄色与淡棕色。他们能够经常地说出基本色的名称。

幼儿晚期儿童不仅能认识颜色，画图时还能运用各色颜料调出需要的颜色，而且能经常正确地说出黑、白、红、蓝、绿、黄、棕、灰、粉红、紫、橙等颜色名称。

我国研究者应用“配对”（按具体的颜色样本去找出相同颜色）、“指认”（按主试说出的颜色名称去找出具体的颜色）、“命名”（说出颜色的名称）三种辨认方式，研究幼儿辨色能力，结果如下：

（1）幼儿正确辨认颜色的百分率和正确辨认颜色数，随年龄班升高而增长。

（2）幼儿正确辨认颜色的百分率，因年龄班、颜色、辨认方式不同而有差异。

（3）幼儿辨认颜色主要在于能否掌握颜色名称，假如混合色有明确的名称，如“淡棕”“橘黄”，幼儿同样可以掌握。

（4）幼儿辨认颜色之所以发生错误，可能由于辨色能力没有很好地发展，也可能是“注意力不集中”或“不仔细区辨”等原因。

（5）幼儿对某些颜色，如“群青”“天蓝”“古铜”等，之所以不能辨认或不善辨认，并非完全由于缺乏辨色能力，主要是由于在生活中接触机会少，成人也没有做有意识的指导。

研究者根据实验结果，建议在教育中要注意指导幼儿掌握明确的颜色名称；通过近似色的对比指导幼儿辨认；使幼儿多接触各种颜色，并经常教育幼儿作精确的辨认。

幼儿辨色能力的发展，对幼儿的生活、学习都有影响。我国研究表明，幼儿前期儿童认识物体，百分之百地按照物体的形状选择。进入幼儿期后，逐渐按照物体的颜色选择，幼儿认识物体首先注意的不再是形状，而开始转为颜色。直到 6 岁后，比较两个物体时才同时注意颜色和形状两种属性。两个物体必须颜色和形状都相同才算相同。以上可以表明颜色的感知在幼儿期的重要作用，教师必须重视幼儿辨色能力的发展。

幼儿园必须为幼儿提供色彩丰富的环境。在教学和游戏中，应指导幼儿认识和辨别各种色彩并调配各种颜色，同时把颜色名称教给幼儿。这样对幼儿辨色能力的发展将有直接的促进作用。

二、幼儿听觉的发展

幼儿通过听觉，不仅辨别周围事物发出的各种声音，从而认识周围环境、确定行为方向，而且辨认周围人们所发出的语音，进而了解意义，促进言语发展。听觉的发展对幼儿智力发展具有重要意义。

1. 纯音听觉

在幼儿期，儿童辨认一般声音的纯音听觉感受性在发展着。研究表明，幼儿纯音听觉的感受性在 6 ～ 8 岁提高了 1 倍，而且在 12 岁之前听觉感受性一直在增长。幼儿期儿童通过音乐教学及音乐游戏都能促进听觉感受性的发展。

2. 言语听觉

幼儿对词的言语听觉也在发展。研究发现，4 ～ 7 岁幼儿纯音听觉敏锐度和言语听觉敏锐度之间的差别程度，要比成人的差别程度大，而且年龄越小，这种差别越大。这种差别之所以存在，主要是言语比较复杂，幼儿仅仅感知到词的声音，还不一定能辨别语言。

儿童进入幼儿园后通过言语交际和幼儿园语言教育，言语听觉明显发展着。幼儿中期儿童可以辨别语言的微小差别，到幼儿晚期几乎可以毫无困难地辨明本族语言包含的各种语音。

教师要注意幼儿听觉方面的缺陷，如“重听”现象。“重听”现象是指有些幼儿对别人的话听得不清楚、不完全，但他们常常能根据说话者的面部表情、嘴唇动作及当时说话的情境，猜到说话的内容。对于“重听”现象，人们往往容易疏忽，但“重听”对幼儿言语听觉、言语及智力的发展都带来危害，成人应当加以重视。

幼儿园应经常进行听力检查，发现听力缺陷的幼儿，一方面加强听力训练，另一方面注意照顾防治。

三、幼儿运动觉的发展

幼儿期儿童运动觉的感受性不断提高。

运动觉和皮肤觉的结合，可以使人在触摸中感知物体的大小、形状、轻重、软硬、弹性、光滑和粗糙等属性。这种感觉在儿童很小的时候就发展起来，在幼儿期，这种感觉的感受性逐渐提高。例如，在实验中，要求幼儿不看而用手掂估物体的重量。结果发现，4 岁幼儿对物体轻重的估计，错误率达到 90%；而 7 岁幼儿的错误率明显减少，只有 26%。另外，4 岁幼儿估计重量多用两个物体同时性比较的方法；而 7 岁幼儿可以采用先估计一个，再估计另一个的相继性比较方法。

此外，反映唇、舌、声带等言语器官运动的言语运动觉也在幼儿教育过程中不断发展。

第三节　幼儿知觉的发展

一、幼儿空间知觉的发展

空间知觉包括方位知觉、距离知觉和形状知觉等。在幼儿期，各种空间知觉明显发展着。

1. 方位知觉

方位知觉即对自身或物体所处方向的知觉，如对上、下、左、右、前、后、东、西、南、北的辨别。

研究结果表明，3 岁幼儿仅能辨别上下方位，4 岁幼儿开始能辨别前后方位，5 岁幼儿开始能以自身为中心辨别左右方位，6 岁幼儿虽能完全正确地辨别上、下、前、后四个方位，但以自身为中心来判断左、右时仍有困难。许多研究认为左右方位的相对性要到七八岁后方能掌握。

幼儿方位知觉发展的顺序是上、下、前、后、左、右。而左右方位的辨别从以自身为中心逐渐过渡到以其他客体为中心。所以，教师要求幼儿使用左右手或左右脚、腿做动作时，或者要求幼儿向左右转时，要考虑发展特点，正确作出示范。例如，要求对面站立的儿童举起右手，教师示范时自己要举起左手；或者举出具体的事实说明，如说“伸出右手，就是伸出拿匙的那只手”，不要抽象地说“左右”，避免引起混乱。

2. 距离知觉

距离知觉是对物体距离远近的知觉。幼儿对他们熟悉的物体或场地可以区分出远近，对于比较遥远的空间距离则不能正确认识。

幼儿对于透视原理还不能很好掌握，不熟悉“近物大，远物小”“近物清晰，远物模糊”等感知距离的视觉信号。所以，他们画出的物体也是远近大小不分，他们还不善于把现实物体的距离、位置、大小等空间特性在图画中正确表现出来，也往往不能正确判断图画中人物的远近位置。例如，把画中表示在远处的树看成小树，表示在近处的树看成大树。

为了促进幼儿距离知觉的发展，教师应该教他们一些判断远近的线索。例如，两个物体是重叠的，则前面的物体在近处，被挡着的物体在远处。又如，画图时，同样大小的两个物体，在近处的要画得大些、清楚些；在远处的要画得小些、模糊些。

3．形状知觉

形状知觉是对物体几何形体的辨别。幼儿的形状知觉逐年发展着。一般地说，小班幼儿已能正确地辨别圆形、三角形、长方形和正方形。中班和大班幼儿除以上四种图形外，可以进一步掌握梯形、半圆形、菱形、椭圆形等其他平面图形和球体、正方体、长方体等立体图形。

幼儿形状辨别能力的实验表明：

（1）幼儿辨认物体平面形状的能力，在学前教育影响下随年龄班升高而增高。认识形状的种数逐渐增多，正确辨认的百分率逐年提高。

（2）幼儿辨认形状时，“配对”（对各种形状作直觉的具体的辨认）最容易，“指认”（依照形状名称找出该形状）次之，“命名”（说出各种形状的名称）最难。辨认形状的关键在于掌握形状名称。

（3）在本实验中，幼儿掌握八种形状的难易顺序依次为圆形、正方形、三角形、长方形、半圆形、梯形、菱形和平行四边形。圆形最易被幼儿掌握。

（4）根据实验结果，建议对幼儿的形状教学注意以下各方面：①小班应能正确掌握圆形、正方形、三角形、长方形；②中班应能正确掌握圆形、正方形、三角形、长方形、半圆形、梯形；③大班应能正确掌握圆形、正方形、三角形、长方形、半圆形、梯形，教师应适当指导幼儿辨认菱形、平行四边形和椭圆形。

总的来说，幼儿的空间知觉有明显发展，但还不精确。他们只能区分客体空间特性方面比较明显的特性，还不能分清一些细微的差异。幼儿空间知觉的发展是在实践活动及教育影响下实现的。教师要通过计算、绘画、泥工等教学活动及拼板等玩具，并利用散步机会为幼儿提供认识空间特性的机会，教会幼儿关于空间特性的词语，使幼儿的空间知觉不断发展。

二、幼儿时间知觉的发展

时间知觉是对客观现象的延续性、顺序性和速度的反映。实际上人们是通过某种衡量时间的媒介来反映时间的。

幼儿进入幼儿园这一活动本身，能促进幼儿时间知觉的发展。幼儿知道要快些吃饭，早些去幼儿园，星期天不上幼儿园等。但幼儿时间知觉的发展水平比较低，原因是时间知觉没有直观的物体供分析器去直接感知，不像空间知觉那样有具体的依据。另外，表示时间的词又往往具有相对性，这对于思维能力尚未发展完善的幼儿来说是较难掌握的。

幼儿初期儿童已有一些初步的时间概念，但往往和他们具体的生活活动相联系。例如，他们理解的“早晨”，就是指起床的时候，“下午”就是指妈妈来接的时候。他们对于一些带有相对性的时间概念，如“昨天”“今天”“明天”，就难以正确掌握。一般地说，他们只懂得现在，不理解过去和将来。

幼儿中期儿童可以正确理解“昨天”“今天”“明天”，也能运用“早晨”“晚上”等词，但对较远的时间如“前天”“后天”等还不能了解。

幼儿晚期儿童可以辨别“昨天”“今天”“明天”等一些时间观念，也开始能辨别“大前天”“前天”“后天”“大后天”，分清上午、下午，知道今天是星期几，知道春、夏、秋、冬。但对更短的或更远的时间观念就难以分清。

幼儿对时间单位不能正确理解。6 岁儿童还不能真正了解“一分钟”“一小时”或“一个月”的意义。

在幼儿的言语中，常常会出现一些有关时间的语词，如“去年”“星期天”等，但往往用错，不能反映出它们的实际含义。例如，幼儿说“明天我到玄武湖去玩”，实际上要表达的是“昨天去玩的”。又如，幼儿说“我过年的时候买的”，实际上并没有正确反映时间。

在幼儿短时距知觉的实验中，要儿童再现 3 秒、5 秒、15 秒和 30 秒等时距。实验结果如下：

(1) 幼儿的时间知觉随年龄增长而错误减少，渐趋正确。

(2) 5 岁幼儿对时间长短的估计极不准确、不稳定，根本不会利用节拍器的节拍声来帮助估计时间。6 岁幼儿基本上与 5 岁幼儿相似，只是对短时距（3 秒、5 秒）知觉的准确性和稳定程度略有提高。7 岁幼儿能主动利用节拍器计数，长时距（15 秒、30 秒）知觉的准确度有一定程度提高，而短时距知觉仍与 6 岁幼儿相似。

(3) 各年龄幼儿再现短时距均表现为错后多于提前，再现长时距则表现为提前多于错后。随着年龄增长，提前趋势下降，而错后趋势上升。

(4) 幼儿时间知觉表现出明显的个别差异。

幼儿的时间知觉在教育过程中得到培养发展。有规律的幼儿园生活能帮助幼儿建立一定的时间观念，音乐和体育教学使幼儿掌握节奏和有节律的动作，带领幼儿观察动植物的生长及有意识地教会幼儿有关时间的词汇，这些都有利于幼儿时间知觉的发展。

三、幼儿社会知觉的发展

社会知觉是对人的知觉。幼儿活动范围逐渐扩大，和周围人们的交往日益增加。进入幼儿园后参加集体活动，受到集体教育，这些都促进幼儿社会知觉的发展。总的来说，幼儿不论对他人的知觉或对自己的知觉都明显发展着。

幼儿对他人的知觉，首先表现在对集体的知觉。初入幼儿园的儿童，还没有明显的集体意识，有些幼儿虽曾在托儿所和其他儿童共同生活过，但还不懂得自己和集体的关系，不懂得自己是班集体的一员，不理解自己对集体的作用。入园之后，在有组织的游戏和学习等集体活动中，在教育影响下，逐渐理解自己和班集体的关系，因而积极参加集体活动，而且努力为小组和全班争取荣誉。例如，不怕冷、不怕累，做好值日生工作，为小组争取红旗；上课不讲话，不随便走动，使全班在比赛中争得荣誉，同时为集体得到表扬而高兴，为集体得不到比赛胜利而焦急。这说明幼儿对集体的知觉有了明显发展。

幼儿入园前，和别人的接触面比较狭小；入园后，和别人的交往增加，形成了比较广泛的人际关系。幼儿和别人交往中，和教师的关系最密切，尤其和班上的教师特别亲近。他们最听教师的话，教师的话有绝对权威，往往胜过父母的话。

此外，幼儿入园后，逐渐和同班的小朋友交往，建立了一种新的人际关系。但最初的友谊并不深刻，也不持久。凑在一起就来往交谈、共同游戏，游戏结束就各自分开。以后在教师的组织和教导下，逐渐组成一个集体，懂得团结友爱，关心别人，不争夺玩具，还把喜爱的玩具让给别人。能够帮助别人，小弟弟、小妹妹跌倒了知道搀扶、安慰他们。幼儿中晚期的儿童逐渐和兴趣爱好相同的小朋友建立起比较固定的友谊，常在一起游戏、学习。

儿童的自我意识在幼儿前期就已经开始发展，进入幼儿期后继续发展。幼儿喜欢得到成人的赞扬、尊重，不喜欢受批评。幼儿受到赞扬便感到愉快，受到批评便感到羞愧，但这种感受往往并不持久存在，容易平息，而且容易忘记，因而不容易自觉地发扬优点、克服缺点。

幼儿早期儿童也不会评价自己，完全听信成人的评价，成人说“乖”便高兴，成人说“不乖”就感到委屈或哭起来。以后，逐渐认识自己，逐渐能自己评估自己。到幼儿晚期，受到不公正的批评会感到不满，而且提出异议。例如，成人批评幼儿“不听话”时，他们会争辩说：“我听老师的话。”

幼儿的独立性和自觉性也逐渐发展。例如，在游戏中，逐渐能自己想办法、出主意；在学习中，自己积极完成教师要求的任务，如有的儿童一定要画好了图再出去玩。

幼儿的社会知觉，不论对他人的知觉、对人际关系的知觉或对自己的知觉都有明显发展。但在社会知觉发展总过程中，幼儿还处在较低水平，必须教育培养，促使其进一步发展。本书第十章将叙述幼儿人际关系、自我意识和道德品质等发展，可和本节相互参阅。

四、幼儿观察的发展

观察是一种有目的、有计划、比较持久的知觉。它是人们主动认识客观现实的知觉。幼儿观察的发展，对于他们掌握知识、发展心理具有重要作用。

观察的发展显然和眼睛动作的发展有关。研究者曾用电影摄影的方法，记录幼儿观看图形的眼睛运动，然后画出眼动轨迹。结果表明：3 岁幼儿观看图形时，眼动轨迹是杂乱的，而且和图形的轮廓极不相符，所以观看图形效果差；4 ～ 5 岁幼儿观看图形时，眼动轨迹较多地符合图形轮廓，因而观看图形效果较好，而且能正确认识图形；6 岁幼儿的眼动轨迹，几乎完全符合图形轮廓，视线仿佛沿着图形的整个轮廓反复进行。

幼儿期中，儿童的观察在教育影响下不断发展的表现如下：

(1) 观察的有意性。幼儿还不善于自觉地、有目的地进行观察。在没有其他刺激干扰的情况下，能根据成人要求进行观察；在不相干因素的影响下，便容易离开既定的目的，这在小班幼儿中表现尤为突出。中班和大班，幼儿观察的有意性逐渐加强，能够排除一些干扰，根据活动的任务和成人的要求来进行观察。

（2）观察的顺序性。小班幼儿观察时，往往碰到什么就观看什么，顺序紊乱，前后反复，也多遗漏；中班幼儿开始能按照一定顺序进行观察；大班幼儿更能注意事物之间的关系，有组织地观察。

（3）观察的细致性。小班幼儿往往只能观察到事物的粗略轮廓，做不到全面细致，只看到面积大的和突出的部分，很少注意细小的和不十分惹眼的部分；大班幼儿观察时就较为细致，往往能从事物的形状、颜色、数量和空间位置等各个方面来观察，不再遗漏主要部分。

（4）观察的理解性。小班幼儿只能看到孤立的事物或事物的表面现象，因而他们大多叙述孤立的单个事物，看不出各个事物之间的关系；大班幼儿由于知识经验的丰富，以及概括、归类能力的发展，而能够认识事物之间的"空间关系"，甚至理解事物之间的"因果关系"，把握"对象总体"，理解图画或事物的重要意义。

在幼儿期，儿童观察虽有一定发展，但还没有发展完善。教师要加强幼儿言语能力的训练，要重视对幼儿观察的指导和培养，促进幼儿观察能力的发展。指导幼儿观察时，要使幼儿明确观察目的，激发幼儿的观察兴趣，要教给幼儿有关的知识，做好知识准备，要教会幼儿观察的方法，如先看什么、后看什么，要引导幼儿多动脑筋、多提问题。

总之，幼儿的感觉和知觉处在迅速发展的过程中，随着生理的成熟、积极参加多方面的活动和生活经验的累积及正确教育的影响，幼儿各种分析器的分析与综合的能力不断得到提高。

五、促进幼儿感知觉和观察力发展的策略

（一）感知觉发展的策略

感知觉能力的提高可以通过活动来培养。教师应该在日常活动中提醒幼儿，他们所感受到的一切可以成为他们继续活动的经验；引导他们说出自己的感受，帮助他们用正确的表征去表达这种体验。

1. 活动分区明确

在园区内设定专门的儿童活动区域，在区域中突出主题，让活动有目的地进行。感知觉活动的区域中，一定要注意儿童的卫生和安全，用具常消毒，用品按不同的年龄要求带领儿童操作。

2. 课内课外互动

结合幼儿教程，给儿童布置一些课外的感知活动作业，让他们认识到自己在感知中具有的主动性，尤其是味觉。要结合每天的餐饮食物进行感知觉的培养。

3. 感知认识要多启发

每次新的感知都是一次有用的经验。教师要发挥作为看护人的作用，多启发儿童思考、记忆这些感受，让他们牢固形成这种感知联系。

（二）观察力发展的策略

教师要有意识地培养儿童良好的观察习惯。当然也要培养儿童保护自己的器官，合理用眼用耳。

1. 让儿童明白观察的目的和任务，帮助他们产生具体的方法

让儿童明白在观察时应该从观察对象那里寻找些什么，正确组织他们的注意。教师要有计划地培养儿童善于独立提出自己的观察任务的能力，让他们有意识地仔细观察与观察目的相关的事物。教师还要培养他们有步骤、有次序地去观察，可以把活动过程分成若干子活动，形成他们自己的观察方法。

2. 培养儿童的知觉敏感性，提高他们的观察技能

观察技能主要是指儿童在视听方面的技能。幼小的儿童不善于支配自己的视觉，教师应该指导他们去注意观察的对象。让他们分清主要和次要，就是让他们逐渐了解自己的观察活动同观察任务的内在关系，利用有限的能力抓住主要对象进行观察。

3. 帮助儿童形成感觉通道的整合，提高分析能力

在观察过程中，应培养儿童充分调动各感官的协同活动。当被观察对象的相关信息增多时，对观察对象的认识就越全面，分析就越准确。

4. 培养儿童用语言指导自己的观察活动

语言是保持注意的有效手段，在观察活动中用语言指导整个过程能够提高观察的质量。语言的抽象性已经暗含描述对象的一定逻辑关系，应用语言能够帮助儿童让感知的事物融入自己的认知系统，形成全面、有效的观察结果。

5. 观察活动要求直观，能控制任务的难易程度

学前儿童的认知能力发展有限，直观、难度适中的观察任务能够激发他们的观察热情，提高他们的活动兴趣。观察对象尽量完整、鲜明和精确，让儿童在坚实的感性基础上掌握知识。对象在数量上不要太多，最好以实物或图片的方式呈现给儿童。

6. 及时总结与反馈

帮助儿童对他们所观察的对象及时加以概括总结，主要从语言上对感性知识抽象化。对观察过程中的不良习惯要及时纠正，对观察结果要多加肯定，保持儿童的观察兴趣。教师对自己在指导儿童观察活动的计划也要不断完善，帮助儿童快速准确地形成自己的观察习惯。

第四节　幼儿记忆的发展

尽管记忆可能很早就存在，但并非一开始就很完善。贯穿整个婴儿期，记忆会发生各种发展变化。年长婴儿的信息保持时间长于年幼婴儿，他们只需要较少的接触时间或“学习时间”，就可以把一些刺激或事件纳入记忆。随着发展，婴儿能对特

定经验中越来越多的信息加以编码，他们对周围环境中越来越精细和复杂的特征变得敏感，从而也更可能记住它们。而且，年长婴儿的再认行为更为复杂，对于熟悉的或以前经历过的客体与事件，他们很可能表现出更明显的“似曾相识”的再认特征，而且可能促发进一步的提取活动。例如，年长婴儿可能仔细而努力地回忆更多有关该再认刺激的信息。相反，新生儿和年幼婴儿的再认是粗糙的，更类似于较低级的有机体所具有的那种再认过程。

皮亚杰认为，婴儿能再认而不能回忆，因为回忆需要婴儿所缺乏的符号表征能力。但他认为的“早于 18 个月不可能有回忆”的主张，近年来也受到了抨击。研究发现，9 个月的婴儿已能够模仿 24 个小时之前看到的某个行为榜样，这种行为似乎需要对以往经验的回忆，而不仅仅是对当前某物的再认。婴儿具有回忆能力的另一个证据来自前面所述的关于客体永久性的研究。一些研究者认为，婴儿 9 个月甚至更早时，便已表现出对某种见不到的客体仍继续存在的认识。在日常生活中也可以观察到，婴儿往往在经过较长的一段时间后，仍记得熟悉物体通常所处的位置。到第一年年末，多数婴儿表现出这种对熟悉位置的长时记忆。

大约 1 岁半以后，言语的发展使儿童的记忆具备了新的特点。第一，儿童再现的能力开始发展起来。约在 2 岁的时候，儿童能回忆自己去过哪里，自己的小玩具丢在哪里等，但这时再现的事物只是几天内感知过的事物。3 岁的时候，则可以保持到几个星期以后还能回忆。所有这些，儿童是凭借词、言语来恢复过去的印象的。第二，出生后的三年，儿童的记忆基本上是无意记忆，即事先没有目的的记忆。但由于词、言语的发展，成人就向孩子提出“要记住”的任务，于是有意记忆，即事先有目的的记忆开始萌芽。3 岁以后，即幼儿期儿童，由于活动的丰富化、复杂化，以及言语的进一步发展，记忆的范围更加扩大。

一、幼儿记忆的特点

1. 无意记忆占优势，有意记忆逐渐发展

幼儿的记忆带有很大的无意性，他们所获得的许多知识都是通过无意记忆得来的。心理学研究表明，凡是儿童感兴趣的、印象鲜明强烈的事物就容易记住。也就是说，符合儿童兴趣需要的、能激起强烈情绪体验的事物，记忆效果较好；直观、具体、生动、形象和鲜明的事物，记忆效果较好；要记的东西能成为儿童有目的活动的对象或活动的结果，即让儿童摸一摸、动一动等，记忆效果较好；与儿童活动的动机、任务相联系的对象，记忆效果较好。当然，即使如此，幼儿的无意记忆的效果，也是随年龄的增大而逐步提高的。在教育的影响下，幼儿晚期，约 5 岁以后，儿童的有意记忆和追忆能力能逐步地发展起来。这主要是言语发展的结果，同时，幼儿期的教育任务，如有意识去复述故事、回想问题等，也促进了儿童有意记忆能力的发展。有意记忆的效果，主要取决于幼儿是否意识到要记住的任务，取决于幼儿活动的动机及积极性。但幼儿期的有意记忆只是初步的，远远未占优势地位。

父母与幼教工作者要积极发展幼儿期的无意记忆和有意记忆。一方面，要按照无意记忆的特点，采取适当相应的措施，以提高他们的记忆能力和记忆效果；另一方面，

必须加强幼儿言语系统的调节机能，经常提出明确的有意记忆的要求，并且注意发展幼儿积极的活动动机，促进他们有意记忆能力的提高。

2．机械记忆占优势，理解记忆逐渐发展

在早期教育中，常见父母与幼教工作者让孩子们死记硬背，这样做未必见好。从记忆方法上，记忆可以分为机械记忆和理解记忆。前者是机械重复，硬背死记；后者是理解意义，记住内容。因为幼儿经验少，缺乏记忆的方法，所以只能以机械记忆为主要方法。但幼儿期也是有理解记忆的。例如，当儿童复述故事时，他绝不是一字一句地照背，而是在理解的基础上或多或少地经过了组织加工。在一定意义上说，幼儿的理解记忆比机械记忆效果好，也就是说，幼儿对可理解的材料要比无意义的或不理解的材料记忆效果好得多。例如，幼儿对词的记忆要比无意义音节的记忆效果好，记忆熟悉的词要比生疏的词的效果好。因此，父母与幼教工作者从儿童的幼儿期起，就要引导他们理解记忆材料的意义，掌握一定的力所能及的记忆方法。然而，幼儿的机械记忆是主要的，仍然占据优势。等到他们入学后，随着年龄的增加，机械记忆才逐步减弱，理解记忆逐步占优势。正因为幼儿期机械记忆发达，因而从幼儿期，甚至更早时期就应该让孩子背些东西，如诗词、汉语拼音、外语单词等。利用机械记忆，从小就让儿童打下知识的基础，这是早期教育中很重要的一条心理学依据。

3．形象记忆占优势，语词记忆逐渐发展

形象记忆或表象记忆是借助具体的形象或表象来记忆某种材料的。例如，到过颐和园之后，儿童能回忆万寿山的形象。语词记忆是利用词的标志来记忆材料的，它在儿童言语系统出现之后才产生。心理学研究表明，幼儿阶段，形象记忆效果高于语词记忆效果，这主要是学龄前儿童心理发展的总趋势，即思维的具体形象性的特点所致。随着幼儿抽象逻辑思维与言语的发展，可以看到，幼儿形象记忆和语词记忆的能力都随之提高，而且语词记忆的发展速度大于形象记忆，语词记忆的效果逐渐接近形象记忆的效果。因此，在早期教育中，父母与幼教工作者要充分运用直观性原则，同时要加强语词的解释说明，使形象和词在幼儿记忆中相互作用，从而提高幼儿记忆效果，促使其记忆发展。

二、幼儿记忆策略的发展

（一）复述策略

在一项研究中，给幼儿园的幼儿、小学二年级和五年级的学生呈现一系列图片并让他们记住。在呈现图片后的 15 秒内准备复测。一位研究者观察幼儿在这段时间内动嘴唇的次数，并认定它与幼儿要努力记住词有关。研究者报告显示，随着年龄的增长，复述的次数也有所增加。85% 的五年级儿童表现出一些自发复述的证据，然而，只有 10% 的幼儿园儿童是这样做的。另外，平均而言，在同一个年龄水平上，那些复述得多的幼儿比那些复述得少的幼儿回忆得更多。

（二）组织策略

如果说复述策略是机械记忆，组织策略则是意义记忆。人们可以通过对记忆内容的组织加工，把新材料纳入已有的知识框架之中，或把材料作为合并单元而组合为某个新的知识框架，从而获得更好的记忆效果。对记忆材料可以用多种方式组织加工。下面介绍几种加工方式。

1. 归类加工

如果向你呈现 60 张图片，它们分别属于家具、碗碟、花、交通工具等，然后要求你进行自由回忆，你会怎么做？你自然知道，记住 60 张互不联系的图片要比把这些图片聚集为几个类别再进行记忆困难得多。所以可能的做法就是先将这 60 张图片分门别类再进行记忆。事实上，已有很多研究结果表明，归类加工是促进幼儿记忆的一种良好的组织策略。你在上例中所使用的方法是类别归类，意思是指我们在记一系列项目时总是倾向于将它们按一定的类别记忆。还有一类归类加工是联想归类。所谓联想就是由一种经验想起另一种经验。人们在记忆的过程中可以根据著名的联想三定律进行归类加工。例如，根据接近律（由一种经验想到在空间上或时间上与之接近的另一种经验）将桌子—椅子、男人—女人等词汇组织在一起记忆。

2. 主观组织

当记忆材料既不能进行类别归类又没有较好的联想律可以运用时，人们倾向于进行主观的组织加工。例如，当向被试呈现一些无关联的单词（如帽子、照片、羊、祖父等），让他们自由回忆时，随着测验次数的增加，被试的回忆量会不断增多。同时发现，被试在连续各次实验中有以相同顺序回忆单词的倾向。这种现象就可能是被试主观地将这些无关联的单词放到一个故事的场景中所致。

3. 意义编码

对那些无意义的数字、单词等，如果把它们与原有的知识经验联系起来，或者从中找出它们之间的关联，赋予一定的意义，就容易记住。例如，要记住“149162536496481”，如果看不出这些数字间的意义联系，就很难记住；如果看出了这些数字的一种意义结构为 1，4，9，16，25，36，49，64，81，即“从 1 到 9 的整数的平方”，那就容易记住了。

4. 形象化

幼儿早期的记忆特点是形象记忆占优势，语词记忆逐渐发展。因此，对于故事和诗歌或单词，如果能在头脑中形成形象来记忆，其效果远远优于机械的重复记忆。

（三）检索策略

信息一旦进入了记忆系统，就要通过某些方法将它检索出来。对于再认而言，因为呈现的刺激将有助于检索出相应的记忆内容，所以检索过程就要容易些。然而，对于回忆而言，检索过程就不那么简单了。

幼儿在检索方面的缺陷明显地与他们对恢复原先的编码环境的需要有关。例如，在一项研究中，呈现给幼儿一组与当时的目标表征有关的线索（如用玫瑰花和郁金香花作为百合花的线索），然后，在检索过程中，再将这些线索部分或全部呈现给幼儿，要求他们回忆那些与线索相关的目标词。结果发现，幼儿在适当的指导下能够检索出信息，但是需要比年长儿童更多的、更清楚的提示。

三、幼儿元记忆的发展

（一）关于主体的元记忆

幼儿的元记忆是指幼儿对作为记忆者的自己和他人所具有的所有能力、局限和特质所具有的认识。幼儿学会了识别和确认记忆及遗忘的经验，在认识上把这些经验区别于诸如思维、梦和感知等其他经验。有证据表明，初始的记忆和遗忘概念开始形成于学前早期，是儿童内隐的心理理论发展中的一部分。然后，儿童逐步认识到各种关于人类记忆的“事实”。例如，儿童可能“从经验中得出这样一个令人沮丧的有关事实”，即一个人不能指望后面总能提取前面储存的内容，以及这样一个值得高兴的事实，即“现在不能立即回想起来的内容，常常最终会被想起来”。

年纪较大的儿童比年幼儿童对自己的记忆能力和局限有着比较真实而准确的认识。实验者为儿童短暂呈示一系列常见物品的图片，每次呈现的图片数目逐渐增加，直到儿童说“系列太长不能按顺序记住这些物品”为止。学前儿童极大地高估自己的记忆广度。在他们实际只能记住四个左右的项目时，却有一半以上的幼儿认为他们能准确记住所有十个项目。这可能看似适应不良，但是，有人认为这种高估是有益的，因为它能够使儿童保持乐观的态度，乐意尝试事实上超过他们现有能力的任务。如果年幼儿童比较现实地看待自己的能力，他们的尝试并不超越于自己已掌握的范围，则他们的认识进步可能较小。随着年龄的增长，儿童的估计变得越来越准确。

（二）关于任务的元记忆

儿童逐渐认识到，任务的难度依赖于两个方面：必须存储的信息的数量和种类，以及随后提取要求的性质。关于储存的一个例子，甚至幼儿也知道，单纯增加记忆任务，则完成起来更难。儿童也认识到，如果学习者在项目之间发现或建立意义联系，则项目变得比较容易记忆。例如，在要求他们想出三个单词，使其与单词“蓝色”一起便于记忆时，年纪较大的儿童比年幼儿童更可能想到三个颜色词。作为关于任务的元记忆的提取方面的一个例子，年龄较大的儿童知道，用自己的话复述某个故事，比准确地用听到的话复述故事容易。

（三）关于策略的元记忆

学前儿童只有初步的策略概念。例如，当要求他们对录像中呈现的两个策略加以选择时，4 岁儿童知道，当刺激在旋转时，用一色块标记变形金刚所藏位置，比眼望其他地方有助于他们记住变形金刚藏在什么地方。5 岁时，他们知道触摸或注视着所藏位置比眼看其他地方效果好。年幼儿童元记忆的发展要经历产生性缺损(production deficiency）和中介性缺损（mediational deficiency）两个阶段。所谓产生性缺损，是指年幼儿童具有执行策略的基本能力，但在具体的记忆情境中和自发情况下，儿童策略的使用和成绩的改进并不同步，成绩的提高常常后于策略的使用。这种儿童记忆策略的使用并不提高记忆成绩的现象，就是中介性缺损。左梦兰等对 4 ～ 7 岁儿童在记忆中帮助策略的运用作了考察，发现幼儿会利用事物间的某些联系作为策略进行意义记忆，并表现出一定程度的对策略的评价能力。发展过程体现为 4 岁儿童处于运用策略进行记忆的萌芽阶段，5 岁儿童进入发展的加速期，不少 6 岁儿童可在简单的操作中有组织、有计划地选用标志画片进行记忆操作。

克鲁泽（Kreutzer）及其同事要儿童回答，他们能够想到多少可行的事情，以确保第二天早上他们不会忘记把他们的轮滑鞋带到学校。儿童往往想到包含外在提示物的策略。一位小孩为确保记起，要穿着轮滑鞋睡觉——一个冒险但无疑极其有效的提取线索。其他的外在策略包括要求母亲提醒他们和自己写一张便条。即使他们实际并不会写便条，这也不能妨碍许多儿童提到写便条的策略。这项研究中的一些儿童所给出的一些策略描述，证实了他们具有一些关于记忆性质的极其复杂的直觉知识。

四、促进幼儿记忆发展的策略

首先，组织各种活动（游戏、学习等活动）。只有在活动中，记忆才得以发展。例如，训练小班幼儿记住午睡常规时，可用有活动眼睛的娃娃示范如何脱衣服、脱鞋子，睡觉时如何把眼睛闭上，这样，他们对午睡常规便记得比较牢。教数的组成时，可以用一个特制的玻璃箱，箱上面留一个小口正好放进一个乒乓球，箱中有一块玻璃板。在教数字“3”时，就给幼儿 3 个乒乓球，让幼儿一个一个地放进玻璃箱的小口中。当乒乓球放进箱里落到玻璃板上时，它还会左右跳动，这不仅使幼儿很感兴趣，而且可以清楚直观地使他们看到数的组成。这样，幼儿对“3”这个数的记忆也比较牢固。

有这样一个例子：一个幼儿在三次阅读一首诗以后，记住了其中的 3 行；在参加这首诗编成的话剧游戏以后，记住了其中的 23 行；在重复游戏和演示图片以后，便记住了 38 行。这是为什么呢？因为凡是直观、形象的东西，幼儿容易记住，形象的东西具有直观、鲜明的特点，容易引起幼儿的形象记忆。因此，教师在幼儿的日常生活、教学活动中，应注意活动的特点，充分运用直观性原则，并在活动中适当配合语词的说明，这样会提高记忆效果。

其次，培养幼儿的有意记忆。这种记忆可以在教学活动中培养，也可以在游戏、课外活动中培养。例如，教一首新的儿歌，在教之前向幼儿说明，学会这首儿歌后要去参加演出，要到弟弟妹妹那里去表演，要在家长会时唱给爸爸妈妈听，或者还要录音、作唱片等，便可以调动他们学习与记歌词的积极性，使他们认真地去学与记。再如，教幼儿某一词，可以有意识地布置他们在课前或课后作调查。例如，教家具这一词，可以要求幼儿在课前或课后在家中找一找，家里有哪些家具，之后告诉老师；也可要求幼儿把当天幼儿园上课的内容告诉爸爸妈妈。这样，幼儿的积极性便提高了，也发展了幼儿的有意记忆。还可以通过主题谈话的形式培养幼儿的有意记忆。例如，以“快乐的星期天”为主题的谈话，可以要求幼儿回忆星期天是如何度过的，讲一件快乐的事情。但教师一定在星期六以前就交代清楚，小朋友星期一要向大家讲一讲星期天经历的快乐的事情。事实表明，如果在记忆某一事物或单词之前，教师用语言向幼儿提出记忆的目的、任务、重要性，就能调动他们的积极性，记忆的效果就好。

最后，培养幼儿在理解基础上的记忆。幼儿对他们理解的事物，记忆效果就比较好。幼儿的机械记忆多于意义记忆，这和他们的知识经验缺乏、理解力低有关。

所以，教师在组织幼儿的教学活动时，应力求使他们懂得所教的东西，要用幼儿易懂的语言，要在他们理解的基础上，教他们记住，从而发展他们的记忆。例如，教幼儿复述故事时，应当让幼儿熟悉故事内容，掌握故事任务，理解词义，着重练习有关主题的重要词语。

五、促进幼儿记忆发展的活动设计举例

（一）促进幼儿有意记忆发展的活动设计

活动目的：促进幼儿有意记忆的发展。

活动形式：教师在日常生活和各种活动中，有意识地、经常地向幼儿提出具体、明确的记忆任务，并对记忆任务完成情况给予正确评价，激发幼儿记忆的积极性。

活动设计举例：散步。

目的：幼儿在散步过程中，积极地观察和记忆散步时见到的一切，从而能促进有意记忆的发展。

方法：带幼儿散步时，向幼儿提出："回来后比一比，看谁看到的东西最多。"

（二）促进幼儿记忆策略发展的活动设计

1．训练复述策略的活动设计

活动目的：让幼儿感觉到复述对记忆的好处，并有效地运用复述策略。

活动形式：教师在教学过程中有意识地让幼儿比较有复述的和没有复述的材料的记忆效果。这种策略的运用难度较小，因为较小的幼儿就能有意或无意地运用复述策略来达到记忆目的。

活动设计举例1：听音敲击。

目的：比较幼儿在有复述的情况下和没有复述的情况下的记忆效果。

方法：在有复述的情况下，要求幼儿认真听并在心里默念几遍，教师敲击完后，幼儿应正确地敲击出来；在没有复述的情况下，让幼儿立即敲击出来。第一组，啪—啪—啪啪—啪啪；第二组，啪—啪啪—啪—啪—啪；第三组，啪啪—啪啪—啪啪啪；第四组，啪啪—啪—啪啪—啪啪；第五组，啪啪啪—啪—啪—啪；第六组，啪啪—啪啪啪—啪—啪啪。

这个例子主要用于较年幼的幼儿，3岁左右的幼儿基本上能正确地敲击出来。另外，教师可以将"啪"声自由组合，只是连线上的内容不宜超过幼儿的工作记忆容量，幼儿的工作记忆容量小于成人的 7 ± 2 个组块。

活动设计举例2：嗅觉辨别。

目的：比较复述对幼儿记忆的影响。

方法：教师准备物品（白醋、陈醋、白酒、黄酒、酱油、辣椒酱、芝麻酱等），依次让幼儿嗅一嗅，并告诉幼儿该物品的名称，过两三分钟后，再让幼儿嗅一嗅，要求幼儿说出物品的名称。教师只能让幼儿闻到味道，不能让幼儿看到物品。

这个例子一开始对于幼儿来说可能会有些难度，这就需要教师运用复述策略使幼儿能够辨别不同物品的气味。同样，教师也可以根据幼儿的具体情况，适当地增减

难度。嗅觉辨别的记忆难度主要由记忆物品的多少和记忆物品之间的相似程度决定。记忆物品越多，相似程度越高，难度越大。

2．训练组织策略的活动设计

活动目的：使幼儿能够有意识地运用组织策略。

活动形式：教师在教学过程中有意识地让幼儿主动地运用组织策略，并让幼儿体会运用组织策略的效果。

活动设计举例：教师向幼儿呈现一张卡片，上面有十二个词语，词语的顺序安排为香蕉、自行车、房子、猫、蛋糕、狗、公寓、猪、胡萝卜、轿车、旅馆、公共汽车。幼儿的任务是在卡片拿走之前能够不计顺序地把它们完全回忆出来。如果幼儿已经掌握组织策略，则或许幼儿已经注意到有一些动物和一些事物，并且按范畴对其加以复述。在回忆时将其进行归类，将动物放在一起回忆，将食物放在一起回忆，等等。对于幼儿来说，可以说归类可能是某种有意识的策略，但也可能仅仅反映了词语之间的联想，是这种联想使它们形成类别。

第五节　幼儿想象的发展

一、想象概述

想象是人脑对已有的表象加工改造形成新形象的心理过程。想象的产生需要具备两个最基本的条件：一是头脑中要有相当数量的、具有稳定性的表象，作为想象活动的对象，即加工材料；二是要有运用内部的智力活动对已有表象进行加工改造的能力。所以，儿童的想象与与生俱来的感知不同，只有在 1～2 岁时才开始萌芽，且主要是通过动作和语言表现出来。例如，幼儿将凳子当作火车、汽车，边“开车”，嘴里边“呜呜……嘀嘀……”说个不停，非常投入地扮演司机的角色。

任何想象的产生都必须借助人们在实践活动中形成的表象，我们的大脑通过综合、夸张、拟人化、典型化等方式实现想象。综合是把客观事物中从未结合过的属性、特征、部分，在头脑中结合在一起形成新的形象，如童话、神话中产生的许多形象——孙悟空、美人鱼、飞马、龙王等。夸张是通过改变客观事物的正常特点，或突出或略去某些特点进而在头脑中形成新的形象，如人们创造出来的九头鸟、千手观音、小人国等。拟人化是通过带有或赋予人性色彩的方式创造新形象的过程，如动画片中的稻草人、狮子王等。典型化是根据一类事物的共同特征创造新形象的过程，是文学、艺术创作的重要方式，如小说《亮剑》中的李云龙人物形象，装饰图案画中的花瓣、树叶等形象。总之，人类的想象极其丰富、极其新奇，但无论如何想象，都离不开人的思维活动。想象，特别是创造性想象的产生是一个人全身心活动的结果。

人类社会的进步有赖于人们丰富的想象，凡属人类的创造性劳动，无一不是想象的结晶，没有想象，便没有科学预见，没有创造发明，没有我们今天五彩斑斓的生活。想象对人们生活实践的巨大影响随处可见。首先，想象对认识具有补充作用。例如，《红楼梦》中王熙凤的形象是无法直接感知的，但当人们读到“一双丹凤三角眼，两弯柳叶吊梢眉，粉面含春微不露，丹唇未启笑先闻”的人物描写时，通过已有的“丹凤”“三角眼”“柳叶”“丹唇”等表象的作用，就能在头脑中想象出王熙凤的形象。其次，想象具有超前认识的作用。例如，科学家关于火星的假说、史学家的预言等都具有超前认识的作用。最后，想象具有满足需要的作用。例如，儿童想当一名解放军，但由于能力有限而不能实现，于是他们就会在游戏中，腰上系上小皮带，手拿一把玩具枪，假装自己是一名解放军战士。

根据产生想象时有无目的意图，可将想象划分为无意想象和有意想象。无意想象是一种没有预定目的、不自觉的想象，它是人们在某种刺激作用下，不由自主地想象某种事物形象的过程，它是最简单的、初级的想象。例如，幼儿看见玩具听诊器，就想象自己成了医生，给娃娃看病；看见香蕉，就拿起来当电话等。无意想象是幼儿想象的典型形式，而梦是无意想象的一种极端的表现。有意想象是根据一定的目的、自觉进行的想象，如科学家的创造发明、画家作画、作家创作小说等。有意想象是需要培养的，在教育的影响下逐渐发展。

根据想象内容的新颖程度和形成的方式，有意想象分为再造想象和创造想象。再造想象是根据言语的描述和图样的示意，在人脑中形成相应新形象的过程。例如，我们阅读《西游记》，在头脑中形成了孙悟空、猪八戒、唐僧的形象。又如，小朋友们听教师讲《小红帽》的故事，头脑中会出现小红帽、老奶奶、大灰狼的形象。再造想象对理解别人的经验是十分必要的。幼儿期主要以再造想象为主。创造想象是根据一定的目的、任务，并不依靠别人的描述而独立地创造出新形象的过程。例如，科学研究上的重大发现和创见，生产技术和产品的改造和发明，文学家、艺术家的作品塑造和构思等，都离不开创造想象。创造想象的主要特点是它的形象不仅新颖而且是开创性的。例如，幼儿想象太阳能够播种，全世界就没有寒冷的地方了等。幼儿的再造想象和创造想象是密切相关的，再造想象的发展使幼儿积累了大量的形象，在此基础上，逐渐出现创造想象的成分。

幻想属于创造想象的特殊形式，是一种指向未来并与个人的愿望相联系的想象。例如，嫦娥奔月、外星人与地球人大战等都属于幻想。符合事物发展规律的幻想，能激发人们向往未来，克服前进道路上的困难。今天，通过人们的努力，嫦娥奔月、龙宫取宝都已成为现实。而与事物发展规律相违背的幻想，如因果迷信中的形象，则是有害的，属于空想。

二、幼儿想象的发展

儿童的想象在幼儿前期开始发展，在幼儿期最为活跃，想象几乎贯穿幼儿的各种活动，幼儿的思维、游戏、绘画、音乐、行动等，都离不开想象，想象是幼儿行动的推动力。但幼儿期儿童毕竟生活经验较少，记忆表象不够丰富，又受思维水平的限制，因而想象内容简单贫乏，想象常常是过去经验的复制，想象过程也缺乏有意性和独特性。幼儿期想象发展的主要特点表现如下。

（一）无意想象占重要地位，有意想象初步发展

在幼儿的想象中，无意想象占重要地位，幼儿的无意想象主要有以下特点。

1. 想象无预定目的，由外界刺激直接引起

小班幼儿无论在游戏、绘画还是做泥工等活动前，都不知道自己将要创造出什么形象，他们只是在行动中任意摆弄物体或画出线条图形，而且随机自发地改变物体的状态或画其他图形，当物体有了实际变化或看到自己画出的图形时，才引起幼儿头脑中出现新形象。例如，问在活动之前的小班幼儿“你玩什么”“你想画什么”时，他总是望着你直摇头，如果你在他面前拿出一个苹果，他就说“我画苹果”，如果看到旁边的小朋友画气球，他就说“我画气球”。又如，你给他一团泥，问他想做什么，他只知道接过泥高高兴兴地玩，而不知道怎么回答，直到搓成一个长条时，才会大声叫喊起来“面条”。

2. 想象的主题不稳定，内容零散

应该说，在幼儿期，由于生理和心理发展的不成熟，孩子们在很多方面都表现出不稳定的现象。例如，在游戏中，幼儿正在当“老师”，忽然看见别的小朋友在给娃娃打针，他也跑去当“医生”，加入打针的行列。在绘画活动中表现得更明显，一会儿画人，一会儿画树，一会儿又去画小虫、小花等，当说他画的不像树时，他立刻说“这是火箭”，显现出一串串无系统的自由联想。

3. 以想象过程为满足

小班幼儿的想象事先无预定目的，他们仅以想象的过程为满足，对有兴趣的内容反复想象，乐此不疲。例如，画画时，幼儿在一张纸上，可以重复画一个个物体的图形，直到所有的空白地方都画满了为止。又如，小朋友讲故事时，看起来有声有色，既抑扬顿挫，又有表情，还有动作，听故事的小朋友也被吸引得相当投入，听得津津有味，但成人一听，却不知道他在讲什么，完全没有来龙去脉和情节。孩子们就这样在讲和听的过程中进行想象，感到满足。

4. 想象易受情绪和兴趣影响

幼儿的想象表现出很强的情绪性和兴趣性，幼儿的情绪常常能激起某种想象过程，或者改变想象的方向。例如，玩“老鹰捉小鸡”的游戏，本来的结局应是老鹰捉住小鸡，但由于幼儿同情小鸡，他们又会产生这样的想象：鸡爸爸赶来，打跑了老鹰，小鸡得救了。

有意想象在幼儿前期开始萌芽，幼儿晚期有了比较明显的表现。在大班幼儿的活动中出现了更多有目的、有主题的想象。例如，能预先商定游戏的主题，然后根据主题设计大致情节，确定游戏规则，进而分配角色，准备游戏材料，在游戏中能自觉地排除无关事件的干扰，主动克服困难，将主题进行到底。想象主题也趋于稳定，如编故事时，可以不离题一直编下去，直到全部编完。但即使如此，幼儿有意想象的水平还很低，并且受条件的左右。例如，在游戏状态下，即使 4 岁左右的幼儿有意想象的水平都较高，而在实验条件下，有意想象的水平就很低。在教育的作用下，有意想象逐渐发展起来，并且逐渐占主导地位。

（二）再造想象占主要地位，创造想象开始发展

幼儿期主要以再造想象为主，创造想象在再造想象的基础上逐渐发展起来。2～3岁是想象发展的最初阶段，这时期幼儿想象的过程进行缓慢，依赖成人的语言提示和感知动作的辅助；想象在3～4岁时迅速发展，这时以再造想象为线索，在幼儿的绘画、音乐、游戏等活动中都出现了再造想象的成分；4～5岁幼儿在再造想象过程中，逐渐开始独立地而不是根据成人的语言描述去进行想象，想象的内容已有独立创造的萌芽；5～6岁幼儿的创造想象已经有相当明显的表现，想象内容开始有了较多的新颖性，如幼儿开始想象“取下太阳光给奶奶暖手”“在月亮上荡秋千”等。

幼儿再造想象的特点是想象在很大程度上有复制性和模仿性。例如，幼儿在“幼儿园游戏”中扮演的教师常常是重现他班上的老师的模样，在“家庭游戏”中扮演父母，就是扮演自己父母的举止。小班幼儿的再造想象游戏必须依赖实物的支持，中大班幼儿的想象灵活性大大增加，可以脱离实物的限制。例如，“喂娃娃吃饭”游戏，小班幼儿必须有玩具小勺子才能进行；中大班幼儿即便没有玩具小勺子，也可以用冰棒、笔、长形积木，甚至徒手做喂饭的动作代替小勺子进行游戏。

幼儿期是创造想象开始发生的时期，这个时期的创造想象主要有以下特点：①最初的创造想象是无意的自由联想，这种最初级的创造，严格说来，还只是创造想象的萌芽或雏形。②幼儿创造想象的形象与原型只是稍有不同，是一种典型的不完全模仿，如原型是3个圆圈，幼儿“创造”出5个圆圈。③想象情节逐渐丰富，从原型发散出来的数量和种类增加。例如，在看图说话时，加入本来没有的人物、情节，使整个故事更加生动、丰满；能用图形组合出许多别人意想不到的物品，如用1个长椭圆形及2个小长三角形组成企鹅，用2个三角形组成蝴蝶，等等。

（三）想象常常脱离现实，或者与现实相混淆

幼儿想象脱离现实的主要表现为想象具有夸张性。例如，幼儿画人时，常常不画人的鼻子、耳朵，只画上一双大眼睛，还有一排大大的扣子。又如，画小朋友们在草地上玩，能把蝴蝶画得有3个小朋友那么大。

幼儿的想象与现实混淆，是指幼儿把想象的东西当成现实的东西。例如，一个孩子非常渴望爸爸能领他到公园玩，但爸爸总是很忙，抽不出时间。有一天他便到幼儿园向教师描述“爸爸带他做卡丁车了……”，幸福快乐溢于言表，教师经与家长沟通才发现了这个问题。小班幼儿混淆想象与现实的现象比较多，中大班幼儿这种情况已减少。

总之，幼儿期是想象非常活跃的时期，应该重视发展幼儿的想象，促进他们智力的发展。

第六节 幼儿创造力的发展

一、创造力概述

（一）创造力的定义

“创造力”是由美国心理学家吉尔伏特（Guilford）于20世纪50年代首次提出的。随着科学技术的进步和心理学、生理学等相关学科的进一步发展，对创造力本质的研究越来越深入。

因为研究者的角度和出发点不同，采用的方法和标准不同，所以人们对创造力的理解也存在较大差异。尽管如此，创造力具有普遍性和可开发性仍成为人们的共识。目前，心理学界关于创造力较为一致的定义是：根据一定目的和任务，运用一切已知信息，开展能动思维活动，产生某种新颖、独特、有社会或个人价值的产品的智力品质。这里的产品指以某种形式存在的思维成果，它既可以是一种新概念、新设想、新理论，也可以是一项新技术、新工艺、新产品。新颖主要指不墨守成规、破旧布新、前所未有，是一种纵向比较；独特主要指不同凡俗、别出心裁，是一种横向比较，如爱因斯坦的相对论、米开朗基罗的雕像《大卫》、贝多芬的《命运交响曲》等。心理学家梅斯基（Meysky）和纽曼（Newman）还专门对儿童的创造力下了定义：创造力是一种能力，它能使一个人以一种让别人听取和欣赏他们的讲话的方式来表达自己的意见；创造力是一种素质，它能使人类发现自然的定义——别人以前未能理解的定义。当幼儿能创造出一种表达自己思维的方式和能发现新问题时，就说明幼儿有创造力。例如，3岁的南南在画“高兴的树”时，虽然不会画树，但他会用不同形状、不同颜色的线条来表示树干、树叶、花等，还用语言补充说：“当树坐上火箭，就很高兴了。”

创造力是有层次的，根据创造力本身从萌芽到形成的动态过程，可以将创造力划分为类创造、潜创造、真创造三种层次。类创造是创造力的雏形，不能产生创造性结果，如儿童的幻想、青年的憧憬等，这些都是创造力的准备层次。潜创造产生一种对本人来说是新颖、独特的，但已为人类发现或发明过的成果，这是一种广义上的创造力。真创造指狭义的创造力，它提供的是具有新颖性、独特性和社会价值的创造成果，科学家、发明家、艺术家等的创造更多属于这一类。例如，爱迪生发明电灯、曹雪芹创作《红楼梦》等，都是一种真创造。

深入思考

高斯少年时做数字1～100的连加题，自己发现了一种简单的方法，表现出一种创造力；高斯成年后建立“高斯定理”，也表现出一种创造力。两种创造力有何不同？

（二）创造力与智力的关系

创造力与智力是有差别的，肖克史密斯（Hawksmith）提出的创造力与智力区分方式明确简单：他认为判断一个答案的正确与否，要测量的是逻辑推理思维或智力，而判断一个答案的好与坏，即问题解决与问题本身或情境的适应程度，测量的才是创造力。

创造力与智力的差别是非常明显的：智力是通过改变自身、改变环境或找到一个新的环境去有效地适应环境的能力。创造力是由知识、智力、能力及优良的个性品质等复杂的多因素综合优化构成的。智力偏向先天性因素，可以通过开发来提高。创造力与后天的教育有关，可以通过不断地培养来提高。智力会影响创造力，但并不是创造力的全部，同时创造力的提高也会促进智力的开发。

创造力与智力虽有明显的差别，但也有很多相同之处：首先，创造力和智力都是在问题解决过程中提出来的能力；其次，创造力和智力的核心都是思维。

创造力与智力有相关，但这种关系是非线性的，具体表述如下：①低智商者难以有高的创造力；②高智商者不一定有高创造力；③高创造力者必须有高于一般水平的智商；④低创造力者，智商水平可高可低。见图 6-1。

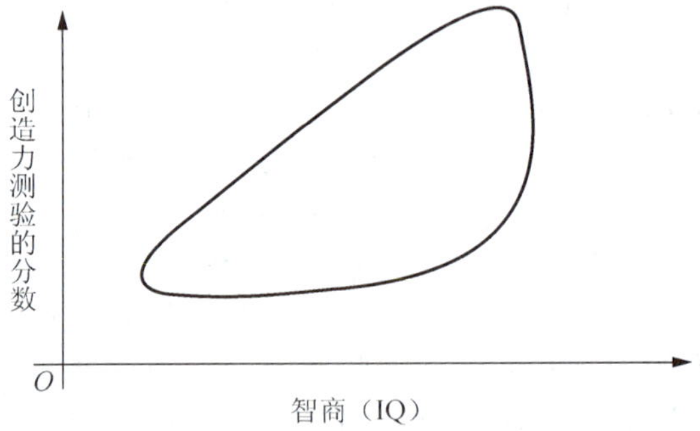

图 6-1　创造力与智商的关系

这表明：第一，创造力与智力的发展并不同步，其主要原因是创造力包含了智力测验未涉及的智慧品质，如发散思维、知觉思维等。第二，超过一般水平的智力是实现创造性潜力所必需的，但是超过了这个临界水平，智力同创造力的相关就几乎等于零。

二、幼儿创造力的发展

幼儿期是儿童创造力的萌芽时期。自 20 世纪 30 年代以来，许多研究者通过对幼儿的绘画、音乐、讲故事及发散思维等进行的研究，发现了幼儿创造力发展的趋势：随着幼儿年龄的增长，其幻想中创造想象的成分随之增多，精细性也不断提高。并探索了幼儿创造力的主要特点：幼儿创造力是不断发展变化的，幼儿创造力是比较简单和初级的，幼儿创造力自发性强、表现广泛，幼儿的创造力主要表现为创造想象，等等。

幼儿创造力的发展表现在其动作、言语、感知觉、想象、思维及个性特征等各方面的发展中。例如，我们常常会看见这样的例子：有的儿童扮演教师给学生上课，有的儿童将椅子当作小车拉，有的儿童叫外婆为“妈妈的妈妈”，有的儿童可以将“O”想象为苹果、面饼、人脸、气球、太阳、碗等。这些都是幼儿创造力的表现，是真正创造力的雏形。但必须看到的是，幼儿创造力与成人创造力在质、量、目的性、价值等方面都存在明显的差异。

好奇心和创造想象的发展是幼儿创造力形成和发展过程中的两个最重要的表现。幼儿的创造行为和活动主要来自他们的好奇心，可以说好奇心是幼儿创造力发展的起点。这种好奇心在幼儿很早的时候就已经出现，最早如新生儿的探究反射可视为好奇心的最初表现。到幼儿期，好奇心便表现在幼儿的各种行为和语言的发展中。在语言发展上，幼儿这时候非常喜欢提问题，只要他们不懂的、感兴趣的，他们就会不停地问“为什么”，提出各种各样的问题，如为什么汽车的尾巴会吐气，为什么蜗牛背上有壳，等等。并且常常打破沙锅问到底，试图弄个水落石出，在这一时期让父母最困惑、最苦恼的就是回答孩子的问题。在行为上，幼儿经常表现出一种破坏行为。例如，为了弄清楚钟表为什么要发出嗒嗒的声音、指针是怎样走动的，而将家里的闹钟拆得七零八碎；为了了解电视机里是怎样装下那么多人、房子、车而兴奋地去探究。正是好奇心的驱使，才使幼儿开始了漫长的创造之路。创造想象是幼儿创造力发展的最主要成分。幼儿创造想象的发展，同其他心理领域的发展一样，也是随能力的增长而逐渐发展的。

三、创造型儿童的人格特征

创造力是儿童能力的最高表现，创造型儿童有自己独特的人格特征。综合国内外迄今为止的大量研究和论述，创造型儿童的一般人格特征可以概括为以下几个方面。

第一，具有浓厚的认知兴趣。旺盛的求知欲属于创造型儿童的典型人格特征。

第二，情感丰富、富有幽默感。

第三，勇敢、甘愿冒险。创造型儿童甘愿标新立异、逾越常规，不把自己束缚在一个狭小的框框内。

第四，坚持不懈、百折不挠。这种人格特征使创造型儿童能够持之以恒地去探索、思考。

第五，独立性强。

第六，自信、勤奋、进取心强。

第七，自我意识发展迅速。一般能够正确认识自己，在自我评价方面往往出现偏高的想象，在智力活动方面有较强的自控能力。

第八，一丝不苟。喜欢刨根问底，不把问题弄个水落石出不罢休。

除此以外，不同创造类型的儿童不但具有创造型儿童共同的人格特征，还表现出一些独特的人格特征。例如，艺术类创造型儿童还具有超俗的思想、思维非常灵敏等特征；自然科学类创造型儿童具有高度的自我控制能力、较少从众、喜欢抽象思考等特征。

四、幼儿艺术能力的发展

（一）绘　画

绘画是一种表现及创作的活动，绘画对幼儿的感知能力、记忆能力、想象能力的发展起着重要的促进作用。幼儿的创造性常常可以通过绘画表现出来，幼儿绘画也由此成为衡量幼儿创造力水平的外部指标之一。

1. 幼儿绘画能力的发展

尽管对儿童画含义的意见还不一致，然而，对儿童画的发展阶段及其特点的看法却是相当一致的。大体上说，幼儿的绘画经历了三个阶段。

（1）涂鸦阶段（1.5～2 岁）。这个阶段的儿童开始在纸上乱画，这些最初画下的东西纯属涂鸦。处于涂鸦阶段的儿童在乱涂乱画时极为专心，并经常迅速地画了一张又一张。其特点是不注意颜色，仅使用一支笔，没有想到要利用身边其他的笔。儿童的涂鸦是不教自会的，其涂鸦之作可以详细区分为二十类，如点、垂线、横线、曲线、锯齿线等，或者仅仅简单地分为两类，一类是螺旋形、环形和圆圈，另一类是一道道密密麻麻画在一起的平行线。儿童最初的涂鸦显然不是在进行艺术创作，而是对线条、空间和色彩的视觉探索，但对于他们的心理发展却具有不可估量的意义，儿童后来的许多绘画都是在此基础上发展起来的。

（2）表现阶段前的图案阶段（2～3 岁）。这个阶段的儿童常在画纸的中央，对涂抹作仔细的安排，以便画一个基本的几何图形，如三角形或矩形。其特征是将整个几何图形用乱涂的方式涂得满满的（图 6-2）。到 3 岁时，儿童开始用单一的轮廓线来画几何图形，而不是将图形的里外都涂得满满的。这时的图形通常有五种：圆形和椭圆形、正方形和矩形、三角形、十字形和 X 形。因为儿童所画的并非都是规则的图形，所以还有一种特别的分类，叫作“奇形怪状”。这个阶段末期的儿童还开始将两个单一的几何图形画在一起，产生一个新的“组合体”（图 6-3）。这时的绘画仍然是非再现性的，但这却是通往再现性绘画的必经之路。

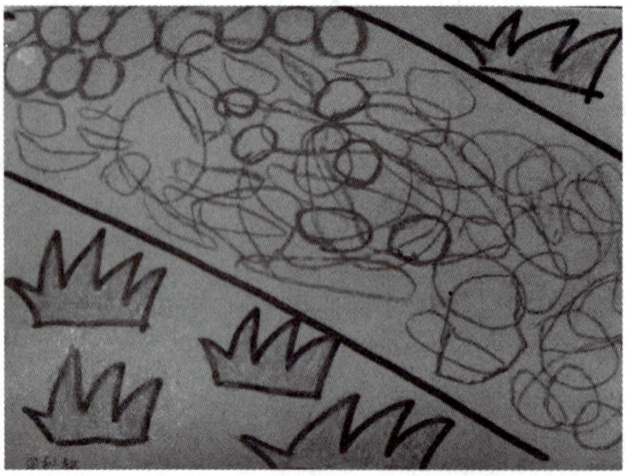

图 6-2　2 岁半儿童的涂鸦作品

图 6-3　3 岁儿童画的小鸡

（3）再现内容的出现阶段（4～6 岁）。这时的绘画在形状方面是不真实的，颜色的使用也是不真实的。儿童不注意所画之物的颜色与实际颜色的关系，如将太阳画成绿色，将人物画成紫色，而将草地画成红色。对物体在画中的空间关系也不按照它们在现实中的实际关系，而是将物体浮在整个画纸上。所以，他们所画物体可能看上去缺乏逻辑联系。但从视觉效果上看，他们所画物体又常常具有联系，他们能够将画纸安排得井井有条，呈现出和谐协调的平面构图。这时的绘画还有一个特点，就是儿童虽然发现了用图画再现事物的可能性，但他们往往还会画一些涂鸦般的抽象画(图 6-4)。

图 6-4　幼儿中班儿童的作品

2．绘画与创造性

儿童绘画有着独特的特点——“童趣”，是儿童纯净、丰富多彩、奇特天真、可爱、可亲的“童心”在画板上、画纸上的折射。儿童通过绘画，创造出一个完全属于他们自己的世界，这个世界，除了表面所能表达的意思以外，还有许多儿童早期智力发展的轨迹蕴涵其中。

由于幼儿的思维水平较低、语言比较贫乏，他们更喜欢用绘画来表达自己的意愿。幼儿在绘画过程中，天马行空，异想天开，用自己的思维方式可以随心所欲地重新组织、加工、重建生活中所见的形象，故而形成了儿童画的独到之处：构图新奇、色彩绚丽、线条大胆、夸张变形、合情不合理、重神不重形。因此，幼儿绘画是训练右脑功能及创造性思维最有效的手段之一。

深入思考

美国某幼儿园有一个班正在上美术课，教师拿了一些苹果，启发幼儿从视觉、味觉、嗅觉、触觉等方面去感知，然后画苹果，结果孩子们的作业色彩斑斓，什么颜色的苹果都有。而教师看过后还一味肯定地说：“good，good！”

另一幅画面是中国某幼儿园一个班也在画苹果，教师讲过后，不停地指点幼儿：苹果的颜色只有黄、绿、红（因为日常的苹果没有别的颜色）。

你认同哪种教育？并说明理由。

（二）音　乐

音乐是幼儿艺术活动的重要内容之一，不仅可以培养幼儿的审美，而且有助于幼儿创造力的开发和培养。

1. 幼儿音乐能力的发展

音乐能力是指先天具备及后天通过学习获得的感知、理解、表现和创编音乐的能力。它包含对音乐的感知辨别能力、对音乐关系的理解能力、对音乐技能的表现和运用能力。

（1）幼儿歌唱能力的发展。幼儿歌唱能力的发展可以从四个主要方面表现出来：

第一，歌词。未满 3 岁的幼儿已能部分地吟唱一些简短的歌词，但对词义的了解十分有限，发音错误也非常普遍；3 岁幼儿已经能够较完整地反复唱片段，对词义有了初步的理解；4 ～ 6 岁的幼儿能够较完整地复唱一首歌的歌词，发音错误的现象大为减少。

第二，音域。音域是指从最低音到最高音的范围。一般而言，2 岁以后，幼儿可以唱出 3 ～ 4 个音域在 c1 ～ g1 的音；3 ～ 4 岁可以唱出 5 ～ 6 个音，听起来最舒服的声音是 d1 ～ g1；4 ～ 6 岁的幼儿一般能够唱到 c2，但有较大的个体差异。

第三，节奏。幼儿在 3 岁前已经初步显示出节奏的意识，3 岁后能比较好地掌握与心跳、呼吸、脉搏等相适应的节奏，所以容易掌握由二分音符、四分音符等所构成的歌曲。

第四，音准。音准是幼儿在歌唱活动中最难掌握的技能。3 岁前幼儿的歌唱音准很差，所唱出的旋律只是大致接近原曲调的旋律。

（2）幼儿音乐欣赏能力的发展。音乐欣赏能力是指对音乐有欣赏的兴趣和愿望，并能从对音乐的感知中获得积极情感体验的能力。婴儿一生下来就具有某些基本的音乐感知能力。

幼儿对音乐的欣赏能力随年龄增长不断提高：

2 岁前的婴儿对音乐的理解能力就已经开始萌芽，2 岁的婴儿已表现出对音乐的倾听能力。

3 ～ 4 岁的幼儿已经能够分辨和描述自然环境中的声音与音响，但感知音乐变化的能力还不稳定，如幼儿不能区分《小鸟的歌》和《大象走》哪首乐曲音调高或低；能够随音乐做动作反映音乐情绪，如听进行曲时精神抖擞走步；容易记住象声词，记住形象具体、内容简单的歌词。

4 ～ 5 岁的幼儿在倾听的主动性和听辨能力上都有了很大的发展；欣赏能力提高，能区分音乐中明显的速度变化和传达的感情；记住歌词的能力提高。

5 ～ 6 岁的幼儿对歌词、曲调意义的理解都有明显的提高，对音乐情感的理解和体验也更加细腻，能够直接用语言表达对音乐的情绪体验和感受；对音乐作品中的速度、力度、音区的变化能够清楚地加以辨别。

2. 音乐与创造性

伟大的爱因斯坦在物理学领域发表了震惊世人的相对学说，使人类的科学向前迈进了一大步。这一事实引起了全世界医学科学家们的关注，美国脑学家曾经对爱因斯坦的脑细胞组织进行了切片观察。发现他的脑细胞之间的突触多于普通人。所谓突触即指一个神经元向其他神经传递信息和交换情报的物质。医学研究结果表明，过量的突触是一种叫作棘突触的物质，该物质发育速度缓慢，人类只有在不间断的学习过程中，才能使棘突触数量自然增加，故而学习能力便相应提高。反之，停止学习则棘突触会不断减少。因此，该物质数量的增减与人类学习成正比，会随环境而变化。爱因斯坦的一生是在不断学习、不断思考与不断研究中度过的。

那么，使爱因斯坦在世界科学领域迸出火花，取得世人瞩目的成就的一个不容忽视的重要因素是什么呢？就是音乐。对于音乐的热爱和学习，是开启爱因斯坦科学大脑的主要促因。

（1）良好的音乐环境能够激发创造性思维。良好的音乐环境能够使人宁神静心、注意力专注，能够让思维跟随音乐畅游，充分想象。

（2）音乐技能与右脑的训练。音乐是启蒙科学之门的一条有利途径，以掌握一门乐器——钢琴为例，钢琴的演奏属于触觉锻炼的一种动作形式，需通过人的手指头进行多种样式触碰琴键，以此来表现复杂而动听的乐曲。手指在这样一种运动中，产生左右脑指挥的运动记忆，而复杂的手指运动加上音乐化的心理活动，便使右脑的神经元受到一定程度的刺激，故而产生兴奋。这种兴奋就会沿着神经纤维进行传导，借助神经元上的突触，将信息由一个神经元带至另一个神经元。天长日久，右脑的突触也就随之相应增加。

（3）音乐的启迪丰富了人的想象力。音乐的特性是幻想，人们通过音乐进行中的多层次的变化，诸如力度的强弱、音色的多变、旋律的丰富、节奏的快慢等，感悟生活，对自我及周围生活的体验有意识或无意识地进行联想、回忆、幻想、憧憬，等等。

（4）音乐的丰厚健全了人的个性。例如，古典音乐的内涵与哲理、音乐内部结构的丰富性，以及音乐进行中的变化和规律等，易造就人们看待事物的深刻性，从而不断探索有关事物与现象的根本原因。

总之，音乐是人类的灵魂，是人生不可或缺的一种抒情活动，不管年龄、性别都有着与生俱来的热烈爱好。无论是谁，无论何地，都可以用歌声表现音乐的律动。因此，音乐可以增强人的意志，陶冶人的情性，提升人的品质，促进人创造性的发展。

第七节　幼儿思维的发展

思维发展是幼儿期儿童心理发展的主要内容，在幼儿的思维中，想象位于中心地位。婴儿及先学前期儿童的感知觉主要针对“此时”（now）、“此地”（here）进行的，而幼儿期儿童则把自己的认知扩大到“不在此时”（not now）、“不在此地”（not here）的想象世界中。

一、幼儿思维发展中动作、形象和词语关系的变化

幼儿的思维离不开实际动作、具体形象和口头语言。随着幼儿年龄的增长，动作、

形象、语言在思维中的地位和作用不断发生变化，它们的变化使幼儿的思维也随之发生变化。

1. 动作和语言关系的变化

有人做过这样一则实验：要求小班、中班、大班幼儿用零散的拼图板拼成完整的形象，并要求他们在拼图前说出自己想拼成什么，拼好后，再说明自己拼成了什么、怎样拼的。各年龄段的幼儿表现各不相同：

小班幼儿在拼图之前往往说不出要拼成什么。他们拿到拼图板后马上动手摆弄。偶尔拼凑出一种图形，就非常惊奇地好像突然有所发现地叫喊："哈！房子！我拼了房子！"拼出来的图形像什么，就说拼了什么，说不出是怎样拼的。

中班幼儿在开始拼图之前，只能笼统地说出想要拼什么，拼的过程中常常有语言伴随，边拼边说。拼成之后，能比较完整地说出自己拼的是什么，但不能详细地说明拼的过程。

大班幼儿在动手之前，能够用语言说出自己想拼什么和怎样拼，并能按照自己的言语讲述去行动。

从这一实验可以看出，随着幼儿年龄增长，动作和语言在其思维过程中的作用和相互关系不断变化。起初，动作在前，语言在后，思维依靠动作进行，而言语只是行动的总结。其后，边动作边言语，动作和言语紧密联系，似乎用语言总结每一步动作，同时又计划下一步动作。最后，言语在前，动作在后，思维主要依靠语言进行，言语计划行动，行动实现计划。

2. 形象和词语关系的变化

小班幼儿主要是动作思维，因为动作有直接操作的对象，而这个对象是具体的、直观的，看得见摸得着的，也就是说小班幼儿的动作思维主要依靠事物形象的帮助。

中班、大班幼儿可以逐渐摆脱对动作的依赖而在头脑中思考，但思维的工具仍然不是抽象的概念（词语），而是与所思考问题有关的事物的具体形象。例如，问一个中班的孩子"2+1=？"，他虽不摆弄手指头（动作），看似思考，但在头脑中仍是依靠具体的形象，如"2个苹果加上1个苹果"或"2只小鸭，又来了1只小鸭"等。

随着言语的发展，在幼儿的思维中，形象和词语的相互关系也逐渐发生变化。起初，词语和形象紧密相连，形象的作用大于词语的作用，如幼儿掌握的多是有具体实物或生活经验支撑的词语。以后，词语的作用逐渐加强，并逐渐摆脱表象、形象的束缚，开始成为独立的思维工具。总而言之，形象在幼儿思维中始终占有重要地位。

二、幼儿思维发展的一般规律和特点

动作、形象和词语的关系在幼儿思维中的规律性变化，使幼儿的思维发展表现出三种不同的方式：直觉行动思维、具体形象思维和抽象逻辑思维的萌芽。幼儿早期的思维以直觉行动思维为主，幼儿中期的思维以具体形象思维为主，幼儿末期抽象逻辑思维开始萌芽。

1．直觉行动思维

直觉行动思维是最低水平的思维，这种思维的概括水平低，它更多地依赖感知动作的概括。先学前期的儿童头脑中几乎没有多少表象和经验，也不会进行逻辑推理，他们只能通过自己的动作发现事物间的内在联系，1～3岁儿童就属于这种类型，3～4岁幼儿身上也常有表现。这些儿童离开了实物就不能解决问题，离开了玩具就不会游戏。一些年龄稍大的儿童，当遇到困难的问题时，也要依靠这种思维方式。皮亚杰认为这个阶段幼儿思维的发展有两个明显的标志：一是幼儿有时不用明显的外部尝试动作就能解决问题；二是产生了延迟性模仿能力。所谓延迟性模仿，是指模仿的对象或动作在眼前消失一段时间后对行为或动作的模仿。

直觉行动思维有以下主要特点：

一是直观性和行动性。直觉行动思维实际上是“手和眼的思维”，思维离不开对具体事物的直接感知，离不开自身的实际动作。一旦离开，思维就会终止，如小孩子离开玩具不会玩，玩具一变，游戏马上终止。

二是出现了初步的间接性和概括性。例如，自己的爸爸是解放军，看到穿军装的年轻人就喊“爸爸”，要人家抱。又如，自己家里养了一只宠物狗，以后看到带毛的动物就喊“狗狗”。

三是缺乏行动计划性和结果预见性。由于直觉行动思维和感知、行动同时进行，在思维过程中，儿童只能思考动作所触及的事物，只能在动作中思考，至于动作前的计划与动作后的结果皆不在儿童考虑之内。

2．具体形象思维

2～7岁幼儿思维的主要形式是具体形象思维。具体形象思维是利用事物的形象及事物形象之间的关系解决问题的思维。这一阶段的幼儿虽然摆脱了对动作同步性的依赖，但仍受到具体事物的形象和动作的影响。

案例分析

幼儿教师在幼儿园教学中要使用大量直观形象教具，以帮助幼儿理解教学内容；在给孩子讲故事时，讲到“大象用鼻子把狼卷起来”时总是用手作出“扔”的样子。孩子们也学着教师的样子作出相应的动作，脸上会露出会意的笑容。

分析：此案例体现了幼儿思维以具体形象思维为主要特点。根据该特点，教师应大量使用直观教具和丰富的体态语言组织教学活动，以帮助儿童理解教学内容。

皮亚杰将这一阶段幼儿的思维称为前运算阶段。皮亚杰又进一步将这一阶段分为两个阶段：前概念阶段和直观阶段。前概念阶段幼儿思维的特点表现为幼儿普遍存在的泛灵论和自我中心主义。幼儿的泛灵论是指幼儿将一切物体都赋予生命的色彩。例如，幼儿认为在采摘植物时植物会受到伤害，植物也会感到疼痛。在以下的一段皮亚杰和一位前概念阶段的幼儿的对话中，可以看到幼儿明显地赋予太阳以生命的色彩。

皮亚杰：太阳会动吗？
幼儿：会动，你走它也走，你转它也转。太阳是不是也跟过你？
皮亚杰：它为什么会动呢？
幼儿：因为人走动的时候它也走。
皮亚杰：它为什么要走呢？
幼儿：听我们在说什么。
皮亚杰：太阳活着吗？
幼儿：当然了，要不然它不会跟着我们，也不会发光。

表6-2 万物有灵思维发展阶段

阶　段	年　龄	思维特征
第一阶段	4～6岁	把所有的物体看作有生命、有意识的东西
第二阶段	6～8岁	把能动的物体看作有生命、有意识的东西
第三阶段	8～11岁	把运行的物体看作有生命、有意识的东西
第四阶段	11岁以后	把动植物看作有生命、有意识的东西

自我中心主义的幼儿完全以自己的身体和动作为中心，从自己的立场和观点去认识事物，不能认识到自己的思想可能与别人的思想不同，因而不能从客观的、他人的立场去认识事物。皮亚杰证明幼儿自我中心主义倾向的著名实验是“三山实验”。在三山实验（图6-5）中，把大小不同的三座山的模型放在桌子中央，四周各放一把椅子。幼儿被带着围绕三座山的模型散步，使幼儿可以从不同的角度观察这三座山的模型。散步之后，让幼儿坐在其中的一把椅子上，将三个玩具娃娃放在其他椅子上，然后问幼儿放在其他位置上的玩具娃娃看到的是什么。实验结果显示，不到4岁的幼儿根本不懂得问题的意思。4～6岁的幼儿不能区分他们自己和娃娃所看到的景色，不管观察者看到了什么景色，他们总是选择他们自己所看到的景色。能够区别不同观点的第一个信号出现在大约6岁时，这时幼儿表现出他们知道了区别所在，但是却不能指出来。在8～9岁，他们能够理解自己与娃娃的观测点之间的某些联系。在这个经典的范例中，8岁以下的幼儿被认为是自我中心者。因为他们是基于自己的立场，不能想象出他们自己以外的任何立场。不过，最近的一些研究认为皮亚杰的任务对于幼儿来说是困难的，可能皮亚杰低估了幼儿的能力。

图6-5 三山模型

在整个前运算阶段，幼儿思维的一个最重要的特点是不可逆性，幼儿不理解逻辑运算的可逆性。例如，4 岁的幼儿不能理解当 $a>b$ 时，则 $b<a$。例如，当问幼儿：“你有哥哥吗？”幼儿回答说：“有。”“他叫什么名字？”“陶陶。”“陶陶有没有弟弟？”“没有。”此外，在这一阶段幼儿在事物发生转变时只注意知觉变化的最终状态而不注意变化或转化的过程；这一阶段的幼儿也不能理解“如果 A 的某种属性等于 B，B 等于 C，那么 A 等于 C”这种类型的问题。

幼儿在前运算阶段思维的局限性集中体现在守恒问题上。守恒是指个体能认识到当物体的外形或形状发生改变时，物体固有的本质属性不随其外在形态的变化而发生改变。皮亚杰设计的守恒问题包括数量守恒、体积守恒、长度守恒、重量守恒等。数量守恒实验是给儿童呈现两排砝码或糖果，前后排列一致，让他们回答两排砝码或糖果的数量是否一样多，幼儿一般回答一样多。如果实验者把其中的一排扩大或缩小间距，改变其外在形态，然后让幼儿回答这两排的数量是否一样多，幼儿一般回答不一样多。体积守恒实验是给儿童呈现两个一样的杯子，将水装至两个杯子同一高度水平，让幼儿明白两个杯子中的水一样多，然后将其中的一杯水倒入一个较高或一个扁平的杯子中，问幼儿两杯水是否一样多。长度守恒实验是先向幼儿呈现两根相等的直线，移动其中一根，然后问幼儿移动后的两根直线是否相等。重量守恒实验是先向幼儿呈现两个一样重量的泥球，改变其中一个泥球的形状，然后问幼儿两个泥球的重量是否相等。一系列的守恒实验表明，处于前运算阶段的幼儿还不能理解不变性原则，还没有获得思维的可逆性。

3. 抽象逻辑思维的萌芽

抽象逻辑思维是指利用抽象的概念或词，根据事物本身的逻辑关系解决问题的思维。在幼儿末期即幼儿 6～8 岁这一时期，幼儿开始出现抽象思维的萌芽。第一，幼儿开始获得可逆性思维。例如，幼儿开始认识到如果在一堆珠子中减去几个，然后增加相同数目的珠子，这堆珠子的总数将保持不变。第二，幼儿的思维开始能够去自我中心化。所谓去自我中心化，是指幼儿认识到他人的观点可能与自己的有所不同，幼儿能站在他人的立场和角度考虑问题。例如，幼儿开始能够解决“三山问题”。第三，幼儿开始能够同时将注意集中于某一物体的几个属性，并开始认识到这些属性之间的关系。例如，幼儿开始认识到一个物体可以有重量和大小等几个属性，并且认识到这些属性是可分离的。第四，幼儿开始使用逻辑原则。幼儿获得的重要逻辑原则是不变性原则，即一个客体的基本属性不变。另一个原则是等价原则，即如果 A 的某种属性等于 B，B 等于 C，则 A 必然等于 C。

综上所述，幼儿的思维发展经历了直觉行动思维阶段、具体形象思维阶段和抽象逻辑思维的萌芽阶段。幼儿的思维以具体形象思维为主要形式。

三、幼儿思维发展研究的新进展

对幼儿思维发展的新近研究或多或少地继承了皮亚杰的思想，是对皮亚杰关于幼儿思维发展研究的拓展、修改、完善和发展。这些研究主要有以下几种新的关于幼儿思维发展的理论。

1. 信息加工理论

信息加工理论认为，幼儿思维的发展是形形色色的个别的思维发展的集合，各种个别思维的发展并不一定遵循相同的规律。信息加工论者主张从信息的获得、储存、加工和提取等几个环节来分析和解释幼儿的思维能力，重点强调不同年龄阶段的幼儿思维的具体加工模式。不同于皮亚杰的理论，信息加工理论认为幼儿思维发展的缺陷在于幼儿的知识经验、记忆能力及幼儿掌握的策略都有限。这种信息加工能力的有限性使幼儿的思维表现出一定的局限性。另外，信息加工理论认为幼儿思维的发展是一个连续而渐进的过程，而并不像皮亚杰认为的那样，幼儿思维的发展是质的非连续性的变化。

2. 先天模块论

福多（Fodor）假定幼儿存在先天模块、结构或制约，并且每个模块专门负责某一特定的思维。例如，存在专门的语言模块支持语言的发展。一个模块只需要少量的刺激就可以激发，幼儿在某些领域的思维可以是先进的，如幼儿早期就具有大量关于物体运动的知识等。每个模块之间是相对独立的，因此某个思维领域的进步通常不能使其他思维领域进步。先天模块论得到了对有脑损伤或脑障碍幼儿的研究的支持。

3. 理论论

理论论者认为幼儿思维的发展类似于科学的发现。在理论论者看来，幼儿是一个小小的科学家。幼儿最初存在一些朴素的理论，用来预测、理解、解释幼儿周围的世界。当幼儿发现已有的理论不能解释和预测新的情景时，幼儿就会修订自己的理论，就像科学家所做的一样。当然，这种理论只是幼儿对日常概念形成的框架，并不是真正的理论。因此，幼儿思维的发展过程是一个不断检验和修订幼儿在不同思维领域或思维方面的理论的过程。

对理论论研究的重要证据是研究者发现幼儿似乎很早就能超越知觉特征而看到了客体、人物和事件的“本质”。例如，凯瑞（Carey）向 4 岁幼儿出示一只机械猴，该玩具与真实的猴子很像。凯瑞问幼儿，人、狗等动物有骨头，能否生小孩，幼儿回答能。凯瑞进一步问，这只猴子（指着机械猴）有骨头，能否生小孩，幼儿能正确地回答不能。这表明幼儿关于真实猴子的生物性和玩具猴子的机械性的理论，包含了关于生物实体和机械实体的潜在的性质，超越了知觉的相似性。理论论者认为幼儿具有某种知识系统，该系统将思维领域内的不同现象联系起来，幼儿的这些理论包含着信念、愿望和意图。幼儿的理论具有抽象性和内在一致性，为幼儿提供了某种将世界的知识条理化、解释和预测世界的方式，从而减少了有限的记忆对思维产生的限制。

四、幼儿思维具体领域的发展

（一）幼儿概括能力的发展

一般认为，儿童概括能力的发展可分为三个水平：动作水平的概括、形象水平的概括和本质抽象水平的概括。幼儿的概括能力主要属于形象水平，后期开始向本质抽象水平发展。

1. 概括的内容比较贫乏

幼儿初期儿童虽然也能用词表达一个概念，但这时的词所概括的内容十分有限，基本上只是代表某一个或某一些事物的特征，而不是代表一类事物的共同特征。例如，幼儿初期儿童所说的猫，只代表自己家里的小花猫，或代表少数几只他们见过的邻家的猫。

2. 概括的特征很多是外部的非本质特征

幼儿往往根据事物的功用性进行概括，还不善于对事物本质特征进行概括。我国的心理学工作者曾研究 3 ～ 13 岁儿童的概括特点。给儿童看 4 张图片，上面分别画着人、车、马、虎。要求儿童从这 4 张图片中拿出一张和其他 3 张没有共同特征的图片，并要求回答“为什么把那一张拿出来？”,“那 3 张又有什么共同的地方？”。结果发现：

（1）幼儿从 4 张图片中拿出“车”的人数的百分比随年龄增长而提高，小班 14%，中班 28%，大班 40%；拿出“人”和“虎”的百分比随年龄增加而降低；拿出“马”的在参加实验的 346 名幼儿中只有 1 人。

（2）有半数以上的幼儿拿走“人”或拿走“虎”。他们都是从外形或功用的属性概括的。拿走“人”的理由是：“人都是站着的，车、马、虎都是趴着的”；拿走“虎”的幼儿认为：“虎要吃人，留下马、车、人是因为马可以拉车，人可以赶车去买东西。”

（3）幼儿将人、马、虎放在一起，大多是根据人、马、虎的外表属性进行概括的。他们说：人、马、虎都有头、身、脚等。只有到了幼儿末期，特别是 7 岁以后，儿童才能根据“人、马、虎都是有生命的、有活动的、能生长的”等本质属性进行概括。

3. 概括的内涵往往不精确

幼儿有时把桌子、椅子概括为“用的东西”，发生概念扩大化的错误；有时把“儿子”只局限于男孩，而把成年的男子排除在外，造成概念缩小的错误。直到幼儿晚期，幼儿才能开始根据事物的本质特征进行概括。

（二）幼儿分类能力的发展

分类在一定程度上是指根据某一特征将物体组织起来，使人们在整体上对组织起来的物体作出共同的反应而不是对个体作出反应。幼儿分类的发展经历了以下阶段：习性分类或随机分类、知觉分类、功能性分类或主题分类及基于概念的分类。

第一阶段，习性分类或随机分类。这是大多数 2 岁的幼儿和一些 3 岁的幼儿的典型表现。这时幼儿通常成对组织物体，他们既不能提供分类的理由，也不能说出物体的某一个具体的特征。例如，幼儿可能会把一只狗和一只苹果分在一起。当你问幼儿为什么要将这两者分在一起时，幼儿可能回答：“因为狗叫，并且你可以吃苹果。”幼儿也可能仅仅宣称：“我喜欢狗并且我喜欢苹果。”后一种回答表明幼儿在此阶段仅根据自己喜欢与不喜欢进行分类。

第二阶段，知觉分类。幼儿根据知觉特征分类物体。例如，桌子和椅子分在一起是因为它们都有四条腿；大象和货车分在一起是因为它们都很大；青蛙和树分在一起是因为它们都是绿色的；等等。基于知觉的分类主要在 3 岁和 4 岁的幼儿身上发现，也可能在一些年龄更大的幼儿身上发现。

第三阶段，功能性分类或主题分类。年龄较大的幼儿倾向于根据物体的功能或主题关系进行分类。所谓功能或主题关系，是指在时间和空间上共同发生或相互作用的人、物、事件及实体之间其他的外部或互补的关系。例如，将生日蛋糕和生日蜡烛分为一类即为根据功能或主题分类。这时幼儿认识到在一个类别内的物体虽然不同，但它们之间共享某种内部的相互关系。例如，幼儿将狗和骨头分在一起是因为狗能够吃骨头，人和货车分在一起是因为人能开货车，等等。

第四阶段，基于概念的分类。6～9岁的幼儿主要采用基于概念的分类。这时幼儿的分类比较符合成人的分类标准，具有逻辑性，在一定程度上与科学的分类相似。幼儿能产生诸如动物、家具、衣服等类别；能够将燕子、麻雀和飞机分在一起是因为它们都能飞。虽然幼儿时期也能出现基于概念的分类，但在6～9岁时这种分类才会得到快速发展。

不过，幼儿分类的发展并不是严格按阶段进行的。虽然3岁的幼儿很少出现基于概念的分类，但4岁和5岁的幼儿通常采用混合的分类方式。在一项实验中，给定的十六个物体在成人看来可以分为四类：动物、衣服、食物和工具。幼儿通常成对地分类，尽管这对分类任务来说并不是必需的。幼儿将麦子和香蕉分为一类是因为它们都是黄色的（知觉分类）；将锤子和螺丝刀分为一类是因为它们都是工具（概念分类）；将兔子和牛奶分为一类是因为它们都是白色的（知觉分类）。对5岁的幼儿来说，知觉分类是主要的，但也明显发现幼儿进行混合分类。实验也表明，幼儿在分类时不能事先浏览全部的物体，然后决定最佳的分类方式。

（三）幼儿掌握概念能力的发展

概念是思维的基本单位，是人脑对客观事物的本质属性的反映形式。它是用词来标示的，词是概念的物质外衣，也就是概念的名称。

儿童对概念的掌握受其概括能力发展水平制约。由于幼儿概括水平较低，主要属于形象水平，这就决定了幼儿掌握概念的基本特点。

1. 掌握的概念数量有限，大多是一些具体的实物概念。

幼儿最初掌握的概念，大多是日常生活中经常接触的各类事物的名称，如人称、动物、玩具、生活用品等。因为这类概念的内涵往往可以被感性材料清楚地揭示出来。例如，桌子这个概念的本质主要体现在桌子形状、功用等可以感知的特征上，只要儿童能概括出这类物体的外部特征和功用，也就基本上掌握了这一概念的内涵，所以儿童掌握实物概念比较容易。

幼儿晚期，开始能够掌握一些生活中常遇到的抽象概念，如“勇敢”“团结”，以及掌握一些数的概念。但幼儿对这些概念的掌握也离不开事物的形象和具体活动的支持。例如，幼儿对“勇敢”的理解就是“打针不哭”“摔倒了不怕疼，自己爬起来”；对“团结”的理解就是“一起玩玩具”“大家一起好好玩”。

2. 掌握的概念往往不能反应事物的本质特征

研究者曾用“下定义”的形式研究幼儿掌握实物概念的特点。研究结果发现，幼儿初期儿童下定义时多属“直指型”或“列举型”。例如，回答“什么是狗”这一问题时，他们会指着画片上的狗或玩具架上的狗说："这就是狗"，或者列举出各种狗。幼儿中期，除用"列举型"外，还用"描述型"，用描述狗的外形特征来回答，如说"狗有四条腿，看见小花猫就汪汪叫"；幼儿晚期，不仅描述外形特征，还用"功用型"答案，即以狗的功用来说明，如说"狗是看门的"。

以上研究说明幼儿掌握的概念、内涵往往不精确，外延也不适当。

总之，幼儿概念的内容还很贫乏，多是物体非本质的外部的属性，掌握的概念以实物概念为主，抽象的概念很少，概念的内涵也不精确。幼儿概念包含的范围有时过大，如认为桌子、椅子、萝卜都是能被使用的物体；有时幼儿概念包含的范围又过小，如认为只有小孩才能被称为儿子，等等。尽管幼儿掌握概念的水平还很低，但他们学习概念、掌握概念的热情是非常高涨的，教育工作者应当因势利导，提供支撑，帮助幼儿尽快掌握事物的本质属性。

（四）幼儿数概念的发展

幼儿概念发展的一个重要领域是数概念的发展。幼儿要掌握数的概念，就必须理解：①数的实际意义，即"3"是指 3 个物体；②数的顺序，如 2 在 3 之前，3 在 2 之后；③数的组成，如"3"可以由"1+2"组成等。

幼儿数概念的发展有一定的顺序，有研究表明，数概念的发展要经历三个阶段。

1．第一阶段：对数量的感知阶段，2～3 岁左右

这个阶段的特点是：

（1）对大小、多少有笼统的感知；对明显的大小、多少的差别能区分；对不明显的差别，只说"这个大，这个也大；这个小，这个也小"。

（2）能唱数，但一般不超过 10。

（3）逐步学会口手协调地点数，但范围不超过 5，而且点数后说不出物体的总数。个别幼儿能用手势示意如伸出同样多的手指表示数量。

2．第二阶段：数词和物体数量之间建立联系阶段，3～5 岁左右

这个阶段的特点是：

（1）点数后能说出物体的总数，即有了最初的数群概念。

（2）这个阶段的前期，幼儿能分辨大小、多少、一样多；中期能认识第几，前后顺序。

（3）能按数取物。

（4）逐步认识数与数之间的关系，如有了数序的概念，能比较数目大小，能应用实物进行数的组成和分解。

（5）开始做简单的实物运算。

3．第三阶段：数运算的初期阶段，5～7 岁左右

这个阶段的特点是：

（1）大多数幼儿能对 10 以内的数保持守恒。

（2）计算能力发展较快，大多数儿童从逐个计数到按群计数过度，从表象运算向抽象数字运算过度。

（3）序数概念、基数概念、运算能力的各方面均有不同程度的扩展和加深。通过教学，一般儿童到幼儿晚期可以学会计数到 100 或 100 以上，并学会 20 以内的加

减运算。个别儿童可以做到百以内的加减运算。

（五）幼儿推理能力的发展

推理是一种特殊类型的问题解决方法，人们在日常生活中经常使用各种类型的推理来解决问题。下面主要讨论两种类型的推理：归纳推理和演绎推理。

1. 归纳推理

归纳推理是从特殊到一般、从少数到多数的推理。虽然目前关于幼儿归纳推理发展的研究十分有限，但研究者还是发现了一些关于幼儿归纳推理发展的有趣现象。一般认为，幼儿根据事物之间在知觉上的相似性得出普遍的结论。也有一些研究表明，幼儿通常根据事物的名称进行归纳推理。例如，在一项研究中，先向 4 岁的幼儿呈现一幅画有一条热带鱼的图片，告诉幼儿这条鱼在水底下呼吸，但海豚跳出水面呼吸。然后向幼儿呈现的第二幅图是鲨鱼，鲨鱼在知觉特征上像海豚但名称为一条鱼。实验者问幼儿，鲨鱼是在水下呼吸还是跳到水上呼吸。实验结果显示，幼儿能根据事物的名称进行推论。后来的实验发现在 3 岁幼儿身上也发现了类似的结论。

2. 演绎推理

演绎推理是从一般到特殊的推理。三段论推理是一种典型的演绎推理，是从两个前提推论出一个符合逻辑结论的推理。近来的研究显示，有合适的例子表明幼儿也能进行三段论推理。三段论推理要求从前提出发推出结论，举例如下：

所有的猫都会叫。
Rex 是只猫。
Rex 会叫吗?

当然,答案是“是的,Rex 会叫”。因为这是从两个前提出发能够得出的唯一结论。值得注意的是,在本例中,结论实际上可能与幼儿对现实世界的认识并不一致。例如,可能 Rex 是一只有病的猫，碰巧它不会叫。因此，如果要真实评定幼儿从前提出发推论出结论的能力，当以他们的一般知识为基础而不能猜出正确答案时，给他们看一些例子是必要的。即推理所处的背景对幼儿来说应该是可感知的，这一点相当重要。例如，当实验者呈现这个和其他三段论时，他们向幼儿解释说，他们应假设自己在另一个星球上，这里的事物和地球上是不同的。实验者用一种特殊的音调来说出前提，音调使人相信推理的环境。在这种情形下，4 ～ 5 岁的幼儿能够解决三段论问题。

乌利彦柯娃认为，幼儿演绎推理的发展大致要经过五个阶段：第一阶段，幼儿还不会运用任何一般规则，对于自己的结论不提供任何论据或仅提供一些偶然的论据；第二阶段，幼儿运用了一般规则，并试图论证自己的答案；第三阶段，幼儿运用了一般原理，这种原理已能在某种程度上反映对象的本质特征，但还不能完全作出正确的结论；第四阶段，幼儿不说明一般原则，但能正确解决问题；第五阶段，幼儿能正确解决问题，并对结论进行有效的说明。

五、促进幼儿思维发展的活动设计原则

幼儿的思维发展对于幼儿的发展是十分重要的。促进幼儿思维发展的活动设计应遵循以下几个基本的原则。

1. 了解幼儿的心理需要和发展水平

在被动的情况下，幼儿的思维可能是不活跃的。如果能了解幼儿的需要，就能更好地激发幼儿的学习热情，培养幼儿爱学习的习惯，这对于幼儿的发展是相当重要的。此外，不同的幼儿在思维的发展水平上存在一定的差异，教师要充分注意幼儿的思维水平的差异，设计适合幼儿不同思维水平的活动。

2. 在活动、操作中培养幼儿的思维

幼儿思维的最初表现是动作思维。例如，幼儿为了听到一种新的声音就要用一种玩具去撞击另一种玩具。在 3 岁以前，幼儿的思维都带有直观动作的性质，在这个年龄的幼儿特别渴望用直接动作解决他们面临的问题。在此阶段，可以利用幼儿的这一特点教幼儿学会如何利用工具，如匙子、叉子、剪刀等。幼儿在运用这些工具的同时，也逐渐学会利用工具解决问题。此外，幼儿利用工具，还可以了解周围许多东西的不同性能。例如，利用匙子，幼儿能了解不同液体的特性；利用剪刀，幼儿能了解不同材料的硬度和结实程度。

3. 充分利用语言和非语言方式培养幼儿的思维

幼儿的思维与语言的发展具有密切的关系。为了发展思维，重要的是让幼儿自己找出解决问题的方法。但在解决问题之后，可以要求幼儿说出解决问题的方法。语言可以帮助幼儿表达解决问题的方法，使这种方法能够被幼儿应用到许多类似的情景中。

采用图形、图画等非语言方式也能促进幼儿思维的发展。物体的形象有两个基本特征。一是同一物体可以有不同的形象，让幼儿认识同一个人的不同站立姿势、同一只鸟的不同飞行状态等，都能帮助幼儿认识同一物体的不同形象；二是结构的整体性，这一特征要求幼儿既能将物体的重要特征分离出来，也能将物体的重要特征联系起来。例如，为了顺利建造一辆玩具小车的车库，幼儿应在心中区分该项工程的主要特征，即小车的长度、高度、宽度，然后选择所需要的部件，设想工程的略图等才能顺利完成任务，否则就会犯许多错误。

4. 尊重幼儿的求知欲

在学前期，幼儿通常表现出强烈的求知欲。3～4 岁的幼儿的问题通常是关于新鲜事物、现象及特点的名称问题，如“这是什么”“这是谁”“他在哪里”“叫什么名字”等。接着，求知欲从某些事物的名称、特点转移到各种现象的关系和联系上来。4～5 岁的幼儿不仅对某些物体发生兴趣，而且对利用这些物体的动作、人与物的相互作用、原因和后果也开始发生兴趣，幼儿的问题也由“是什么”变成“为什么”。在幼儿晚期，幼儿开始对周围物体的综合性能发生兴趣。为了让幼儿熟悉不同的实际领域，可以从幼儿熟悉的领域入手，提醒幼儿在思维中特别注意某些新的、他们还不熟悉的现象。例如，问幼儿：“田野里有哪些花？”幼儿回答出一些，然后可以告诉幼儿一些他们不熟悉的花。

5. 尊重幼儿的探索和创造性

尊重幼儿的探索和创造性就是在探索过程和创造过程中不过分强调给幼儿一个唯一正确的标准答案。幼儿的经验多是自己的生活体验，每个幼儿的体验不同、经验不同，因而幼儿的探索活动和创造性活动会不同。过分强调单一的标准会抑制和束缚幼儿思维的发展。因此可以设计一些具有多种答案或方案的问题。例如，在玩沙、玩泥、玩水游戏中，可以让幼儿自己进行探索和创造，也可以对同样的玩具玩出多种形式，赋予它们很多内涵，让幼儿得到更多探索和创造的机会。

6. 在游戏中重视培养幼儿的思维

游戏通常能激发幼儿的兴趣，能够为幼儿的探索、想象和创造提供适当的空间。例如，幼儿的想象力是在游戏中产生的，离开游戏的场合，幼儿的想象力会极端的贫乏，游戏也是幼儿创造性的源泉。丹斯凯（Dansky）发现，那些在测验前进行自由游戏的幼儿比那些没有进行游戏的幼儿表现出更多的发散性思维的特点。

知识回顾

发展是儿童心理成长的核心体现，幼儿的认知发展具体表现为幼儿的感知觉发展、记忆的发展、想象和创造力的发展、思维的发展等。本章分别从七个方面探讨幼儿的身体发展与认知发展。第一节首先探讨了幼儿身体发育的特点，从发育速度、身高、体重、骨骼硬度、大肌肉群和小肌肉群等角度讲述了幼儿的特点；其次探讨了幼儿的动作发展，一是走、跑、跳、平衡等躯体动作的发展，二是双手动作的发展。第二节主要讲述了幼儿的视觉、听觉、运动觉等感觉的发展特点。第三节阐述了幼儿的空间知觉、时间知觉、社会知觉的发展特点及幼儿观察力的发展特点，并介绍了促进幼儿感知觉和观察发展的策略。第四节主要从幼儿记忆的特点、幼儿记忆策略的发展及幼儿元记忆的发展等方面介绍了幼儿记忆的发展特点，并介绍了促进幼儿记忆发展的策略。第五节主要探讨了想象的概述及幼儿想象的发展特点。第六节从创造力的概念、幼儿创造力的发展、创造性幼儿的人格特征、幼儿的艺术能力等方面介绍了幼儿创造力的发展。第七节主要探讨了幼儿思维的发展特点，具体内容包括幼儿思维发展中动作、形象和词语关系的变化，幼儿思维发展的一般规律和特点，幼儿思维发展研究的新进展，幼儿思维具体领域的发展，促进幼儿思维发展的活动设计原则等。

本章的重点是幼儿的动作发展、幼儿感知觉的发展特点及培养策略、幼儿记忆的发展特点及培养策略、幼儿创造力的特点、幼儿思维的发展特点及促进发展的活动设计原则，难点是幼儿元记忆的发展、幼儿思维发展研究的新进展。

活动体验

1. 准备一份提纲，向幼儿家长介绍幼儿的身体发育知识。

2．到幼儿园选取一位小朋友，观察他的走、跑、跳动作，并用文字详细记录下来，回学校对照书本讲述，比较有何异同。

3．假设你是一位幼儿园园长助理，接到家长来信，家长迫切要求幼儿园开设书法课，并延长书法练习时间，你会怎么处理这封来信？

4．选择一所幼儿园，分别观察小班、中班、大班儿童感觉的发展，记录下来，并与同学交流，分析儿童感觉的发展特点。

5．进一步查阅资料，总结培养幼儿观察能力的措施，并就此撰写一篇论文。

6．假如你是一名幼儿教师，请根据幼儿的记忆特点编制训练幼儿记忆力的教案。

7．利用见习机会，观摩一堂大班的科学课或语言课，总结教师是如何提高幼儿的思维能力的。

8．收集幼儿的美术作品，分析作品并看一看幼儿的创造力发展如何。

9．请具体描述幼儿的知觉发展特点。

10．将本章“幼儿思维的发展”一节制作成 PPT，演示给同学们看。

11．到实际生活中收集五则实例佐证幼儿记忆的特点。

12．将本章内容制作成一张图表，便于记忆。

13．采访周围五名同学，请他们谈谈如何培养幼儿的创造力，将同学们的发言整理归纳并罗列出来。

第七章 Chapter 7

幼儿语言的发展

本章导读

我们似乎都看过或经历过这样的事情：孩子到了1岁，父母们急切地盼望他开口说话；不少父母眼看着自己的孩子1岁半了，除了叫爸爸妈妈其他还不会叫出来，或者无论如何逗他就是不开口，面对这种状况十分着急，甚至怀疑孩子有什么缺陷；孩子3岁了，刚刚能把话说全，父母却觉得孩子吐字不清、说话含糊，因此又很着急，便到处咨询或训斥孩子……

儿童语言能力的发展和其他能力的发展一样，是随着年龄的增长而发生变化的，表现出一定的年龄特征。父母或其他教育者必须了解或掌握这一特征，从而为幼儿提供适宜的语言学习环境，真正做到因材施教。

言语是个体借助语言传递信息的过程。儿童并非生而具有言语能力，言语的获得是学习的结果。

幼儿期是语言不断丰富的时期，随着幼儿游戏、学习、劳动等活动的进一步复杂，儿童与成人交际范围的日益扩大，幼儿的言语能力也逐渐发展起来。

幼儿期是口头语言发展的关键期。儿童在3岁时已掌握了本民族的基本语音，到幼儿末期则基本上掌握了本民族的口头语言。

幼儿言语的发展主要表现在语音、词汇、语法、口语表达能力及言语技能的发展等方面。

目标透视

1. 掌握幼儿语音的发展特点。
2. 领悟幼儿词汇的发展特点。
3. 能举例说明幼儿语法的发展特点。
4. 掌握幼儿言语表达能力的发展特点。
5. 掌握幼儿口语的培养策略。

第一节　幼儿语音的发展

一、语音发展的顺序

各民族儿童语音的发展有共同的普遍规律。全世界共有2500多种语言，其中各种语言还有不同的方言，但是各种语音的发展都服从一定的普遍规律。

儿童并不是先学会差别较大的发音，然后向差别较小的发音发展的，而是由中等程度差别的发音向两端发展的。例如，先发a和e之间的发音，然后发a和e。换句话说，成对的音是由中间音发展起来的，新的发音包含着原有的成分或萌芽，新的发音是原有发音的分化或分支。因此，教孩子发音时，不必急于要求他很快就能够准确地发出某个音，在开始的一段时间，孩子发音不准确是正常现象。

1. 语音发展的扩展和收缩趋势

儿童学习语音的过程先后有两种不同的趋势，起初是扩展的趋势。婴儿从不会发出音节清晰的语音到能够学会越来越多的语音，是处于语音扩展的阶段。3～4岁的儿童，无论学习世界哪种民族的语言都相当容易学会，但是，在此以后，学习语音的趋势逐渐收缩。儿童掌握母语（包括方言）的语音后，发音习惯已经稳定，即局限于掌握本民族或本地的语音，再学习新的语音时会发生一定的困难。例如，有的方言只发 en 音，孩子学习普通话时，常把 eng 读成 en，对其他韵母的发音也有困难，年龄越大，学习第二语言的语音越受第一语言语音的干扰，常常带有口音。因此，幼儿园小班应该特别重视发音练习，中大班要随时纠正幼儿不正确的发音及推广普通话的教学。从小接触多种语言或方言的孩子，以后学习语音的能力较强，发音的准确性也更强。

2. 元音和辅音的发展顺序

据研究，儿童语言的发展是元音和辅音同时出现，而并不是先元音后辅音。婴儿出生后的第一声既有元音也有辅音，头 3 个月内既能发元音，也能发辅音。

不但元音和辅音出现的时间相同，元音和辅音的成熟时间也大致相同，元音和辅音的发展都在 1 岁半时基本成熟。

不同的元音和辅音发展也有先后。例如，在元音中，口型越开越易发，口型越合越难发，其顺序是开口音 a—半开口音 e—合口音的齐齿音 i—圆口音 u—口型变化最大的撮口音 y。

二、我国幼儿语音发展的基本趋势

近年来，我国心理学工作者对幼儿阶段的发音情况进行了系统的探索，得出了我国幼儿语音发展的基本趋势。

(1) 儿童发音的正确率与儿童年龄的增长成正比，错误率与年龄增长成反比。3 ～ 6 岁的幼儿发音发展的正确率见表 7-1。

表7-1　3～6岁幼儿发音发展的正确率

语音	正确率 /% 年龄 / 岁 所在地区	3	4	5	6
声 母	城市	66	97	96	97
	乡村	59	74	75	74
韵 母	城市	66	100	99	97
	乡村	67	85	87	95

(2) 儿童对于声母、韵母、的发育是随着年龄的增加而逐步提高的。3 ～ 6 岁的幼儿声母、韵母发音的正确率见表 7-2。

表7-2　3～6岁幼儿声、韵母发音的正确率

年龄 / 岁	儿童数 / 人	发音全部正确的儿童数 / 人	正确率 /%
3	1 203	122	10.1
4	1 400	448	32.0
5	1 450	830	57.7
6	1 447	1 002	69.2

随着儿童发音器官的日渐成熟及语音意识的增强，发音水平在整个幼儿期是逐步提高的，相比之下，幼儿韵母发音的正确率高于声母，部分3岁儿童声母发音的错误主要集中在zh、ch、sh、z、x、s、n、l等辅音上。研究者认为，幼儿发辅音时错误多，这是因为辅音发音主要靠唇、齿、舌等器官的细微运动，而3岁幼儿在生理上还不够成熟，支配发音器官的能力差，不善于控制发音部位，不熟练发音方法。

（3）社会语言环境、家庭教育对幼儿语音的发展有重要影响。研究表明，幼儿虽然具备了正确发音的能力，但当地的语言习惯对幼儿正确发音有相当大的影响。例如，南方儿童在学习普通话时对“en”和“eng”等有无鼻音的韵母就较难区分，这和成人在学习外语或其他方言时带乡土口音的情况是类似的，因此，必须注意学前儿童的正确发音。

以上研究充分说明，儿童的语言发展与发育器官的成熟程度有着十分密切的关系，同时，不同教育条件下的儿童，在语言发展上会存在着较大的差异。

知识之窗

0～3岁幼儿的言语发展

3岁前幼儿言语的发展是一个连续的、有次序的、有规律的过程，是不断由量变到质变的过程，因而既有连续性，又有规律性。根据实际的发展，它可分为六个阶段。

(1) 出生至3个月——简单发音阶段。

(2) 4～8个月——连续音节阶段。

(3) 9～12个月——学话萌芽阶段。

(4) 12～18个月——正式开始学话、单词阶段。

(5) 18个月～2岁——简单句阶段，掌握最初步的言语阶段。

(6) 2～3岁——复合句子的发展，掌握最基本的言语阶段。

3岁前幼儿言语发展的这六个阶段可以归纳为两大阶段：1岁前的三个阶段可以称为言语发展的准备阶段；1岁以后，从开始掌握词起到3岁，可以称为初步掌握言语阶段。

第二节　幼儿词汇的发展

词汇的发展是言语发展的重要标志，幼儿词汇的发展主要表现在词汇量、词类及词义三个方面。

一、词汇数量的增加

幼儿词汇量随着年龄增长而增加。1 岁左右时，孩子才开始说出词，而且孩子最初说出的词数量极少；到入学时，孩子已能掌握基本的口语词汇，即他的词汇已足以保证他用口语和别人沟通。

3 ～ 6 岁是人一生中词汇量增加最快的时期，几乎是每年增长 1 倍，呈直线上升趋势。据国内外的一些研究报导，3 岁幼儿的词汇达到 1 000 ～ 1 100 个，4 岁为 1 600 ～ 2 000 个，5 岁增至 2 200 ～ 3 000 个，6 岁则达到 3 000 ～ 4 000 个。

二、词类范围的扩大

在语法上，词可分为实词和虚词两大类。实词是指意义比较具体的词，它包括名词、动词、形容词、数量词、代词、副词等；虚词是意义比较抽象，不能单独作为句子成分的词，包括连词、介词、助词、语气词等。

1. 幼儿对各类词的掌握

幼儿一般先掌握实词，然后掌握虚词。实词中最先掌握的是名词，其次是动词、形容词、副词，最后是数量词。幼儿也能逐渐掌握一些虚词，如介词、连词，但这些词在幼儿词汇中所占的比例很小。在幼儿的词汇中，最初名词占主要地位，但随着年龄的增长，名词在词汇总量中所占的比例逐渐减少，4 岁以后，动词的比例开始超过名词。

幼儿词类的扩大还表现在词汇内容的变化上。儿童最初掌握的词基本是和饮食起居等日常生活活动密切相关的词，以后逐渐积累了一些与日常生活距离稍远的词，甚至开始掌握与社会现象有关的词。

此外，词汇的性质也有所变化。最初，幼儿掌握的主要是一些具体的词汇，后来逐渐掌握一些抽象性和概括性比较高的词。例如，以前只会说“桌子”“椅子”等，后来就掌握了“家具”一词；起初只会说“香蕉”“橘子”等，后来就能说出“水果”。

2. 幼儿使用各类词的频率特点

（1）幼儿使用频率最高的词是代词。原因有三个：一是幼儿说话多是在具体环境下对着具体人进行的，有使用代词的良好条件，幼儿的句子中常常只用代词，不用名词，如“他打我”；二是幼儿常常不会说出事物的确切名称，因此用代词而不是名词，如“这个”“那个”“那里”等；三是幼儿的思维常常是围绕自己展开的，据研究，幼儿约有1/3的句子用了“我”字。

（2）幼儿使用名词的频率较高。幼儿词汇中名词的数量很多，因而幼儿使用名词的频率较高。不过，即使在名词中也有不同的情况，幼儿使用代表他能够直接接触的人和物的名词较多，如亲近的人的名称、生活中常用的物品（鞋、袜子等）；对于代表不直接接触的物体名称的词（如炉子、窗户等），幼儿使用较少；对于代表他感兴趣的东西的名词（如汽车、布娃娃等），幼儿使用也比较多；而对于代表不动的东西的名词使用较少。

（3）使用动词的频率多于名词。幼儿使用动词的频率很高，这是因为：一是幼儿常常把动词作名词用，如把牙刷说成是“刷牙的”，把“碗”说成是“吃饭的那个”；二是幼儿使用的句子较短，句子一般都有动词，而动词后面只出现一个名词，有时这个名词还被代替了；三是幼儿说话往往不完整，只说出动作或状态，只用动词而不用名词，如“坏了”。

三、词义逐渐准确和加深

与婴儿相比，幼儿言语中词的概括性增强，外延扩大或缩小等现象减少。例如，到幼儿末期，儿童已经掌握了一些初级种属关系的概念，理解了“动物”、“水果”等词汇。

但由于知识经验及思维水平的限制，幼儿对有些较模糊、抽象的词的解释还不准确、不确切，常常出现词语错用的现象。具体表现如下：

1. 对词的理解具体化

幼儿对词的理解是非常具体的，他们更多地理解具体名词和动词。在名词中，与儿童自己操作关系最大的词最易掌握，如鞋、袜等就比毛衣、短裤等易掌握，这是因为孩子自己穿鞋子、袜子。例如，一个3岁幼儿学会背诵古诗《悯农》，他懂得了“粒粒皆辛苦”。有一天，他看见妈妈把坏了的米饭倒掉，他拉拉妈妈的衣角，睁着惊奇的眼睛问：“妈妈，你倒掉了多少‘辛苦’呀？”幼儿还常常用具体的表达方式来代替一些抽象的词。例如，教师教过幼儿描述有关形状的词，可是，当教师问“香蕉是什么样的”时，幼儿回答“弯样的”。幼儿还会把“一辆自行车”说成“一骑自行车”。把“凹”“凸”分别说成“瘪进去的”“高出来的”。

2. 词义理解过宽或过窄

幼儿对词义的理解不确切，常把词的含义理解得过宽或过窄。理解过宽的如把“破烂”说成“坏”“短”说成“小”“矮”说成“短”“粗”说成“胖”；理解过窄的如“珍贵”只是指“熊猫”。某个幼儿一天早上起床时自己穿好衣服，妈妈看见了很高兴，夸奖他说：“真不简单！会自己穿衣服了。”但是出乎妈妈的意料之外，孩子大哭起来，他喊道：“我简单！我简单吗？”这是孩子对“不简单”这个词作了笼统的理解，他并不理解“简单”的含义，加之妈妈常常批评他“不听话”等，他以为凡是带“不”字的都是不好的事。

3．造　词

3～5岁幼儿常常自己造词，出现“造词现象”。例如，一个3岁半的孩子说：“电话这里有条子（指电线）。”一个4岁孩子说：“他在讲话，讲地下的话（低着头讲话）。”又有的幼儿把一条裤子叫“一双裤子”。这是儿童词汇贫乏、词义掌握不确切时出现的一时现象。例如，幼儿能够通过视觉区别大红和粉红，但不能掌握粉红这个词，便把它说成“小红”，或把灰色说成“小黑”，当幼儿确切掌握了有关的词义后，就不会出现这种错误了。

4．混淆词义

由于对词义理解不确切，幼儿常常把不同的词义混淆。例如，妈妈说：“刚才碰见爷爷了。”幼儿即问：“你刚才和爷爷就这样‘咚’地碰上了吗？”他还猛地撞到妈妈身上，用动作表示对“碰”的理解。

随着幼儿年龄的增长，对词义的理解也逐渐确切和加深，但是，幼儿对具体名词的理解基本上难以达到确切的概念水平。

随着对词义理解的确切和加深，幼儿不仅能够掌握词的一种意义，而且能够掌握词的多种意义；不仅能够掌握词的表面意义，而且能够掌握其转义。

幼儿掌握词义越丰富和深刻，他运用该词的积极性也就越高，这时，词可以从被动（消极）词汇转为主动（积极）词汇，既能被理解，也能被正确使用。

第三节　幼儿语法的发展

一、从简单句发展到复合句

已有的研究表明，进入幼儿期后复合句的比例逐渐增加。

知识之窗

简单句和复合句的定义

简单句：句法结构完整的简单句子。

复合句：由两个或两个以上意思关联比较密切的单句组成的句子。

学前儿童简单句和复合句使用的比例见表7-3。

表7-3 学前儿童简单句和复合句使用的比例

年龄 \ 材料来源 / 句型	华东师范大学		西南师范学院	
	简单句	复合句	简单句	复合句
2 岁半	90	10	96.2	3.8
3 岁	87	17		
3 岁半	78.5	21.5		
4 岁	77	23	88.5	11.5
5 岁	60	40	87.6	12.3
6 岁			80.9	19.1

幼儿复合句具有以下特点。

(1) 数量较少，比例不大。幼儿初期，复合句使用的比例相当小。复合句的比例虽然随年龄的增长而增长，但即使到了幼儿晚期仍然在 50% 以下。

(2) 结构松散。缺乏连词，只是简单句意义上的结合，如“妈妈上班，我上幼儿园”。

(3) 联合复句出现较早。复合句包括联合复句和偏正复句两大类，幼儿比较容易掌握联合复句。

(4) 并列复句比例较大。幼儿使用的联合复句主要是并列复句。这种句子反映两个简单句的并列关系，常常用“还”“也”“又”等连接词，并列复句在联合复句中占绝大多数。

幼儿并列复句的模式大致相同，一般显得单调、累赘，如“耳朵上面也是毛，尾巴上面也是毛，腿上也是毛”。

(5) 偏正复句出现较晚。偏正复句反映比较复杂的逻辑关系，幼儿较难掌握。幼儿常用的偏正复句有条件复句、因果复句、转折复句等。

二、从陈述句发展到多种形式的句子

在整个幼儿期，简单的陈述句仍然是基本的句型，还有疑问句、祈使句及感叹句等，而对某些比较复杂的句子形式尚不能完全理解。例如，对双重否定句：“那个盒里没有一个娃娃不是站着的”就不易理解；对被动句也常出现理解错误，如“小狗被大狗推着走”中的“被推”被误认为“你推我，我推你”或“来回推”等。

各年龄儿童陈述句和非陈述句的比例见表 7-4。

表7-4 各年龄儿童陈述句和非陈述句的比例

年龄 / 岁 \ 比例 /% \ 句型	陈述句	疑问句	祈使句	感叹句
3 ～ 3.5	70.8	8.38	11.55	9.32
3 ～ 4	72.17	10.38	9.71	7.72
4 ～ 5	66.45	12.66	10.34	9.89
5 ～ 6	65.09	13.42	13.85	7.61

三、从无修饰句到修饰句

儿童最初的简单句是无修饰句，如“宝宝画画”“汽车走了”。2～3 岁儿童的寓言中有时会出现一些修饰的形式，如“大灰狼”“小白兔”。但实际上他们把修饰句和被修饰词作为一个词组来用，在他们心目中“大灰狼”就是“狼”，不论是大狼还是小狼，他可以说：“这是一只小的大灰狼。”

2 岁半的儿童已经开始出现一定数量的简单修饰语，如“两个娃娃玩积木”；3 岁开始出现复杂修饰语，如“我玩的积木”。2 岁儿童运用修饰语仅占 20%，6 岁时达到 90% 以上。3～3.5 岁是复杂修饰语句的数量增长最快的年龄，到 4 岁时，有修饰的语句开始占优势。

幼儿的复杂修饰语中主要使用含有“的”这个词的修饰语（定语），如“猴子有两只明亮的眼睛”。

状语也是幼儿的主要修饰语，不同年龄幼儿使用不同类别的状语。3 岁幼儿较多使用行动状语，如“他们蹦蹦跳跳地玩”。4 岁幼儿还使用一些地点状语，如“我在公园看见了猴子”。5 岁幼儿除了使用行动状语和地点状语外，还出现了一定数量的时间状语，如“老师昨天带我们去动物园看猴子了”。

补语在 3 岁幼儿的句子中很少出现，4 岁和 5 岁幼儿使用也较少，在 6 岁幼儿的句子中则比较普遍地出现，如“他们吃得饱饱的”“猴子眼睛转得很快”等。

四、从不完整句到完整句

儿童最初的句子不仅简单，而且不完整，句子成分常有缺漏。例如，说“老师出去”，实际上应说“老师我要出去”。以后随着年龄的增长，句子发展逐步完整。华东师范大学的研究表明：2 岁儿童的简单句中完整句占 64%，到 6 岁时已接近 99%。儿童最初的复合句大多为不完整句。例如，儿童说“没有了，洗掉了”，“哭了，眼睛要坏掉了”，都漏了主语及关联词，以致使句子意义不明确。到 6 岁时，儿童的句子一般就已经较为完整。

第四节　幼儿言语表达能力的发展

随着词汇的丰富和对语法结构的逐渐掌握，幼儿的口语表达能力也逐步发展起来。

一、口语表达能力的发展

1. 从外部言语到内部言语

幼儿口语表达能力的发展体现了一个从外到内的过程，即从对话言语发展到独白言语，后又从独白言语经过渡言语产生内部言语。

讲述能力的发展是幼儿独白言语能力发展的重要体现。华东师范大学武进之等人利用看图说话研究了幼儿口语表达能力的特点及发展趋势。研究表明：随着年龄的增加，幼儿讲述图画所表达的故事基本内容的量逐渐增加；看图说话中，幼儿语法结构发展的趋势与自发语言一致，但由于图画内容对幼儿语言的限制，使幼儿在各年龄阶段上对各种句子结构的使用率稍稍落后于自发言语的水平；幼儿看图说话的主动性有一个发展的过程。2 ～ 2.5 岁的幼儿只能对主试提出的问题作简单的回答，不会作主动叙述，3 岁的幼儿开始出现部分的主动叙述，4 岁能主动叙述的已达到 78%，6 岁幼儿能全部主动叙述。幼儿的复述能力（幼儿在看图说话后能不再看图而讲述故事的内容）也在逐渐发展。3 岁前的幼儿不会复述，4 岁以后大多数幼儿才会复述。

4 岁左右，幼儿开始出现过渡言语。过渡言语的进一步发展便产生了内部言语。内部言语与思维联系密切，主要执行自觉分析、综合和自我调节的机能，同人的意识的产生有着直接的联系。

2. 从情景性言语到连贯性言语的发展

情景性言语往往与特定的场景相关，说话者事先不会有意识地进行计划，往往想到什么就说什么。3 岁以前的幼儿说话常常是情景性的，表现为说话断断续续，缺乏连贯性、条理性和逻辑性。到了 6 ～ 7 岁时，幼儿才能比较连贯地进行叙述，但叙述能力的发展还不完善。言语连贯性的发展往往是思维逻辑性的一个重要标志。幼儿口语表达的逻辑性较差，表明其抽象逻辑思维的发展状况较低。

二、言语表达技能的发展

要想成为一名出色的沟通者，既能打动听众，又能从对方那里获得有效的信息，就必须掌握一定的语用技能。语用技能是指个人根据交谈双方的语言意图和所处的语言环境有效地使用语言工具达到沟通目的的一系列技能，主要包括说话和听话两个方面的技能。

1. 说话技能的发展

幼儿在前言语阶段，就已经能用手势进行交流。到了 2 岁末，幼儿的沟通技能已达到了相当的水平。国外有研究表明，2 岁幼儿对有效沟通的情境已十分敏感。在简单的情境中，他们多使用较短的言语表达，在复杂情境中却增加了沟通活动。这一时期的幼儿对同伴的反馈易于作出积极反应。例如，当传达者未接收到听者的反馈信息时，有 54% 的人以某种形式重复了自己说过的话；而在接收到正确反馈信息后又重复的只有3%。4岁的幼儿已初步学会了根据听者的情况确定言语的内容和形式。夏兹（Shatz）和格儿曼（Gelman）发现，当4岁幼儿分别向2岁幼儿和成人介绍一种新玩具时，所用语言的长度、结构和语态都是不同的。对于2岁幼儿，他们话语简短，多用引起和维持对方注意的语词，如“注意”“看着”，谈话时也显得自信、大胆。对于成人，则话语较长，结构复杂，也更为礼貌和谨慎。5岁以后的幼儿已经能根据事物所处的具体情境而调节自己的言语。华红琴曾对5～7岁幼儿的语用技能作过调查，发现同一块黄色圆形积木，5～6岁的幼儿能根据其背景而改变对它的称呼，但还不够完善；7岁幼儿在比较复杂的条件下能对自己的表达方式进行调节，有时称这块积木为黄积木，有时称之为圆积木，有时称之为黄的圆积木，甚至大的黄色圆积木。

2. 听话技能的发展

幼儿在幼儿期所获得的听话技能是十分有限的，他们对话语中讽刺意图的理解力，以及对诚实话和讽刺话、侮辱性话语的辨别能力相当迟才会出现。这表现在他们常把成人的反话当作正面话理解。例如，幼儿擅自过马路时，妈妈说“你再往前走走看”，他就真的往前走，并没意识到此种情形中他是不应该再往前走的。4岁幼儿对听者困惑的眼光或“我不懂”等形式的反馈不像7岁时那样敏感。尽管如此，幼儿还是具备了一定的听话能力。有人发现，4～4.5岁的幼儿，即使在说话者话语的字面意义提供线索很少的情况下，也能推测出说话者的意图。例如，在一张纸上呈现一个空心圆圈，另有红、蓝两张纸，告诉幼儿不要将圆圈填成红的，4.5岁的幼儿已能领会要求他们将圆圈填成蓝色的。

3. 元沟通技能的发展

在交际的过程中，幼儿是否知道何时他们自己的讲话内容是清晰的，以及何时他人给他们的信息是模糊和不适当的，这涉及元沟通技能，即幼儿对自己沟通技能的认识。元沟通技能发展得比较晚，年幼的幼儿尚不能觉知别人所传达的消息。马克曼（Markman）在实验中教给小学一、三年级儿童一个游戏，把关键性的信息省略。一年级儿童对此重要缺漏无所察觉而是急于开始游戏，而三年级儿童较快地发觉信息的缺漏。元沟通技能会随着儿童年龄的增长而逐步得到提高。

第五节　幼儿口语的培养

著名的意大利儿童教育家蒙特梭利（Montessori）认为：一个人的智力发展和他形成概念的方法，在很大程度上取决于他的语言能力。

语言是人们表达思想、交流感情的工具。幼儿期是语言发展的关键和最佳时期，在此时期如果能给孩子以正确的教育，就会给他们以后的语言发展奠定良好的基础。

然而培养幼儿语言能力，并非是一件容易的事，它要求我们付出辛勤的劳动。但在孩子发展语言的黄金阶段，教师应该想方设法诱导孩子想说、敢说、会说，充分培养幼儿的语言表达能力。

一、利用直观形象的教具，激发幼儿想说的愿望

“科学始于好奇”，幼儿天生的好奇心是教师对幼儿进行教育的基础。用直观、形象的动植物标本、玩具、头饰，能引起幼儿观察的兴趣，满足他们的好奇心，促使他们较容易地把自己看到的现象表达出来。也可依据幼儿喜欢被表扬，喜欢小礼物、小奖品的心理特点，制作精美漂亮的小奖品，用鼓励的办法让幼儿产生说的欲望。例如，一位幼儿教师在课堂上，针对不同的教学内容准备了不同的教具和小奖品。又如，在认识“家禽家畜”时，让幼儿先观察动物标本，当形象逼真的鸡、鸭、鹅、兔等出现在幼儿面前时，幼儿尽显出了一种本能的喜欢小动物的情感，观察时注意力格外集中。在引导幼儿观察以后，便要求幼儿按观察的顺序有步骤地讲述各动物的特征，他们很快地讲出了小动物的长相，如“身穿白衣裳，头戴大红冠”“扁扁嘴巴，会游水，会捉鱼”，发言很活跃，连很难理解的鸭子脚上有“蹼”也在对比中讲得很准确。针对教学内容，教师还制作了许多的小鱼、小鸟、小青蛙的纸偶。在进行讲述时，谁答对了小动物的特征，教师就奖励他一个同样的小动物。这样就大大激发了孩子的表现欲望。

二、创建宽松的环境，提供幼儿敢说的机会

在集体中，总有个别孩子性格内向，上课不举手，不敢回答问题，更不要说在活动中展示自己。因此，在教学、生活中，要多为孩子创建宽松和谐的环境，提供展现自我的机会，来逐步消除幼儿独立表现的恐惧，让幼儿试着说，增强幼儿大胆表现的欲望，使孩子敢说。首先，在平时生活中，在课间多与不爱说话的孩子交谈，促使孩子说。可以问“你家里有什么人？”“爸爸在哪儿上班，妈妈呢？”“早上谁送你来的？”“你回家最喜欢干什么？”等问题。或者让孩子讲他听过的故事、事情或者新闻。同时教师要积极地引导与鼓励。其次，为幼儿提供展示自我的机会，经常地组织才艺展示。对于胆小的孩子说，面对集体的关注要有一个适应的过程。直接面对集体，会使孩子产生极大的压力，有可能刺激孩子由最初的胆怯转为惧怕。能在生人或众人面前大胆讲话，是他们成长过程中的一个飞跃。所以，在游戏活动中，教师要多设计一些合作性游戏，在合作中促使孩子积极参与。多关注孩子的一举一动，对进步的地方及时表扬鼓励。用信任的目光看着孩子，用亲切的歌声与孩子交流，用温暖的手握住孩子，他们就会多一份胆量。渐渐地，孩子变得勇敢、自信，敢于说话，敢于展示自我，从而发展幼儿的语言，培养幼儿的语言表达能力。

三、抓住契机，培养幼儿会说的能力

在孩子乐于说、敢于说的基础上教师就要引导孩子说好话，也就是把要说的话讲清楚、讲完整，讲得生动、贴切些。例如，秋天里带幼儿散步时，让幼儿观察各种树木、花的变化。幼儿在寻找过程中发现好多树变了样，“石榴树的叶子黄了，像一把金色的小扇子”“有树叶落下来像小船”“松树针叶很绿，看上去像一顶尖尖的帽子”，幼儿在观察、议论、想象中及时地用语言表达出来，发展了口语表达能力。例如，一位幼儿教师讲“怎样溶化得快一些”，她先让幼儿把一些能溶化的物质如糖、盐和一些不能溶化的物质如沙子、石子同时放在一盆水中，先用筷子搅一搅，然后捞一捞，观察并说出哪些东西不见了及其原因；再用几种不同的方法实验，让幼儿说出实验的方法、步骤，以及同种物体在不同条件下的变化过程。这样持之以恒，孩子的语言慢慢地就会干净利落、完整顺畅了，思维能力也相应地得到了发展。

幼儿的语言能力是在运用中发展起来的，单纯的集体语言教学活动是远远不能满足幼儿语言发展的，因此，要想方设法地激发他们说话的兴趣，为他们创造说话的环境，使他们敢说、想说、喜爱说、有机会说，要给他们自由表达的机会。这样才能使幼儿逐渐积累一定数量的积极词汇，拓宽幼儿的思路，培养幼儿能动性的思维能力。

知识回顾

语言是人类沟通的工具，是人类交流信息的重要载体。幼儿期是学习语言的关键时期，因此我们必须重视幼儿口语表达能力的培养，把握幼儿语言发展与运用的有利时机。本章从五个方面探讨了幼儿言语的发展。第一节探讨了幼儿语音的发展：幼儿对于声母、韵母发音的掌握，是随着幼儿年龄的增长逐步提高的。第二节探讨了幼儿词汇的发展特点：词汇数量不断增加，词汇的内容不断丰富，词类的范围不断扩大，积极词汇不断增加。第三节探讨了幼儿语法的发展特点：从简单句到复合句、从陈述性句子到多种形式的句子、从无修饰句到修饰句、从不完整句到完整句。第四节探讨了幼儿言语表达能力的发展：从外部言语到内部言语、从情境性言语逐渐过渡到连贯性言语，并介绍了幼儿言语表达技能的发展特点。第五节探讨了幼儿口语的培养方法。

本章的重点是幼儿语法的发展特点、幼儿言语表达能力的发展、幼儿口语的培养方法，难点是幼儿言语表达能力的发展。

活动体验

1. 从小班、中班和大班三个年龄组各选取两名幼儿，请他们围绕“我最喜欢的一个人”发言，并进行录音，运用本章所学内容，分析他们言语的发展情况。

2. 采访两位学前专家，请他们谈谈如何培养幼儿的言语表达能力，并将专家的访问整理成文字。

3. 到幼儿园听一堂课，记录教师单边授课及与幼儿互动的情形，评价该教师在培养幼儿口语方面做得如何。

4. 现在有很多幼儿园开设外语课，教授幼儿外语口语，一些专家不太赞成幼儿过早地接触外语，你对此有何看法，并说出理由。

第八章 Chapter 8

幼儿情绪的发展

本章导读

一只蝴蝶落在蒙蒙的手上，她惊奇地睁大眼睛；第一天来园的彤彤，在妈妈要离开时哭得很伤心；父母愤怒的争吵声越来越大，遥遥受到了惊吓；当军军叫豆豆“傻瓜”时，豆豆很愤怒地喊：“不，我不是。”

幼儿每天体验各种各样的情绪。情绪贯穿幼儿的每一种活动中，由各种各样的事情引起，也就是说幼儿周围的人和事引发他们产生情绪。如何很好地表达自己的情绪并理解他人的情绪，是发展社会能力的关键因素。说到这里，你可能会感到疑惑，情绪来自哪里？情绪在幼儿生活中有何作用？成人如何支持幼儿的情绪发展？本章将阐明这些问题。

目标透视

1. 理解情绪的构成要素。
2. 了解情绪在幼儿生活中的作用。
3. 掌握幼儿情绪发展的特点。
4. 掌握成人支持幼儿情绪发展的策略。

第一节 情绪的含义

任何文化中的人都有高兴、悲伤、厌恶、生气、惊奇、友爱和害怕等情绪体验。尽管这些情绪状态是不同的，但它们之间存在着一定的共同之处，即每一种情绪都是由向大脑和中枢神经系统传送信号的内部和外部事件引起的。这些信号起唤醒作用，使机体随心理的变化产生相应的反应。心跳加快、手心变湿、喉咙变干，这些都是情绪的身体表现。情绪通常伴随着可察觉的面部表情、姿势、声音和身体动作的改变。微笑、皱眉、大笑都是表现人的情感的可见信号，这些行为都是情绪的表现方面。对情绪的解释受具体情境、目标和过去经验的影响，判断人们高兴、悲伤、生气或害怕等要考虑这些因素，这就是情绪的认知方面。

1977 年，心理学家伊扎德（Ezard）指出，情绪和情感是由每个人独特的主观体验（认知方面）、外部表现（表现方面）和生理唤醒（身体方面）三个要素所构成的。

一、主观体验

主观体验是个人对不同情绪和情感状态的自我感受，喜、怒、哀、乐等每一种情绪都有不同的主观体验，都代表了人们对特定事物的不同感受，也构成了每个人情绪和情感的心理内容。

当一个人处于某种情绪状态时，当事人都能体验到，而且每个人体验到的情绪内容、性质、强度等都是主观的，而非客观的。正是由于只有当事人才能真切地体验到不同情境引起的不同情绪，局外人虽然能够从当事人的反应（如表情、姿态、行为等）上察言观色，细心揣摩其情绪状态，却不能直接通过具体刺激来推测其情绪。因为外部刺激与情绪反应之间存在着其他中介因素，如感觉、认识、评价等因素，所以标准化的外部刺激所引起的当事人的情绪反应难以标准化。例如，某企业员工因工作成绩突出，意外领到奖金 2 000 元，该员工可能会兴奋不已，但与他有竞争关系的同事，也可能因没有拿到奖金而懊恼，而更多的同事，可能对此并没在意，因而也不会有什么情绪反应。

作为人们的主观体验，一方面，情绪具有不可控制的特点，因此情绪往往“不由自主”地影响人们的心理生活；另一方面，既然情绪是一种主观体验，人们能够通过自主调节来影响这种体验，这也为我们更美好的生活提供了可能和空间。

二、外部表现

人有七情六欲，当人们面临不如意、不顺心的事情时，总会在内心有一种难言或不愿表述的痛苦。这些痛苦不仅在内心有所反映，而且在外部身体姿态、面部表情等方面也有明显表现，如愁眉苦脸、惊恐万状、怒不可遏。同样，当人遇到快乐事件时，内心也会感到喜滋滋的，外表也表现出眉飞色舞、喜气洋洋等。总体上，喜悦、快乐、悲哀、痛苦、愤怒、憎恨、恐惧、惊讶、爱慕等情绪反应，人人都会经历和体验到，都属于人正常的情绪活动过程。

情绪与情感有其外部表现，这种表现主要是指表情。这是在发生情绪情感状态时身体各部分的表情或动作，包括面部表情、姿势表情、语调表情等。

面部表情是以面部肌肉活动为主的一种情绪表达方式，汉语中有许多这一类的词语，如愁眉苦脸、喜形于色、眉飞色舞、眉目传情、横眉冷对等，这些都是指人们在情绪活动状态时的面部表现形式。面部表情具有双向沟通作用：一方面，面部表情是情绪当事人主观的情绪状态；另一方面，面部表情也为他人了解当事人的情绪状态提供了情绪信息，能够通过病人的面部表情了解其内心情绪反应情况。

姿势表情包括身体动作与手势。身体动作是表达情绪的重要方式：高兴时的手舞足蹈、前仰后合、载歌载舞；紧张时的手足无措、坐立不安；惊恐时的双肩紧缩、瑟瑟发抖；愤怒时的咬牙切齿、昂首顿足。手势通常作为一种辅助性语言而使用，往往被用于弥补口头言语表达方面的某些不足，用于表达同意或否定、拒绝或接纳、喜欢或厌恶等思想或情感。有时，手势也可单独用于表达情感、思想、作出指示等，如举手表决、摆手再见、挥手示意、摊开双手表示无奈等。

此外，语调表情也是情绪表达的重要形式之一。例如，爽朗的笑声、痛苦的呻吟都表达了不同的情绪状态。人们在紧张时，声音尖锐而急促；平静时，语音平缓而沉着；悲痛时，语调悲切、深沉而惋惜。

三、生理唤醒

生理唤醒是指伴随情绪与情感发生时的生理反应，它涉及一系列生理活动过程，如神经系统、循环系统、内外分泌系统等活动。任何情绪都伴随着一系列的生理变化，这种生理变化使得我们产生独特的情绪体验。20 世纪 80 年代，艾克曼（Aikman）等研究人员让被试用面部肌肉来表达愉快、发怒、惊奇、恐惧、悲伤或厌恶等情绪，同时给他们一面镜子以辅助他们确定自己面部表情的模式，要求他们把每一种表情保持 10 秒，并对他们的生理反应情况进行测量。结果表明，各种面部表情的生理反应存在明显差异。保持发怒和恐惧的表情时，被试的心率都会加快；保持发怒的表情时，被试的皮肤温度会上升；保持恐惧的表情时，被试的皮肤温度则会下降。另一些研究表明，许多情绪都使人的心率加快：发怒时，被试颈部以下发热，感觉热血沸腾；恐惧时，被试浑身发冷、发凉等。

知识之窗

情绪实验：情绪对身体的影响

美国俄亥俄州立大学研究人员给已婚夫妇的手臂安装上能产生水泡的抽气装置（模拟伤口），并对他们进行测试：当他们被问及曾有不同意见并激烈争吵过的问题时，“伤口”比正常情况下的康复速度慢了40%，这一反应由会引起感染的免疫细胞因子突然增多所致。如果该细胞因子水泡长期偏高就会导致关节炎、糖尿病、心脏病和癌症。那么，究竟哪些情绪对健康有影响，影响有多大呢？有人对此进行了较深入的探索。他们指出，坠入爱河会使人一年内神经生长因子水平处于增高状态，这一类似激素的物质会刺激新的脑细胞生长，有助于神经系统的恢复并增强记忆力。不过，恋爱一年后神经生长因子水平会出现回落。笑声能使人卸去多余的压力，保护血管内壁，从而降低心脏病发作的概率。当人大笑时，需要调动身体内超过400块的肌肉，因而能有效消耗热量。有些研究人员估计，大笑100次相当于划船10分钟和骑自行车15分钟等的有氧运动量。

深入思考

古代阿拉伯学者阿维森纳（Avicenna），曾把一胎所生的两只羊羔置于不同的外界环境中生活：一只小羊羔随羊群在水草地快乐地生活；而在另一只羊羔旁拴了一只狼，它总是看到自己面前那只野兽的威胁，在极度惊恐的状态下，根本吃不下东西，不久就因恐慌而死去。请分析情绪对身体的危害。

第二节　情绪在幼儿心理发展中的作用

情绪在幼儿心理活动中起着非常重要的作用，这由幼儿不同于年长儿童的突出特点所致。幼儿的行为充满情绪色彩，有的人甚至认为，幼儿是“情绪的俘虏”。近年来，人们已经发现，不能只重视研究幼儿的认识发展问题，也应该重视研究幼儿的情绪发展问题。

一、情绪对幼儿心理活动的动机作用

不少心理学家都承认情绪在儿童心理活动中的动机作用，认为情绪不只是心理活动的伴随现象和副现象，情绪在心理活动中的作用是其他心理过程中所不能代替的。它是人的认识和行为的唤起者和组织者。它的这种作用在学前儿童身上更为突出。

在日常生活中，情绪对幼儿心理活动和行为动机的作用非常明显。情绪直接指导着幼儿的行为，愉快的情绪往往使他们愿意学习，不愉快则导致各种消极行为。常常出现这样的情况：6 岁男孩对老师指定的图画内容不感兴趣，他愿意按自己的意愿去画。教师检查时，问他画的树叶在哪里，他说："风都刮跑了。"记得有一次，班上小朋友抓了蜗牛，教师强制他们扔掉，谁也不肯，爱不释手。于是教师用纸折了一座"房子"，让他们把蜗牛放进去，并答应他们吃完饭可以带蜗牛回家。那一天孩子们吃饭特别快。可见，强制会使孩子们产生不良情绪，而适合幼儿需要的措施，则使他们产生良好的情绪从而表现出积极的行动。

二、情绪对幼儿认知发展的作用

情绪和认知是密切联系的，它们之间的相互作用在幼儿心理过程中也有明显的表现。情绪对幼儿的认知活动及其发展起着激发、促进作用或抑制、延缓作用。不少实验研究已证明了情绪对认知的作用。张述祖的研究说明：有美感情调色彩的词比有恶感色彩的词在识记上效果明显，保持效果更显著。武进之的研究说明：情绪态度对幼儿语言发展有重要影响。孟昭兰的研究中证明：情绪状态对婴幼儿的智力操作有不同的影响。愉快强度和操作效果之间的相关为倒"U"形关系，即适中的愉快情绪使智力操作达到最优；惧怕和痛苦的程度与操作效果之间为近似的直线关系，即惧怕和痛苦的程度越大，操作效果就越差；强烈的情绪状态或淡漠无情都不利于幼儿的智力探究活动，兴趣和愉快的交替是智力活动的最佳情绪背景，惧怕和痛苦不利于幼儿智力的发展。

三、情绪对幼儿交往发展的作用

情绪对人类适应环境有重要作用。在人类祖先进化的历史上，情绪曾起着这种作用。例如，啼哭时嘴角下弯的表情，是人类祖先在困难时求援的适应性动作；愤怒时咬牙切齿和鼻孔张大等表情，是人类祖先即将进行搏斗时的适应动作。婴儿最初的情绪表现，也有帮助他适应生存的作用。婴儿必须依靠成人而生存，天生的情绪反应能帮助他呼唤和影响成人，使婴儿得到照顾。例如，新生儿在饥饿或疼痛时会哭叫，温饱、舒适时面部会出现微笑，对恶臭的气味会产生厌恶的表情，对大声震动会出现恐惧反应，并迅速转为大哭。

儿童对环境的适应主要通过交往实现，儿童的情绪在出生后日益社会化，直到幼儿期，情绪仍然是适应环境的工具，即交往工具。

在幼儿期，情绪往往不是单向的表达，而大多数有沟通的对象。例如，两三岁的孩子就知道，爸爸在家的时候不哭，奶奶在的时候哭，“哭给奶奶听”。幼儿常常用表情代替语言来回答成人的问题或用表情辅助自己的语言表达。

另外，幼儿在与父母、同伴和教师的交往中，逐渐体会到必须遵守不同交往情境中的“情绪常模”，有时表现出与其真实情感不同的表情（情绪外壳）。这样，幼儿在多样的交往情境中，逐渐掌握了一些交往的技能技巧，社会交往水平也会不断地提高。

四、情绪对幼儿个性形成的作用

情绪对幼儿身心发展和个性形成意义重大。情绪愉悦的幼儿，身体健康，充满活力，能更冷静、更客观地对待困难和挫折，并寻找方法战胜它们。而情绪低落的幼儿，其前进的动力、决心和胜利的欲望更容易受到压抑和摧毁，这将阻碍他们发展从经验中学习的能力。可以说，积极的情绪虽然不能保证幼儿将来一定胜利，但至少能奠定胜利的基础。

第三节　幼儿情绪的发展

幼儿情绪的发展趋势主要有三个方面：社会化、丰富和深刻化、自我调节化。

一、情绪和情感的社会化

幼儿最初的情绪和情感是与生理需要相联系的，随着幼儿的成长，情绪和情感逐渐与社会性需要相联系，因此，情绪的社会化过程就是情感的发展过程。社会化是情绪和情感发展的一种趋势，具体表现在以下三个方面。

1. 情绪中社会性交往成分不断增加

幼儿情绪中，涉及社会性交往的内容，随着年龄的增长而增加。例如，美国心理学家埃姆斯（Ames）利用两年的时间，对幼儿交往中的微笑进行了系统观察和研究，结果表明：从 1.5～3 岁，非社会性微笑的比例下降，社交性微笑的比例则有所增长。法国心理学家布斯旺（Bbu Swan）类似的研究表明，在同一情况下，8 岁儿童比 4 岁幼儿在看电影时的情感交往次数有所增加；4 岁幼儿看电影时主要同教师交往，而 8 岁儿童主要同邻近儿童交往。

以上两项研究结果一致说明，幼儿的社会性交往情感表现出随年龄的增长而增长的趋势，幼儿与教师的情感交往多于与同伴的情感交往。

2. 情绪反应的社会性动因不断增加

生理需要是否得到满足，是 1 岁以内幼儿情绪反应的主要动因。而 1～3 岁幼儿情绪反应的动因除了与满足生理需要有关的事物外，还有大量与社会需要有关的事物。3～4岁的幼儿，情绪动因处于主要为满足生理需要，向主要为满足社会性需要的过渡阶段。幼儿有要求别人注意、要求和别人交往的需要，如果成人对幼儿不理睬，或者其他幼儿不和他一起玩，这对他来说就成为一种惩罚手段，使他感到烦恼不安，甚至痛苦。同时，随着幼儿年龄的增长，其社会性情感不断发展，逐渐出现了道德感、美感、理智感等高级情感。

3. 表情的社会化

表情是情绪的外部表现。有的表情是生物学性质的本能表现，而幼儿在成长过程中，逐渐掌握了周围人们的表情手段。

面部表情是情绪生理过程的一部分，但它又与社会性认知有密切的联系。掌握社会性面部表情有赖于区别面部表情的能力，而区别面部表情的能力是社会性认知的重要标志。表情所提供的信息对幼儿和成人交往的发展与社会性发展起着特别重要的作用。

研究表明，随着年龄的增长，幼儿解释面部表情和运用表情手段的能力都有所增长。黄煜锋的研究表明，幼儿园小班孩子已能辨认别人的表情，对愤怒表情的识别，则大约在幼儿园中班开始。前苏联的雅可布松（Jacobson）认为，婴儿的特点是毫不保留地表露自己的情绪，以后则根据社会的要求调节真实情绪的表现方式。幼儿从2岁开始已经能够用表情手段去影响别人，并学会在不同场合下用不同的方式表达同样的情感。

二、情绪和情感的丰富和深刻化

从情绪指向的事物来看，其发展趋势是越来越丰富和深刻。

情绪日益丰富有两种含义：一是情绪过程越来越分化，情绪分化主要发生在2岁之前，但在学前期也继续出现一些高级情感，如尊敬、怜惜等；二是情绪指向的事物不断增加，先前不能引起幼儿体验的事物，随着年龄的增长，后来引起了幼儿的情感体验，如亲爱的情感。首先是对父母或其他照顾婴儿的成人，然后是对兄弟姐妹和家中其他成员有了这种情感。进入幼儿园以后，先是对教师，然后对同伴有了亲爱的情感。而这种情感的范围是逐渐扩大的。

情绪的深化是指它指向的事物性质的变化，从指向事物的表面到指向事物更内在的特点。例如，被成人抱起来，较小的孩子感到亲切，较大的孩子会感到害羞；年小幼儿对父母的依恋，主要由于父母满足其基本生活需要，年长的幼儿则已经包括对父母劳动的尊重和爱戴等内容。

三、情绪和情感的自我调节化

随着年龄的增长，婴幼儿对情绪过程的自我调节能力得到加强，主要表现在以下三个方面。

1. 情绪的冲动性逐渐减少

年小的幼儿常常处于激动的情绪状态，这与其生理因素主要是大脑皮质的兴奋容易扩散、皮质对皮下中枢的控制能力发展不足相关。随着幼儿的发育及语言的发展，情绪的冲动性逐渐减少。幼儿对自己情绪的控制，起初是被动的，由于服从成人的要求而控制自己的情感。直到幼儿晚期（5～7岁），幼儿对情绪的自我调节能力才逐渐发展。成人经常不断的教育和要求，以及幼儿的集体活动和集体生活的要求，都有利于他们逐渐养成控制自己情绪的能力，减少冲动性。

2．情绪的稳定性逐渐提高

婴幼儿的情绪非常不稳定，具有情境性、易变性、易受感染的特点。婴幼儿的两种对立情绪，常常在很短的时间内相互转换，随着情境的变化而迅速变化。幼儿晚期情绪较少受一般人的感染，但仍然易受家长和教师的感染。随着年龄的增长，幼儿对情绪和情感的自我调节能力逐步加强，情绪逐渐趋于稳定。

3．情绪从外露到内隐

幼儿初期（3～4岁）的幼儿还不能意识到自己情绪的外部表现，情绪完全外露，丝毫不加掩饰。随着语言和幼儿心理活动随意性的发展，幼儿逐渐能够调节自己的情感及其外部表现。这一阶段的幼儿，从不会调节自己的情绪表现，到开始产生要控制自己的情绪表现的意识，但还不能完全控制自己的情绪表现，因此，情绪仍然是明显的外露。

幼儿晚期（5～7岁）的幼儿调节自己情绪表现的能力已有一定的发展，能较多地调节自己情感的外部表现。学前到学龄期间，幼儿情绪的发展成就惊人，他们的许多情绪技能如控制消极情绪的爆发、表现出不同于真实感受的“表面情绪”或“情绪外壳”，尤其在3～12岁飞速增长，这时儿童在交往中掌握了许多情绪技能，并逐渐形成较为成熟的情绪调节策略。这一阶段儿童的情绪逐渐内隐。

第四节　幼儿高级情感的发展

一、道德感

道德感是由自己或别人的举止行为是否符合社会道德标准而引起的情感。形成道德感是比较复杂的过程。8岁前只有某些道德感的萌芽，8岁后，特别是在幼儿园的集体生活中，随着幼儿对各种行为规范的掌握，道德感也发展起来。

小班幼儿的道德感主要指向个别行为，往往由成人的评价而引起。中班幼儿比较明显地掌握了一些概括化的道德标准，他们可以因为自己在行动中遵守了教师的要求而产生快感。中班幼儿不但关心自己的行为是否符合道德标准，而且开始关心别人的行为是否符合道德标准，由此产生相应的情感。例如，他们看见小朋友违反规则，会产生极大的不满。中班幼儿常常“告状”，这就是由道德感激发起来的一种行为。大班幼儿的道德感进一步发展和复杂化。他们对好与坏、好人和坏人，有鲜明的不同感情。

随着自我意识和人际关系意识的发展，幼儿的自豪感、羞愧感和委屈感、友谊感和同情感及妒忌的情绪等，也都发展起来。

例如，库尔奇茨卡娅用实验对幼儿的羞愧感进行了研究，结果表明，3 岁前幼儿具有接近于羞愧感的比较原始的情绪反应，出现于和陌生成人接近的场合。这种情感主要是窘迫和难为情，是接近无害怕的反应。8 岁前幼儿只是在成人直接指出他们的行为可羞时，才出现羞愧。幼儿期则能对自己的行为感到羞愧，这时的羞愧已经不包含恐惧的成分。随着年龄的增长，羞愧感的表现越来越多地依赖于和别人的交往。

二、美　感

美感是人对事物审美的体验，它是根据一定的美的评价而产生的。幼儿的美的体验，也有一个社会化过程。婴儿从小喜好鲜艳悦目的东西，以及整齐清洁的环境。有的研究表明，新生儿已经倾向于注视端正的人脸，而不喜欢五官零乱颠倒的人脸，他们喜欢有图案的纸板多于纯灰色的纸板。幼儿初期仍然主要对颜色鲜明的东西，新的衣服、鞋袜等产生美感。他们自发地喜欢外貌漂亮的小朋友，而不喜欢形状丑恶的任何事物。在环境和教育的影响下，婴幼儿逐渐形成了审美的标准。他们能够从音乐、舞蹈等艺术活动和美术作品中体验到美，而且对美的评价标准也日渐提高，从而促进了美感的发展。

三、理智感

理智感也是人所特有的情感。这是由是否满足认识的需要而产生的体验，这是人类社会所特有的高级情感。幼儿理智感的发生，在很大程度上取决于环境的影响和成人的培养。适时地提供婴幼儿以恰当的知识，注意发展他们的智力，鼓励和引导他们提问等教育手段，有利于促进幼儿理智感的发展。对一般幼儿来说，3 岁左右这种情感已明显地发展起来，突出表现在幼儿很喜欢提问题，并由于提问和得到满意的回答而感到愉快。6 岁幼儿喜爱进行各种智力游戏或所谓“动脑筋”活动，如下棋、猜谜语等，这些活动能满足他们的求知欲和好奇心，促进理智感的发展。

第五节　支持幼儿情绪的发展

成人必须采取支持的方式帮助幼儿更有效地处理他们的情绪。成人不应该试图去减少或限制幼儿的情感，也不应该试图去改变幼儿在表达情绪状态中的行为，而是应该去接受幼儿的这些情感和行为。成人应牢记以下原则以便能更好地对幼儿的情绪作出反应。

(1) 幼儿的情绪对于他们来说是真实正当的。

(2) 情绪没有正确或错误之分，所有的情感都来源于自然发生的最基本的情绪。

(3) 幼儿不需要成人帮助他们如何去感觉，成人也不能以命令来简单地改变他们的情绪。

(4) 所有的情绪在幼儿的生活中都有作用。

语言是表达情绪的一种令人满意的、更精确的方式。教幼儿处理情绪经验的一种简便方法是，教他们更坦然地说出自己正体验的情绪。

一、和幼儿谈论他们的情绪

首先，让幼儿熟悉用来描述情绪的词汇。例如，“研研生气了”，这时成人定义这一情绪“研研，你看起来生气了”，那么，研研就获得了“生气”这一概念的第一手经验。她不仅知道了所描述的她的这种情绪状态，也有机会去理解与这种情绪相关的内部和情境的线索。

二、感情反应

感情反应是指对幼儿在特定情境中体验的情绪的一种认知，并用特定词语对这些情绪进行命名。

情境：小娅已经爬上了儿童攀爬器具的顶端，她满脸高兴地说：“嗨，大家快来看我。”

成人：“你爬得那么高一定很骄傲。”（或者“在那么高一定感觉很好”，“你做到了，这真是激动人心”）

情境：晨晨嘟囔她在玩游戏活动结束之前必须清洗玩具。

成人：“你希望不必清洗。”（或者“你不想结束你的活动”，“你感到被中断了活动是令人烦恼、令人沮丧的”）

运用感情反应标记幼儿的情绪，能使抽象的内部状态更好地被感知，也能使幼儿感到被倾听和被接受。感情反应能帮助幼儿认识所有的情绪包括高兴的和不高兴的，这些情绪都是生活中不可避免的。

三、帮助幼儿向他人表达自己的情绪

能用词语表达自己情绪的幼儿能使别人更容易知道他们正在体验的情绪，误解很可能减少，获得必要支持的机会就会增多。

(1) 谈每天的事件如何影响你（“多么好的一天啊，看到太阳出来我很高兴。”）；谈论一些会影响人们情绪的事（“午饭没有肉，每个人都会失望的。”）；询问幼儿特别的事发生时他们的感觉如何（“啊，下雨了。谁喜欢下雨，谁不喜欢下雨？”）

(2) 帮助幼儿认识到向别人描述自己情绪是必需的。幼儿经常错误地相信，他们所经历的事情对于身边的每一个人来说都是显而易见的。因此，要向他们解释并非是这样的（“你很失望，因为烨烨没有向她许诺的那样帮助你，但她不知道你是怎样想的，去告诉她，这样她就会知道了。”）。

（3）教给幼儿一些合适的词汇来帮助他们谈论自己的事情。有时幼儿不能口头表达他们的情绪，因为他们缺乏这样的词汇，或者他们想要表达的情绪太多。

（4）通过帮助幼儿发现行为线索使他们意识到别人的事情。幼儿并不是总能意识到其他人的情绪，他们的解释也不完全准确。因此，要给缺少经验的幼儿指出人们情绪表现的特定标记（“文文正在哭，那就意味着她不高兴”），引导大一些的幼儿自己去注意这些情绪线索（“看看明明，告诉我他正在做什么？他现在情绪怎么样？”），如果幼儿没有给出恰当的答案，你就要提供给他们合适的信息。

（5）引导幼儿把注意力放在引发情绪的情境线索上。告诉幼儿引发一种情绪的情境特征是什么（“大龙和壮壮都想要最后一个杯形蛋糕，因此他们决定切开它。现在他们很高兴。当人们能解决一件事情时，他们觉得很好”或“嘟嘟，你为了玩滑梯已经等了很长时间了，现在天就要下雨了，你看上去很失望。”）。

（6）帮助幼儿处理复杂的情绪。首先要倾听幼儿对情境的表达。当幼儿确实有多种情绪交织在一起时，要注意观察幼儿的每一种情绪，告诉幼儿在同一时间产生不同的情绪是正常的，同时要指出幼儿用言语和非言语方式表达情绪的不同之处（“你告诉我一切都很好，但你看上去却很糟。”）。

知识回顾

情绪是个体对外部和内部事物的主观体验，它伴随着一系列复杂的行为变化，包含主观体验、外部表现和生理唤醒。对幼儿来讲，情绪的功能表现在四个方面：对心理活动的动机作用，对认知活动、交往活动、个性形成的促进作用。本章第三节着重对情绪的发展进行了描述，幼儿情绪的发展趋势主要有三个方面：社会化、丰富和深刻化、自我调节化。第四节简要介绍了幼儿的高级情感，即道德感、美感、理智感的发展。第五节重点阐述了成人如何支持幼儿情感发展的一些有效策略。

本章的重点是情绪的含义、幼儿情绪的发展趋势、支持幼儿情感发展的一些有效策略，难点是幼儿高级情感的发展及支持幼儿情感发展的一些有效策略。

活动体验

1. 根据你的童年事例或基于你对孩子们的观察，谈谈情绪在实际生活中是如何发挥作用的。

2. 用 5 分钟的时间写出你可能想到的有关情绪的词和词语。把你的词汇表与你的同学所列的词汇表相对比。

3. 观察一名幼儿，捕捉引起他（她）生气的事件，并记录下当时的情境及孩子的身体反应、外部表现、主观认知。

4. 记录你与孩子相处时的感情反应，至少记录四种反应。记下幼儿做了什么、说了什么话及你的反应。想想你在这种情况下可能作出的两种可供选择的反应。

5. 描述你在运用支持幼儿情绪发展策略时所犯的一个错误。

6. 与两名同学一起到幼儿园，每人分别选取小班、中班和大班中的一个孩子，观察他（她）一天，详细地记录他（她）的情绪反应。回到学校三人讨论，总结幼儿情绪发展的特点。

7. 描述一种幼儿表达他（她）的情绪的情形，讨论你或其他人的反应及幼儿的反应，分析成人的方法是否有效，如果此种方法不是很有效，试给出效果更好的策略。

8. 收集幼儿的美术作品，分析作品并从中看一看幼儿的美感发展程度。

第九章 Chapter 9

幼儿个性的发展

本章导读

个性是指一个人比较稳定的、具有一定倾向性的各种心理特点或品质的独特组合。人与人之间个性的差异主要体现在每个人待人接物的态度和言行举止中，行为表现更能反映一个人真实的个性。个性是一个复杂的、多侧面的、多层次的动力结构，它包括一个人的需要、动机、兴趣等个性倾向性，还包括气质、性格、能力等个性心理特征，此外，个性还包括自我意识。本章就幼儿的自我意识、气质、性格、能力等方面的发展分别加以阐述。

Chapter 1
Chapter 2
Chapter 3
Chapter 4
Chapter 5
Chapter 6
Chapter 7
Chapter 8
Chapter 9
Chapter 10
Chapter 11

目标透视

1. 了解幼儿的自我意识的发生，掌握幼儿自我意识发展的一般趋势。

2. 能够描述幼儿自我概念、自尊、自信心、自我控制与自我调节能力的发展特点。

3. 熟悉气质的类型及特点，了解幼儿气质的发展变化，认识正确对待幼儿气质的意义，培养正确对待幼儿气质的能力。

4. 了解幼儿性格的萌芽，掌握幼儿性格的年龄特点，理解幼儿性格特征的稳定性与变化。

5. 了解幼儿能力的结构，理解幼儿智力与非智力因素的关系，把握幼儿智力结构的发展变化，掌握幼儿的智力发展曲线。

第一节　幼儿的自我意识

一、幼儿自我意识的发生与发展

所谓自我意识，是指人对自己及自己与客观世界关系的一种意识。自我意识是个性形成和发展的前提，是个性发展和成熟的重要标志，是整合、统一个性各个部分的核心力量，也是推动个性发展的内部动因。

自我意识是复杂的认知过程的综合，它依赖于个体的动机和感知、注意和记忆、语言和思维的发展。

1. 幼儿自我意识的发生

从总体上看，幼儿自我意识的发展顺序表现为自我认识—自我命名—自我评价。一般来说，在出生后的第一年，婴儿自我意识的发展主要集中在自我认识方面，即把自身和物体分开，把自己和他人分开，从而产生了主体我。刘易斯（Lewis）与其同事通过镜子、照片和电视机来测试婴儿再认自己能力的发展，以探讨幼儿自我的发生过程。结果表明，婴儿在 9 个月时，就已出现最早的视觉形象上的自我再认。

在 1 ～ 2 岁时，幼儿已开始学会说话，由把自己称为“宝宝”，逐渐学会称自己为“我”，这是自我命名的过程，这是客体我产生的重要标志。

2 ～ 3 岁以后，幼儿开始能把自己与他人进行比较，从而产生简单的自我评价。由于受到认识水平的限制，这时幼儿的自我评价中很大程度上依赖成人的评价，而且具有很强烈的主观情绪性。

时蓉华提出了确定幼儿自我意识形成的四个标准。

（1）幼儿能够区分自己的动作，并意识到动作的目的和动机。

（2）幼儿能够把自己与自己的动作分开，知道自己是动作的主体。

（3）幼儿能够使用自己的名字。

（4）幼儿能够用第一人称“我”来代表自己。

2. 幼儿自我意识发展的一般趋势

随着年龄的增长，幼儿不断地参与社会交往，发展其认知能力，获得社会生活，幼儿的自我系统也不断发展变化，这主要表现在以下四个方面。

（1）自我意识认知的内容从反映外部的、可观察的、具体的、有明确参照系统的自我特点，到反映内部的、不能直接观察的、抽象的、参照系统模糊的自我特点。例如，幼儿最初认识到的是生理自我，然后才逐渐认识行为自我、社会自我，到了青春期，对心理自我的认知才获得充分的发展。

（2）幼儿自我意识的结构为从简单的、分化的到复杂的、整合的自我意识结构系统。

（3）幼儿的自我评价，一方面，从以他人评价为标准发展到独立的自我评价；另一方面，幼儿又不断地脱离自我中心，自我评价的客观性逐渐提高。

（4）从自我意识的功能看，其社会适应性逐渐增强，区分外部自我和内部自我的能力逐渐增强，幼儿逐渐能够比较实际地判断社会交往情景，并根据这些判断而表现复杂的社会自我。

二、幼儿自我概念的发展

自我概念（self-concept）一般认为是指个体对自己的知觉，是自我系统中的认知方面或描述性内容。它所反映的是人们关于自己身心特点的主观知识，所回答的是“我是谁”的问题。

个体的自我概念主要有三种功能：①保持个体内在的一致性；②决定个体对经验的解释；③决定个体的期望。近年来的研究表明，幼儿自我概念的发展状况与幼儿的心理健康、学业成就等均有密切关系，甚至有的研究发现，幼儿的自我概念与其学业成就之间存在因果决定关系。因此，幼儿积极的自我概念是学校教育者追求的一个有重要价值的目标。

幼儿自我概念发展的一般趋势如下：

（1）从简单到分化。年幼幼儿的自我概念非常简单，他们是简单地把自己看作“好”或“不好”、“聪明”或“愚笨”、“身体强壮”或“软弱”，而不能作出更为细致的区分。后来，幼儿逐渐认识到，在每一对两极的特征之间还存在着变差。

与此同时，幼儿自我概念的维度随幼儿年龄的增长而增加。幼儿时期，幼儿的自我概念主要反映生理方面的内容，幼儿的自我概念开始涉及其与父母及同伴的关系，入学后，幼儿与学校有关的自我概念及学业自我概念开始形成。

（2）幼儿自我概念的发展曲线是起伏变化的。许多研究发现，幼儿自我概念的发展水平从小学到初中逐年下降，青春期后显著上升，大学毕业后又开始下降，到中年再次回升，然后随年龄增长又表现出平缓下降的趋势，这种趋势发生的时间、起伏的高度因自我概念的内容不同而表现出差异。研究者发现，幼儿在小学阶段，其自我概念和自尊都呈下降趋势，而且均达到统计学上的显著水平。从小学到初中，幼儿自我概念的水平下降的原因主要有：①小学幼儿还未消除自我中心现象，其自我概念往往具有一致性较高、区别性较小的特点，而且自我概念的内容往往是不符合现实的，因此水平较高；②小学幼儿不能很好地凭借外在的标准进行自我评价，因为幼儿还未发展起认知外界反馈信息的技能；③到初中阶段，幼儿通过学习的经验和获得的来自教师、父母及学校的反馈，降低了关于自己及其成就的乐观心态。

（3）幼儿自我概念结构的复杂性随年龄增长而不断增加。幼儿自我不仅表现在幼儿的自我概念从单一因素的结构逐渐发展为多层次的整合的复杂结构，而且表现在幼儿自我概念结构中那些区别于他人的成分不断增加。一般来讲，随年龄的增长，幼儿自我概念结构日益复杂，并逐渐变得更为稳定。

（4）幼儿自我概念的发展存在性别差异。伯内特（Burnett）的研究发现，幼儿对自我的描述评价方面均存在性别差异。在数学和身体技能方面，男孩自我概念的得分比女孩要高；而在阅读方面，女孩自我概念的得分比男孩高。幼儿自我形象能力的发展存在性别差异，并且随年龄增长而变化，男性发展比较迟缓，女性发展比较迅速。这种现象的原因可能有两个方面，一是性成熟的影响，二是社会传统对男性和女性自我表现的要求、约束不同，从而促使女性更多地考虑自己如何给他人留下良好的印象。

三、幼儿自尊的发展

幼儿的自尊也称自尊心，是一种自己尊重自己、爱护自己并期望受到他人、集体、社会的尊重与爱护的心理。儿童的自尊心是从4岁左右开始出现的，随着年龄的增长，到了小学和初中阶段，儿童的认知能力和自我意识有了较大的发展，儿童的自尊心也随之发展。但是，自尊心的发展不同于认知的发展，自尊心的发展并不是呈直线上升的趋势，而是既有上升时期，也有平稳时期，甚至还有短暂的下降时期。自尊心的特点主要表现在以下三个方面。

第一，要求他人尊重自己。进入学前时期的儿童，已经具有了半幼稚、半独立、半依赖的特点，内心世界也开始丰富起来，并有了“我是大人”的感觉。所以，他们不但急切地要求了解自己，并懂得通过了解别人来认识自己（镜象过程），尤其希望家长及教师能理解、尊重自己。

第二，关注自己的形象。处于学前时期的儿童，开始关注自己的外貌形象，期望多了解自己，非常注重自己的言行举止，喜欢受到他人的好评。

第三，渴望表现自己。他们总是期望有机会去表现自我，希望通过各种途径来得到自我的心理满足和求得一定的地位。

案例分析

一座美丽的花园里长满了各种各样的树木和花草，在这座园子里，苹果树、梧桐树、橡树、玫瑰花、栀子花等，每一棵树、每一朵花都是那么挺拔娇艳，充满了生气和活力。可是，在这之前的一段时间里，花园里的情形却不是这样的，有一棵小橡树总是愁容满面。可怜的小家伙一直被一个问题困扰着，它不知道自己是谁。大家众说纷纭，更加让它困惑不已。苹果树认为它不专心："如果你真的尽力了，一定会结出美丽的苹果，你看多容易，你还是需要更加努力。"小橡树听了它的话，心想：我已经很努力了，而且比你们想象得还要努力，可是还是不行。想着想着，它就愈发伤心起来。玫瑰说："别听苹果树的，开出玫瑰花来才更容易，你看多漂亮。"失望的小橡树看着娇嫩欲滴的玫瑰花，也想和它一样，但是它越想和别人一样，就越觉得自己失败。一天，鸟中的智者——雕来到了花园，看到可爱的小橡树在一旁闷闷不乐，便上前打听。听了小橡树的困惑后，它说："你的问题是地球上许多人面临的问题。我来告诉你怎么办：你要试着了解你自己，做你自己，要想知道这一点，就要聆听自己内心的声音。"说完，雕就飞走了，留下小橡树独自思考。橡树自言自语："做我自己？了解我自己？倾听自己内心的声音？"它思考着，成长着，直到有一天他听到树下一对爷孙的对话："爷爷，这棵树叫什么呀？它长得真挺拔，我们在这里真凉快！"突然，小橡树茅塞顿开，它闭上眼睛敞开心扉，终于听到了自己内心的声音："你永远都结不出苹果，因为你不是苹果树；你也不会每年春天都开花，因为你不是玫瑰。你是一棵橡树，你的命运就是要长得高大挺拔，给鸟儿们栖息，给游人们遮阳，创造美丽的环境。你有你的使命，去完成它吧！"小橡树顿时觉得浑身充满了自信和力量，它开始为实现自己的目标而努力。很快，它就长成了一棵大橡树，赢得了大家的尊重。

分析：小橡树是幸福的，他最终获得了自己有别于花朵的价值和能力，也就是它找到了自尊。在这则寓言故事中，幸运的是小橡树遇到了智者——雕有效的倾听和引导，引导它去发现自己，而不是不断挫败自己的横向比较。

四、幼儿自信心的发展

歌德曾说："人类最大的灾难就是瞧不起自己。"自信心，是一个人自己相信自己的愿望或预想一定能够实现的一种心理状态，是一个人的自我意识的重要组成部分，具有自信心是一个人自我意识成熟的一种表现。

儿童到了两三岁开始萌发自信心。姜立君和杨丽珠的研究结果表明，构成幼儿自信心的各因素（自我评价、自我有效感、独立感、自我表现、主动性、敢为性）随着年龄的发展而发展，表现出年龄差异。幼儿自信心总的发展趋势，也表现出随着年龄的发展而发展。幼儿自信心在 3 ～ 4 岁较之 4 ～ 5 岁发展得更为迅速，而且表现出个体差异。

研究表明，自信心较强的幼儿往往能积极主动地参加各项活动，敢于表达自己的意愿；坚持自己的主张，与成人或同伴有分歧时能据理力争；在游戏及美工活动中，创造多于模仿；他们对新环境、新事物容易适应；对待困难不轻易退却，常常自告奋勇地说“我来试试”“让我想想办法”；在自选活动中，爱挑困难的任务，理由是“这样练习本领大”“我会做成的”“像这样的事我做过”。而自信心较弱的幼儿往往表现出被动、迟疑，对自己的力量没把握，不能坚持自己的行动目标，对新环境、新事物容易产生恐惧和退缩；稍遇困难，未经努力就向成人或同伴乞求帮助。他们的内心充满了可能失败的预感和恐慌，往往会先说“我不会”“我弄不好”“我不行”，不想付出更大的努力和尝试，宁愿随从、模仿别人或放弃目标。

自信心对于幼儿的心理健康和认识能力具有十分重要的意义，它能促使幼儿产生积极主动的活动愿望，大胆探索，勇于思考，乐于与周围人交往，经常保持愉快的情绪。

五、幼儿自我控制与自我调节能力的发展

自我调节是指在没有外部指导或监视的情况下，个体维持其行为历程达到某一特定目的的过程。自我控制则是指在目标受阻时，个体抑制其行为或改变行为发生的能力。

初生幼儿是基本没有自我控制和自我调节能力的。这时几乎完全受冲动和欲望的影响，因此很难长时间进行同一种活动，也不能控制自己的欲望和情感，更不能抑制自己去等待那些令人高兴的事情。

通常 3 ～ 4 岁以后，幼儿才逐渐发展起自我控制与自我调节的能力。

科普（Kopp）认为，在幼儿早期，幼儿自我控制和自我调节能力的发展要经历五个重要的发展阶段。在每一个发展阶段中，幼儿的身心机能都发生着一些质的变化，这些变化又是幼儿更高水平的自我控制性行为的基础。

第一阶段属于神经生理调节阶段。在这一阶段，幼儿的生理机制保护着幼儿免受过强刺激的伤害。例如，他们通过自我吮吸以降低他们自我的唤醒水平和减少身体活动，达到自我安慰的目的。

第二阶段属于知觉运动调节阶段。在这一阶段，幼儿能从事一些自发的动作活动，并能根据环境的变化来调节自己的活动。例如，这一阶段的幼儿能够伸出手去抓物体或人。

第三阶段属于外部控制阶段（1 岁左右）。在这一阶段，幼儿能够使自己的行为服从控制者的命令。幼儿行为中的有意成分在增强，行为开始具有目标导向性。幼儿开始能够行走，对身体机能的意识随之加强，其自我日益从周围世界中分化开来，随着记忆能力的提高，幼儿开始能够识别出（或再认出）照看者的要求，并抑制自己的行为。

第四阶段属于自我控制阶段。在 2 岁左右，幼儿的自我控制能力逐渐发展起来。在自我控制阶段，幼儿的心理表征能力开始发展起来，他们能够运用符号来代表物体，当物体不在眼前时能回忆并记忆物体的形象。这使幼儿能够在没有外界监控的情况下服从照看者的要求，并根据他人的要求延缓自己的行为。

第五阶段属于自我调节阶段。在这一阶段，幼儿获得了关于自我统一性和连续

性的认识，开始把自己的行为与照看者的要求联系起来。

总的来说，幼儿自我意识的发展，表现在能够意识到自己的外部行为和内心活动，并且逐渐能够适当地评价和支配自己的认识活动、情感态度和动作行为，并由此逐渐形成自我满足、自尊心、自信心、自我控制等个性特征。

第二节　幼儿气质的发展

气质是一个人所特有的心理活动的动力特征。它使人的整个心理活动带上独特的个人色彩。气质与人的生理特点直接联系，幼儿生来就具有个人的气质特点，气质与其他个性心理特征相比，具有更大的稳定性。

一、幼儿的气质类型

对婴幼儿的气质类型，有各种划分标准。传统的划分方法，以高级神经活动类型为标准。近年来西方不少研究者按幼儿的行为反应制定出了若干标准。

（一）传统的气质类型

传统的气质类型是古希腊医生希波克利特（Hippocrates）提出的。他把气质分为四种类型：抑郁质、胆汁质、黏液质、多血质。巴甫洛夫（Pavlov）发现的四种高级神经活动类型，与传统的类型相吻合。

巴甫洛夫根据高级神经活动的强度、平衡性、灵活性三种基本特性的结合，划分为四种高级神经活动类型。其中三种是强型，一种是弱型。强型又可分为平衡型与不平衡型，平衡型再可分为灵活型与不灵活型。表 9-1 说明了神经活动类型与四种气质类型相对应的情况。

表9-1　气质类型对照

神经系统的特征和类型				气　质	
强度	平衡性	灵活性	组合类型	气质类型	主要心理特征
强	不平衡（兴奋占优势）		兴奋型	胆汁质	易兴奋、反应快、易冲动、难约束
	平衡	灵活	活泼型	多血质	活泼、灵活、好交际、情绪外显
	平衡	不灵活	安静型	黏液质	安静沉稳、迟缓、有耐性、情绪含蓄
弱	不平衡（抑制占优势）		抑郁型	抑郁质	敏感、畏缩、孤僻、体验深刻

气质的分类是相对的。在现实生活中，除了极少人具有四种气质类型的典型特征外，大多数人都属于中间型或混合型。

深入思考

话剧演出开始后，剧场门前聚集了四位迟到的观众。他们被检查员拦在门外，不让进去，理由是为了不影响其他观众的观看，只能在幕间休息的时候才能进去。

第一个人急着吵起来："我买了票，迟到不迟到是我的事，你凭什么不让进去。"

第二个人和气地说："我实在有事，下次我决不再迟到了，我一看就知道你是热心肠的人，就让我进去吧。"

第三个人默默地站在旁边，心里想：我就在这儿等，你们能进去我就进去。

第四个人一见这情形，自任倒霉，不看了，掉头就离开了。

请结合所学的气质知识，分析上述四人的气质类型，并描述不同气质类型的人行为方式的特点。

（二）根据基本生活活动模式划分的气质类型

1．划分幼儿气质类型的指标

切斯（Chess）等人通过对大量幼儿的考察和追踪，发现有一些行为模式从出生开始贯穿到整个幼儿时期。他们据此提出划分幼儿气质类型的九项指标。

（1）活动水平，指在睡眠、进食、穿衣、游戏等过程中身体活动的数量。例如，睡觉时是从小床的一边滚到另一边，还是躺在床上基本不移动。

（2）生理机能的规律性，指睡眠、饥饿、大小便等生理机能活动是否有一定规律。

（3）对新刺激反应的敏捷性，指对陌生人和新环境的适应水平，外界要求变化后对其接受的难易程度。

（4）对日常变化的适应性，指对新情景、新刺激、新食物、新玩具等是接近还是退缩。

（5）反应的强度，指对事物、人等反应的能量的大小、高低或适度。

（6）反应阈限，指对噪声、亮光和其他感觉刺激的敏感性，多少刺激量（如声音的大小）或周围变化达到多大程度，才引起反应。

（7）心境的质量，指愉快或不愉快情绪的一般量，愉快和不愉快行为表现经常出现还是多变。

（8）分心情况，指注意力分散情况，外界刺激对正在进行的行为干扰的程度。

（9）注意的坚持性，指在有或没有外界障碍时，特定活动的持续时间。

2．幼儿的类型

根据上述标准，他们把幼儿（主要是婴儿）划分为三种类型。

（1）容易型。幼儿大多数属于这一类型，约占 75%。他们吃、睡等生理活动有规律，节奏性强，他们容易适应新环境，容易接受新食物和不熟悉的人，他们总是情绪愉快、爱玩，对成人的招呼反应较强，他们对成人的抚养活动提供大量的积极强化，因而在整个幼儿时期都受到成人的极大关怀和注意。

（2）困难型。这一类型幼儿人数很少，约占10%。他们总是在哭，不易抚慰，进食时烦躁不安，睡眠不规则，对新刺激畏缩，接受变化难，他们的心情总是不好，在游戏中也不愉快。由于成人的抚爱经常得不到正面的反馈，成人和孩子之间的关系往往较不密切，孩子缺乏教养。

（3）迟缓型。这一类型幼儿约占15%。他们常常安静地退缩，对新事物适应缓慢。如果坚持和他积极地接触，他们会逐渐产生良好的反应。在没有压力的情况下，他们对新刺激缓慢地发生兴趣，慢慢地活跃起来。随着年龄增长，这一类型幼儿的发展情况因成人抚爱和教育情况之不同而分化。

二、幼儿气质的发展

1. 幼儿气质具有稳定性

在人的各种个性心理特征中，气质是最早出现的，也是变化最缓慢的。因为气质与幼儿的生理特点关系最直接。如前所述，幼儿出生时已经具备一定的气质特点，这些特点在整个幼儿时期是相对稳定的。有人对138名儿童从出生直到小学的气质发展进行了长达十年的追踪研究。结果发现，在大多数儿童身上，早期的气质特征以后一直保持稳定不变。例如，一个活动水平高的孩子，在2个月时睡眠中爱动，换尿布后常蠕动；到了5岁，在进食时常离开桌子，总爱跑。而一个活动水平低的孩子，小时候睡眠或穿好衣服后都不爱动，到他5岁时穿衣服也需要很长时间，在电动玩具上能安定地坐很久。

2. 生活环境可以改变幼儿的气质

气质也不是不变的，人的高级神经活动的特点是有高度的可塑性。幼儿天生带来的活动或行为模式是可以改变的。幼儿的神经系统正处在发育过程中，其气质的形成也往往是先天和后天相互作用的结果。

幼儿气质发展中存在“掩蔽现象”。所谓“掩蔽现象”就是指一个人气质类型没有改变，但是形成了一种新的行为模式，表现出一种不同于原来类型的气质外貌。例如，一名儿童的行为表现明显地属于抑郁质，但神经类型的检查结果却是“强、平衡、灵活型”。究其原因，发现这个儿童长期处于十分压抑的生活条件下，这种生活条件下形成的特定行为方式掩盖了原有的气质类型，而出现了萎顿、畏缩和缺乏生气等行为特点。由此可见，儿童的气质类型具有相对稳定的特点，但并不是一成不变的，其后天的生活环境与教育可以改变其原来的气质类型。

3. 儿童气质影响父母的教养方式

研究发现，儿童的气质类型对父母的教养方式有较大影响。母亲对待不同类型的孩子的行为方式是不同的。如果孩子的适应性强、乐观开朗、注意持久，则母亲的民主性表现突出。而影响母亲教养方式的消极气质因素包括较高的反应强度（如平时大哭大闹）、高活动水平（如爱动、淘气）、适应性差及注意力不集中等。可见，儿童自身的气质类型，通过父母的教养方式而间接影响自身的发展。因此，父母和教师平时要注意孩子的气质特点，同时要避免儿童气质中的消极因素对自己教育方式的影响。

三、研究幼儿气质的意义

气质无所谓好坏，但是由于它影响幼儿的全部身心活动和行为，如果不加以正确对待，将会成为形成不良个性的因素。研究幼儿气质的意义在于：①使成人自觉地正确对待幼儿的气质特点；②针对幼儿的气质特点进行培养和教育。

幼儿的气质特点往往在成人和幼儿双方都不自觉的情况下，影响了成人对幼儿的态度，成人应该正确对待幼儿的气质特点。从传统的气质分类看，各种类型的气质都有其积极和消极的方面，都可能发展成良好的个性特征和不良的个性特征，正确的教育能够引导其发展成为良好的个性特征。

成人对幼儿的教养和教育措施，必须充分考虑每个幼儿的气质特点。例如，对弱型幼儿应格外细心照料，多加鼓励。对于难以适应新环境的幼儿，在送入托幼机构的过程中更应多加帮助。这些对婴幼儿个性的形成都是十分重要的。

第三节 幼儿性格的发展

性格是个人对客观现实稳定的态度和习惯化的行为方式，是个性中最重要的心理特征。

性格和气质有密切联系，二者相互渗透、相互制约。不同气质类型可以形成相同的性格特征，相同气质类型也可以形成不同的性格特征。气质主要受神经系统基本特性的影响，这些特性是出生时已经具备的。性格则主要受后天环境的影响，而在出生头几年逐渐形成。因此气质对性格的形成起有力的促进作用。例如，抑郁质的幼儿比胆汁质的幼儿更容易形成自制的性格特征。同时，气质使性格涂上特有的个性色彩。例如，同是勤劳的性格，多血质者总是热情洋溢，黏液质者则不动声色，从容不迫。

性格对气质的制约作用，表现在性格形成过程中会在一定程度上掩盖或改造某些气质特点。

一、幼儿性格的萌芽

幼儿的性格是在幼儿与周围环境相互作用过程中形成的。在婴儿的环境中，最主要的客体是照顾他的成人。一般来说，母子关系在婴儿性格的萌芽过程中，起着最重要的作用。母亲的良好照顾，会使婴儿从小得到安全感，形成对母亲的信任和依恋，为以后良好性格的形成打下基础。

气质差异对婴儿性格的萌芽有所影响。例如，性急的孩子饿了，会立刻大哭大闹，这使成人不得不马上放下一切其他事情，急忙给他喂奶。而对那些饿了只是断断续续地细声哼几声的婴儿，成人则可能把手头的事情做完再去喂奶。日积月累，前面那种婴儿可能形成不能等待别人、自己的要求必须立即得到满足的性格特点，而后一种幼儿可以养成自制的性格特点。

成人的抚养方式和教育对幼儿性格的最初形成有重要意义。例如，家里的东西总是放得整整齐齐，衣服扣子总是扣好，饭前便后洗手等，这种耳濡目染的周围现实使婴儿在潜移默化中，形成了逐渐稳固起来的态度和行为习惯，也就是好整洁、爱劳动性格特征的萌芽。又如，婴儿看见糖就拿起来吃，甚至大把大把地抓到自己身边，这时如果不及时加以教育，反而报以赞赏的表情和语言，那么就会使“独占”的种子得以孕育。反之，如果经常引导孩子同众人分享，则可以为良好的性格特征打下基础。

2 岁左右，随着幼儿心理过程、心理状态和自我意识的发展，出现了最初性格的萌芽。

二、幼儿性格的年龄特点

个性的独特性和典型性是辩证统一的。每个幼儿固然有独特的性格，而同年龄的幼儿又有共同的性格特点。年龄越小，年龄的共同性越明显，因为性格是在生活实践过程中形成的。随着年龄的增大，人与人之间生活经验的差异越大，由此导致的性格差异也就越大。幼儿期的典型性格也就是幼儿性格的年龄特点，主要表现为以下四个方面。

（一）好　动

幼儿总是不停地做各种动作，不停地变换活动方式，并不会因为自己的不断活动感到疲劳，而往往会因为单调的活动而厌倦。健康的幼儿如果在活动方面得到满足，他们总是情绪愉快。好动的特点与幼儿身体发育的特点有关，活动方式多变化是幼儿生长发育的需要。

好动的性格特征，在幼儿期逐渐和其他品质相结合。好动的特征本身，使幼儿较易形成勤快、好劳动的良好性格特征。幼儿喜欢蹦蹦跳跳、走来走去、搬动东西，参加各种力所能及的劳动，他会体验到一种自豪感，形成自信心。但是如果成人对幼儿自己做事的限制和干涉过多，或经常包办代替，则在幼儿期可能形成懒惰的性格倾向。

（二）好奇、好问

幼儿的好奇心很强。他们什么都要看看、摸摸，许多事物对幼儿来说都是新奇的、充满兴趣的。在好奇心的驱使下，幼儿渴望试试自己的力量，尝试去做大人所做的事情。一些被禁止的事情，幼儿往往要去试试看。幼儿好奇心强与他们的知识经验贫乏有关，好奇心是定向反应的一种，是一种认识兴趣。

好奇心导致思考和探索的倾向。幼儿的好奇心往往表现在探索行为和提出问题上。幼儿的探索行为比较外露，一般不仅用视线来回地观察，而且用手去摆弄。好问是幼儿好奇心的一种突出表现。幼儿天真幼稚，对于提问毫无顾虑，甚至连续追问，“打破砂锅问到底”。他们总在试探着去认识世界，弄清究竟。王瑜元记录了她的儿子从 4 岁半到 5 岁半一年中的问题，发现幼儿的问题包括从动物、日用品、人的身体一直到工农业、军队等二十四个方面。在伯莱斯（Berlyne）的研究中，发现幼儿的行为和提问行为两者包含许多共同的因素。

幼儿的好奇心与成人的榜样和强化有密切关系。据恩德斯累（Endsley）的研究，母亲本身比较好奇，并且鼓励孩子好奇的，其子女的好奇心较强。母亲的发现行为、好奇定向行为、回答问题数量等与孩子对新物体的发现行为和提问数量成中等或强的正相关。母亲的权威性强、较少引导幼儿去发现、较少和幼儿交往的，孩子的好奇心也较差。

幼儿好奇、好问的特征，如果得以正确引导，很容易发展成为勤奋好学、进取心强的良好性格特征。反之，如果指责或约束过多，甚至对幼儿的提问采取冷漠或讥讽的态度，则会扼杀良好性格特征的幼芽。

（三）好模仿

模仿是幼儿突出的性格特点，幼儿最喜欢模仿别人的动作和行为。在幼儿园，如果一个幼儿说：“我哥哥给我买了一支手枪。”立即就会有幼儿跟着说：“我爸爸也给我买了一支手枪。”或“我爷爷给我买了一支手枪。”等。

关于模仿的实质，各种心理学派别有不同的解释。例如，格式塔学派认为模仿是“完形的补充”（考夫卡），行为主义学派认为模仿是反射活动（桑代克），皮亚杰把模仿看作智力发展过程中顺应比同化占优势的一种表现。

谢切诺夫（Sechenov）认为模仿是由两个相互联系的阶段所组成的复杂的过程。一是注视和探索别人的行动（定向探究反射），二是根据已建立的标准调节自己的动作（调节动作的技能）。

幼儿好模仿的特点和他们的能力发展有密切关系。模仿可分为动作的模仿和智力的模仿。动作的模仿在婴儿期已经发生，随着动作的发展，幼儿模仿动作也逐渐复杂化，幼儿期多种多样的模仿动作和幼儿的运动能力的发展有关。智力的模仿是较高级的模仿。

皮亚杰的研究发现，幼儿在 1 ～ 2 岁开始出现“心理表象”时，也出现了“延迟模仿”。随着智力的发展，智力的或“心理”的模仿也较以前增加。皮亚杰认为 2 ～ 7 岁幼儿往往出现“自我中心现象”，这主要是一种认识上不分化的表现，即混淆了自己的看法和他人的看法，混淆了自己的活动和他人的活动，由此造成不自觉的模仿。

幼儿的模仿和他们的受暗示性有关。幼儿往往没有主见，常常随外界环境影响而改变自己的意见，受暗示性强。例如，当成人问小班幼儿“好不好？”时，幼儿回答“好”，接着问“坏不坏？”时，幼儿会回答“坏”。

陈鹤琴在《幼儿心理之研究》一书中论述幼儿模仿问题时，谈到了幼儿对暗示的感受性。他认为，暗示分为内外两种，由外界刺激引起的动作叫外暗示，由自己内部刺激引起的动作叫内暗示。他指出，幼儿易受暗示，如画中妇人本来并没有戴帽子，如果问："那个妇人戴什么帽子？"幼儿会答："黑帽子。"幼儿常常重复别人所说的末一句话的一个字，也属于这种现象。陈鹤琴指出，还有一种"消极暗示"。例如，孩子跌了跤，母亲把他抱起来说"不要哭"，但是，孩子立即哭起来。上课时，如果教师说"不要看窗外"，孩子马上就去看窗外。利用模仿作为一种教育手段，能够获得良好的效果，有经验的教师特别注意为幼儿树立良好的榜样，使幼儿在模仿中学习。例如，上课时教师说："看，小刚听课多认真。"顿时就有许多孩子挺起腰来，认真听教师讲课。班杜拉（Bandura）的许多研究都证明幼儿模仿观察到的榜样，是非常有效的。

（四）好冲动

幼儿性格的情绪和意志特征主要表现为情绪易变化，自制力不强。这在前面有关章节已经讲过。和好冲动的特征相联系的是缺乏深思熟虑。例如，幼儿喜爱做事，但做事时急于完成任务，常常比较马虎、粗心大意，不大计较成果的质量。又如，幼儿常常从情绪出发提出问题，为提问而提问，并非经过认真思考。

幼儿的思想比较外露，喜怒形于色。这种性格特征常常被认为天真幼稚，它的优点是对人真诚、坦率、诚实、不虚伪。在此基础上，如果得到正确诱导和培养，幼儿将会养成既善于思考和处理问题，又胸怀坦荡的性格特征。

幼儿虽然有许多共同的年龄特征，但是，独特性是个性的基本要素。幼儿的性格虽然有共同性，但每个幼儿仍有个人的性格特征。例如，同属活泼好动，有的幼儿相对好静一些；同属受暗示性强，有的幼儿又相对有些主见。

随着年龄增长，性格的典型性将发生变化。年长幼儿有许多已经不带有上述特点，如变得相对沉着稳重、能自制。但是有些人直至成年，仍然具有易冲动、不善于自制的性格特征。这些已经构成了个人特有的稳固的性格心理特征。

三、幼儿性格特征的稳定性与变化

幼儿的性格已经开始形成，出现了相对的稳定性。关于学前期性格特征对后来性格的影响，即幼儿性格特征的稳定性和变化问题，曾有过一些长期追踪研究，所得结果不完全一致。例如，卡根和莫斯（Moss）报告，对36名男婴和35名女婴追踪至成年的研究表明，攻击性的性格特征，男性发展比较稳定，从童年到成年表现相似，而女性则不稳定，变化较大。被动和依赖性的特征，则在女性身上比较稳定。

邹晓燕的追踪研究发现，4～6岁幼儿坚持性的个人特征已趋向稳定。4岁幼儿在不同动机、不同任务、不同环境下的活动中，坚持性水平在群体中所处地位基本不变。同一批被试在4岁时和6岁时的两次测验的结果表明，幼儿坚持性水平在群体中的地位也基本不变。也就是说，一些幼儿在各种不同条件下，坚持性总是比较强，而坚持性较差的幼儿总是比别人差。

关于幼儿内外控制点（locus of control，LOC）倾向的稳定性研究，也有相似的结果。我们知道，控制点是指人对行为原因的不同认识倾向。内控型的人倾向于认为事情是自己行动的结果，自己可以控制。外控型的人则倾向于认为事情都是外部条件控制的，自己无能为力。麦克尔（Mischel）等研究结果表明，幼儿没有稳定的控制点倾向。但是，斯蒂芬斯（Stephens）和德利斯（Delys）等的研究，则认为学前期控制点倾向已经相当稳定。

卡根指出，反应性和冲动性是相当稳定的，幼儿性格特征的稳定性和环境的影响有关。周围环境（特别是成人的态度）使幼儿形成某种性格特征，如男孩的攻击性、女孩的依赖性等，而幼儿初步形成的性格特征又反过来影响周围成人，如要求成人屈从于他的攻击性或依赖性，由此形成幼儿性格与周围环境的交互性影响，使最初形成的性格特性不断得到加强而逐渐稳固。可见，最初形成的性格特征对幼儿的个性形成起重要的作用。

许多事例反复证明，性格是随外界环境和教育的影响而产生和变化的。因此，我们必须重视对幼儿性格的培养。

第四节　幼儿能力的发展

一、幼儿能力的结构

能力是个性心理特征之一。它是复杂的心理结构，在不同活动中表现出来的能力是由多种成分结合而成的。

（一）运动和操作能力和智力

儿童自出生时起，就已经有运动能力，半岁左右，四肢和身体的运动能力逐渐发展，手的运动能力也开始发展成为操纵物体的能力，即操作能力。在婴幼儿能力的发展中，运动能力和操作能力居重要地位。

运动和操作能力的发展，与智力的发展是不可分割的。智力的发展需要通过运动和操作来表现，而运动和操作的发展水平越高，越依靠智力的支配。特别是 2 岁以前，智力的发展与动作的发展难以区分。

（二）一般能力和特殊能力

一般能力是指在各种活动中都经常表现出来的能力，包括一般的运动、操作能力和智力。正常儿童都具有一般能力。

特殊能力是指从事某种专门活动所需要的能力，如音乐能力、绘画能力、数学能力、组织能力等。成功地完成某种活动，需要多种能力的结合，而多种能力的有机结合才能称为才能。例如，有的儿童在幼儿期已经显露出领导才能的萌芽，善于指挥和团结小朋友进行活动。

二、幼儿智力与非智力因素的关系

（一）能力与知识的关系

能力（包括智力）和知识不可分割地彼此联系着，它们是相辅相成的。一方面，掌握知识可以促进能力的发展，能力是通过掌握知识发展起来的。这里所说的知识，包括各种经验，也包括运用某种知识经验完成一定活动的行动方式，即技能。如果儿童显露了某种绘画能力，又有机会获得相应的知识和技能，他的绘画才能得到发展；而缺乏进一步掌握知识技能的机会，则最初的能力会被埋没。个人对某个领域的知识技能掌握越多，他在这个领域内解决问题的能力越强。反之，缺乏必要的知识技能，将妨碍相应能力的发挥。另一方面，能力是获得知识技能的前提。能力的形成反过来促进知识技能的掌握，缺乏概括能力的儿童，无法掌握抽象的理论知识。能力高低影响学习新知识技能的速度、费力程度和对知识技能的运用。

应该认真了解每个儿童知识掌握及能力发展的具体水平和状况。达到同样知识水平的儿童，他们的能力发展不一定相同。不能回答某个问题，有的儿童可能是由于智力水平不足，一些儿童则可能是缺乏有关知识。

幼儿处于掌握知识和发展智力的最初阶段。从掌握知识的角度看，人的知识可以分为直接知识和间接知识，两三岁是开始掌握间接知识的年龄。从智力发展的角度看，两三岁又是思维开始发展的年龄，而思维是对事物的间接反映，是以知识经验为中介的。有了一定的知识经验，才可能对有关事物进行思维和想象。

（二）能力和性格的关系

能力和性格有密切关系。一方面，性格会影响能力的发展状况。例如，良好的意志品质、活动的热情和勤奋的性格，不但使人的能力得以锻炼和更好地发展，而且可以弥补某些能力的严重不足。另一方面，能力也会影响人的性格特征，如爱好倾向、自信心等，运动能力强的幼儿往往喜爱体育运动。

在大多数情况下，幼儿能力和性格的发展是相辅相成的，某些能力和特定的性格特征往往相互关联。例如，对我国的超常儿童的研究表明，这些儿童的求知欲旺盛、进取心强、坚持性强等性格特征。

智力活动中的非智力因素问题，是近年来人们十分关注的问题。有人提出，智力活动或智力行为在本质上更多是性格品质，而不是认识能力。进行某种智力活动的过程，总要包括如坚持性、热情、自制力、目的性等智力因素。而且，这些非智力因素会在很大程度上影响智力活动的成效。

三、幼儿智力结构的发展变化

对儿童智力结构发展变化的趋势，人们从不同的角度提出了不同的理论。

（一）智力分化论

有的研究者认为，儿童的智力最初是混沌不分化的。儿童智力因素的数量随年龄增长而增加，起先是一般化的智力，后来逐渐发展为一些智力因素群。智力分化论的代表人物是格雷特（Garrett）。他认为斯皮尔曼（Spearman）的“二因素”适用于婴幼儿，而塞斯顿（Thurstone）的“群因素”或吉尔福特（Guilford）的多重智力结构则适合年长儿童或成人。

（二）智力复合论

有的研究者认为，儿童的智力最初已经是复合的、多维度的，其发展趋势是各种智力因素的比例和地位不断变化，复合性因素的比例越来越大。

智力复合论的代表人物是霍夫斯塔特（Hofstatter），他指出婴儿智力结构变化经历了三个时期。

（1）0～20个月前，在智力活动中占最重要地位的是感知运动能力，包括感知活动中的高度注意力、运动行为的敏捷性、感觉协调和运动的准确性。

（2）20个月～4岁，占主要地位的是坚持到底的能力，包括坚持性和刚强性。

（3）4～13岁，理解和使用象征性符号的能力或抽象行为，即语言思维能力占主要地位。

霍夫斯塔特据此指出，聪明的孩子在婴儿期表现为活泼，3岁时表现为倔强，以后则变得含蓄。

贝利（Bayley）提出了相似的观点，并更具体地列出各年龄的主要能力。

（1）10个月以前，在婴儿智力中比例最大的是视觉跟踪、社会性反应能力、感觉的探求、手的灵活。

（2）10～30个月，最大比例变为知觉的探求（这种早期的能力将继续保持下去）、语言发声交际能力、对物体的有意义接触、知觉辨别力。

（3）30～50个月，最重要的是与物体的关系、形状记忆、语言知识。

（4）50～70个月，最重要的是形状记忆、语言知识。

（5）70～90个月，语言知识、复合空间关系和词汇占重要地位，而形状记忆的重要性减退。

（三）智力内容变化论

麦柯尔（McCall）等人根据对婴儿的长期追踪研究，认为各年龄儿童智力有以下共同因素。

（1）6个月时，视觉指导的知觉接触。

（2）1岁时，感知运动和社会性模仿的混合物、最初步的发声语言行为。

（3）2岁时，语言命名、语言理解、语言流畅、语法掌握。

麦柯尔等人后来又提出早期智力发展的五个阶段。

第一阶段（0～2个月）：主要是对某些有选择的刺激作出反应。

第二阶段（3～7个月）：更积极地探索环境，但还不能作出客观的探索。

第三阶段（8～13个月）：根据事情的结果区分活动方法。

第四阶段（14～18个月）：能够不用动作而去把两个物体在头脑中联系起来。

第五阶段（21个月以上）：掌握符号关系。

综上所述，婴幼儿的智力结构是随着年龄的增长而变化发展的。其发展趋势是越来越复杂化、复合化、抽象化。不同的智力因素有各自迅速发展的关键年龄，教育工作者应针对智力发展的年龄特点加以引导。

四、幼儿智力发展曲线

所谓儿童智力发展曲线，涉及不同年龄智力发展的速度、发展的加速期、高原期等问题。一般来说，儿童智力的绝对水平是随着年龄增长而增长的，但是各年龄的智力增长并不是等速的。

（一）智力发展的高原期

人的智力发展到一定年龄后会停止或接近停止。在这个年龄之后，智力趋向衰退。有的研究指出，智力到 26 岁停止增长，26 ～ 36 岁保持不变，随后则下降。由此形成一条智力发展曲线，其中最高的一段称为高原期。高原期的具体年龄，因不同的研究者取材不同而有不同结论，有人甚至认为智力发展要持续到 60 岁。

不同智力因素成熟的时间也不同。有的研究指出，儿童的感知能力最早达到成熟水平，12 岁已达到成人的 80%，空间推理次之，数学和语言能力 16 ～ 18 岁才达到成人的 80%，其中语言流畅性发展最晚。

各种智力因素下降或衰退的年龄也不相同。有人指出，在非语言测验中，如人的反应，到 30 岁以后已有所衰退。但在语言测验中，智力水平还可以提高。职业也会影响智力衰退年龄的差异。有的研究指出，非技术人员 18 岁以后智力下降，而技术人员还可能上升。一般认为，16 ～ 18 岁以后智力发展趋向缓慢。

（二）幼儿智力发展的速度

人生头几年智力发展非常迅速，由此形成先快后慢上升的儿童智力发展曲线。

布鲁姆搜集了 20 世纪前半期多种对儿童智力发展的纵向追踪材料和系统测验的数据，进行了分析和总结，发现儿童智力发展有一定的稳定规律。虽然不同测验的条件和所针对的时间不同，但是其所得曲线却非常相似，经过统计处理，可以得到一条智力发展的理论曲线。

布鲁姆以 17 岁为智力发展的最高点，假定其智力为 100%，得出了各年龄儿童智力发展的百分比：1 岁时 20%，4 岁时 50%，8 岁时 80%，13 岁时 100%。

（三）特殊才能的早期表现

儿童智力发展速度和成熟年龄有个别差异，有些儿童具有特殊才能的早期表现。例如，一些人的音乐、绘画、写字、体育、数学、语言等才能在幼儿期已开始显露锋芒。据统计，音乐家的才能在学前期出现的，比以后年龄出现的更多。

有人提出应该区分“早熟”与“天才”。所谓早熟，是指某些儿童智力或才能发展较早。或者说，在婴幼儿期智力或才能发展比一般儿童迅速，但是到了成熟年龄，其智力或才能都不出众。

所谓天才，是指智力或才能出众者，我国心理学家称之为“超常”。超常的智力或才能固然需要一定的自然物质前提，但更重要的是它是在生活环境和实践中形成的。智力超过同龄人的婴幼儿，将来能否成为超常者，不仅取决于其天生因素，还要依赖后来的生活条件和后天教育的影响。

知识回顾

个性是指一个人比较稳定的、具有一定倾向性的各种心理特点或品质的独特组合。它包括一个人的需要、动机、兴趣等个性倾向性，还包括气质、性格、能力等个性心理特征，此外，个性还包括自我意识。本章从四个方面探讨了幼儿个性的发展。第一节主要探讨了幼儿的自我意识的发生及发展的一般趋势，并简介了幼儿自我概念、自尊、自信心、自我控制与自我调节能力的发展特点。第二节描述了幼儿的气质类型及幼儿气质的发展特点，并阐述了研究幼儿气质的意义。第三节介绍了幼儿性格的萌芽及幼儿性格的年龄特点，并简单阐述了幼儿性格特征的稳定性与变化。第四节从四个角度论述了幼儿能力的发展：一是幼儿能力的结构，二是幼儿智力与非智力因素的关系，三是幼儿智力结构的发展变化，四是幼儿智力发展曲线。

本章的重点是幼儿自我意识的发展趋势、理解气质的类型及如何消除气质类型的消极面，了解幼儿气质的教育措施、幼儿性格发展的年龄特征、幼儿智力结构的发展变化；难点是自我概念、自尊的定义，幼儿气质的教育措施，幼儿能力的结构。

活动体验

1. 进电梯的时候，看到一家三口，其中在看上去两三岁样子的可爱的小女孩。我走进去站在里面，小女孩迅速移动到妈妈身后。我对小姑娘说，“你好，你几岁了？”她把脸紧紧地贴在妈妈的腿上，一声不响。妈妈低头对女儿说：“别不好意思，告诉阿姨你几岁了。”女儿躲藏得更深了。妈妈有点歉意地对我说：“她就是这么不大方，有点胆小。”旁边的爸爸也说：“快出来跟阿姨讲话呀！”直到他们离开，小女孩都没有开口。

请结合所学的关于幼儿自尊的知识，评价以上父母的做法是否正确，如不正确，怎样做会更好。

2. 分别描述你童年时，增强和伤害你自尊的一件事。这件事是怎样增强你的自尊的？这件事对你对待幼儿的行为方式有何影响？

3. 与同学一起到附近的幼儿园，分别到小班、中班和大班观察幼儿，捕捉引起幼儿自我控制的事件，并记录下来，回到学校集体讨论幼儿自我控制的发展趋势。

4. 到附近的广场观察玩耍的幼儿，并主动与之交流，分析该幼儿的性格特点，并与照看者交谈，宣传所学的知识。

5．选择一名熟悉的幼儿细心观察，分析他气质中的消极面，并提出教育改善措施。

6．试着分析自己的气质特征，分别指出气质特征中积极的一面和消极的一面，并指出取长补短的方法。

7．在教师的指导下，选择一种适合我国幼儿的智力测验量表，在一个年龄班上进行一次智力测验，并分析该班幼儿的智力发展情况。

8．上网查一查，我国心理学界对学前儿童个性的发展研究有哪些新的进展。

第十章 Chapter 10

幼儿社会化的发展

本章导读

人与动物的根本区别在于人具有社会性。社会化是个体由自然人成长、发展为社会人的过程。人在社会化进程中同时发展了自身的心理能力、健全人格及行为方式。社会化涉及社会及个体两个方面。从社会视角看，社会化即社会对个体进行教化的过程；从个体视角看，社会化即个体与其他社会成员互动，成为合格的社会成员的过程。

在发展心理学中，道德发展是指个体随着年龄增长，逐渐掌握是非判断标准及按该标准去表现道德行为的历程。广义的亲社会行为是指帮助、安慰、分享、合作、同情等有社会和他人的行为。儿童道德与亲社会行为的发展是儿童社会性发展中两个密不可分的领域，也是长期以来发展心理学家最为关注的研究课题之一。

本章将从儿童的道德发展、儿童亲社会行为的发展、儿童攻击性行为的发展及儿童性别角色的获得等角度来探讨儿童社会化的发展。

目标透视

1. 熟悉皮亚杰的道德发展阶段、柯尔伯格的道德发展阶段、艾森伯格的亲社会道德发展阶段的主要观点。

2. 了解亲社会行为对幼儿的益处，理解幼儿亲社会行为的发展特点，把握形成亲社会行为的步骤，掌握帮助幼儿形成亲社会行为的策略。

3. 明确攻击的含义，把握攻击性行为的四种类型，科学地把握幼儿攻击行为的发展特点，了解攻击性行为对幼儿的危害，掌握减少幼儿攻击性行为的有效策略。

4. 了解同伴关系的作用，熟悉同伴关系的发展特点，掌握同伴关系的培养方法。

5. 明确性别概念的发展特点，理解性别角色标准的获得，熟悉性别化行为的发展趋势。

第一节　儿童的道德发展

一、皮亚杰的道德发展阶段

瑞士的皮亚杰是首先有计划、有系统地研究道德判断问题的心理学家。皮亚杰在1932年出版的《儿童的道德判断》，是发展心理学研究儿童道德发展的里程碑，为儿童道德发展的认知研究奠定了坚实的基础。

皮亚杰认为对儿童道德判断的性质的研究，采用直接的提问是不可靠的，把儿童放在实验室里剖析更是不可能的。只有在儿童对特定行为的评价中才能分析出他们对问题的真实认识。因此，皮亚杰与他的合作者创立了“临床法”（clinical method），以此来研究儿童对规则的意识和道德判断的发展问题。

皮亚杰采用对偶故事法，考察了儿童对游戏规则的认识和执行情况，对过失和说谎的道德判断及儿童的公正观念等方面的问题，并据此概括出儿童道德认识发展的三个阶段。

第一阶段：前道德阶段。此阶段通常出现在4～5岁以前。处于前运算阶段的儿童的思维是自我中心的，其行为直接受行为结果支配。因此，这个阶段的儿童还不能对行为作出一定的判断。

第二阶段：他律道德阶段。此阶段通常出现在4～9岁，以学前儿童居多数。此阶段儿童对道德的看法是遵守规范，只重视行为后果，而不考虑行为意向，被称为道德现实主义。

第三阶段：自律道德阶段。此阶段始自 10 岁以后，大约相当于小学中年级。此阶段的儿童，不再盲目服从权威。他们开始认识到道德规范的相对性，同样的行为，是对是错，除看行为结果之外，也要考虑当事人的动机，被称为道德相对主义。个体的道德发展达到自律地步，是与其认知能力发展齐头并进的。

二、柯尔伯格的道德发展阶段

继皮亚杰之后，许多心理学家从不同角度或侧面，在不同国家或地区重复、修正了他的研究，进一步丰富和发展了道德发展理论。其中影响较大的是美国哈佛大学教授柯尔伯格（Kohlberg）关于儿童道德发展阶段的研究。

柯尔伯格采用一系列两难推理故事来研究儿童道德的发展，儿童对两难故事中的问题既可作出肯定回答，又可作出否定回答。柯尔伯格真正关心的不是儿童作出哪一种回答，而是儿童证明其回答时提出的理由。因为在柯尔伯格看来，儿童提出的理由是根据其清晰的内部逻辑结构而来的，所以根据儿童提出的理由就能确定儿童的道德判断水平。

柯尔伯格采用纵向法，连续测量记录 72 个 10 ～ 26 岁男孩的道德判断，达 10 年之久。此后他又将研究结果推广到世界各国去验证，从而提出了他的“三水平六阶段”道德发展理论。

第一水平：前习俗水平。通常在学前至小学低中年级阶段，此水平又分两个阶段。

第一阶段：惩罚和服从的取向。根据行动的有形的结果判定行动的好坏，凡不受到惩罚的和顺从权威的行动都被看作对的。

第二阶段：工具性的相对主义取向。正确的行动就是能够满足本人需要的行为。虽然发生了互惠关系，但主要表现为实用主义方式。

柯尔伯格的第一、二阶段与皮亚杰的两个阶段相对应，第一阶段都是毫不怀疑地服从权威，对行为的判断根据行为的后果，第二阶段都承认规则具有相对性，但皮亚杰认为这个阶段的儿童已能根据行为的意图来判断，而柯尔伯格认为第三阶段才具有这样的特征。

第二水平：习俗水平。通常自小学高年级开始，此水平又分两个阶段。

第三阶段：好男孩—好女孩的取向。好的行为是使人喜欢或被人赞扬的行为，十分重视顺从和做“好”孩子。

第四阶段：法律和秩序取向。注意中心是权威或规则。所谓正确，是指完成个人职责、尊重权威和维护社会的秩序。

第三水平：后习俗水平。通常自青年末期接近人格成熟时开始，此水平又分两个阶段。

第五阶段：社会契约的取向。这个阶段有一种功利主义的、墨守成规的情调。正确的行为是按社会所同意的标准来规定的，重要的是意识到个人主义的相对性及需要与舆论一致。

第六阶段：普遍的道德原则的取向。道德被解释为一种良心的决断。道德原则是自己选定的，根据抽象概念而不根据具体规则。

三、艾森伯格的亲社会道德发展阶段

艾森伯格（Eisenberg）是美国当前较有影响的儿童心理学家。她的理论被称为亲社会道德判断的发展阶段理论。艾森伯格及其合作者利用亲社会两难故事进行了许多横向和纵向研究，在此基础上归纳、总结了关于儿童亲社会道德判断的五个阶段。

阶段一：享乐主义的、自我关注的推理。助人或不助人的理由包括个人的直接得益、将来的互惠，或者由于自己需要或喜欢某人才关心他（她）。

阶段二：需要取向的推理。他人的需要与自己的需要发生冲突时，儿童对他人身体的、物质的和心理的需要表示关注。儿童仅仅是对他人的需要表示简单的关注，并没有表现出自我投射性的角色采择、同情的言语表述等。

阶段三：赞许和人际取向、定型取向的推理。儿童在证明其助人或不助人的行为时所提出的理由是好人或坏人、善行或恶行的定型形象，他人的赞扬和许可等。

阶段四：分为两个阶段。

一是自我投射性的移情推理。儿童的判断中出现了自我投射性的同情反应或角色采择，他们关注他人的人权，注意到与一个人的行为后果相联系的内疚或情感。

二是过渡阶段。儿童选择助人或不助人的理由涉及内化了的价值观、规范、责任和义务，对社会状况的关心，或者提到保护他人权利和尊严的必要性等。但是，儿童并没有清晰而强烈地表述出这些思想来。

阶段五：深度内化推理。儿童决定是否助人的主要依据是他们内化了的价值观、规范或责任，尽个人和社会契约性的义务、改善社会状况的愿望等。此外，儿童还提到与实践自己价值观相联系的否定或肯定情感。

我国发展心理学者程学超和王美芳对儿童亲社会道德推理的发展进行了研究。参照艾森伯格设计的亲社会两难故事，结合我国儿童的生活实际，编制了两套亲社会两难故事，每套四个共计八个故事。该实验研究结果表明：幼儿园大班儿童亲社会推理主要处在水平二，有相当一部分处于水平一；小学二年级儿童主要处在水平二，有相当一部分处于水平三；小学四年级儿童主要处在水平三，也有相当一部分处在水平二和水平四；小学六年级儿童主要处在水平三和四；初中二年级和高中一年级的判断推理主要处在水平四，并且有少部分达到水平五；高一学生达到水平五的比例已大大增长，但在该年级并没有占判断的主导地位。

研究发现，总体上从幼儿园大班到小学五年级再到中学儿童的亲社会道德推理的发展经历了一个不断上升的过程。在这个过程中，儿童的判断推理逐渐向更概括、更抽象的方面发展。

第二节　儿童亲社会行为的发展

“助人、同情、援救、分享、鼓励、保护、给予、牺牲、安慰、合作、援助、鼓舞”，所有这些词语都是描述亲社会行为的。亲社会行为通常指对他人有益或对社会有积极影响的行为，是社会能力的一个要素，与自私和攻击性行为相反，它们代表的是社会的积极价值。心理学家们认为，引发亲社会行为的动机是多种多样的，如为了期待外部的奖赏，或为了获得社会赞许，或为了减轻自己消极的内部状态（例如，因看到一个需要帮助者而感到内疚或悲伤）等。亲社会行为也包括利他行为，即由同情他人或坚持内化的道德准则而表现出的亲社会行为。利他行为要比为了避免惩罚或为了获取报酬或社会赞许而引发的亲社会行为更具有道德性。亲社会行为作为一种普遍的社会现象，越来越引起发展心理学家和社会心理学家的兴趣，并已成为心理学研究领域中一个重要的课题。

一、亲社会行为对幼儿的益处

表现出亲社会行为的幼儿可以从帮助他人的过程中逐渐产生满足感。当幼儿帮助摆餐具、与朋友交流信息、安慰不高兴的玩伴时，他们会认为“我是一个有用的人”“我能做一些事”“我是重要的”。通过帮助、分享、安慰及合作，他们会对自己的世界产生影响。相比那些缺少体贴行为的幼儿，他们被认为具有更多的积极行为的人，这会增加他们以后出现善意行为的概率，也会增加在需要帮助时获得别人帮助的概率。不经常帮助别人或不与别人合作的幼儿在遇到困难时只能独自应付。

亲社会行为对幼儿的益处：①引起满足感；②建立能力感；③提供融入社会的通道；④促进正在发展中的关系；⑤增加接受帮助或合作的机会；⑥营造积极的团体氛围。

二、幼儿亲社会行为的发展

1．分享与助人

20 世纪 80 年代以来，不少研究者对儿童早期的亲社会行为发展进行了研究。结果发现在年幼儿童（大约 20 个月）和年长儿童（20 ～ 30 个月）之间出现了两个突出的变化：年幼儿童经常注意他人的痛苦并且经常哭喊、烦躁或啜泣，但是很少作出亲社会的行为。即使有亲社会行为，这些亲社会行为通常也仅仅表现为触摸或轻轻拍打受伤害者，或者提供给受伤害者物品。而年长儿童表现出更多的亲社会行为，这些年长儿童的亲社会行为在母亲报告的所有事件中大约占 1/3。这种亲社会行为发生的形式是多种多样的，包括安慰（“你会好的”）、好战的利他行为（攻打攻击者）、给东西（如绷带、舒适的物品）或从第三方寻求帮助。

这项研究清楚地表明，3 岁以下的儿童能够表现出某种形式的亲社会行为，尤其是 20 个月以上的孩子，已经能理解简单的因果关系，也能够认识到自己和他人是有区别的。在此年龄以前，儿童经常和其他人一样为自己寻求更多的安慰，但是 20 个月以后，他们逐渐意识到痛苦是别人的痛苦，并且他们会作出更多适当的行为。

当儿童看到另一个人痛苦时就表现出很明显的亲社会倾向，在儿童出生后的第二年开始出现关心他人，包括对他人痛苦的情感反应（移情）和试图帮助别人的利他行为。儿童在很小的时候就感觉到自己对他人是有责任的。

像分享一样，早期的助人行为并没有表明儿童是完全自我中心的，相反，助人行为是由于儿童期望参与一些成人的活动而表现出的社会互动。

2. 合　作

合作行为是指两个或两个以上的个体为共同的道德目标而协调活动，以促进某种既利于自己又利于他人的结果得以实现。关于幼儿合作的许多研究指出：在出生后第二年，合作行为开始发生并迅速发展，合作行为是随年龄增长而不断增加的。在儿童的亲社会行为中，合作行为最为常见，同伴对儿童的合作行为多作出积极反应。

3. 安慰与保护

年幼儿童不仅能够区分他人的需要和利益进而对他人作出分享和帮助的行为，而且可以对周围其他人的情感悲伤作出亲社会性的反应。儿童早期对他人悲伤情感所作出的反应形式主要包括注视悲伤者、哭泣、呜咽、大笑和微笑，这些反应随年龄而增加，并逐渐被其他一些反应所代替，如寻找看护人、模仿和明显的具有利他性或亲社会性的干预的意图。这些亲社会性干预也随着儿童年龄的增长而变得越来越复杂。

三、形成亲社会行为的步骤

曾经认为，只要教给幼儿亲社会行为的思维方式，合适的行为就会随之而来。但事与愿违，幼儿懂得分享、合作、轮流等是好事情，但实际上幼儿有时并没有作出这些行为。从思想到行动必须要经历一系列步骤：①认识分享、合作或帮助行为的必要性；②决定采取行动；③实施亲社会行为。

1. 认　识

幼儿首先必须觉察到有人可能从亲社会行为中受益，这需要他们正确地理解所见所闻，意味着他们要认识到陷入困境的典型信号，如哭、呜咽、皱眉、挣扎等，还要正确地识别语言信号，如“我一个人做不了这么多”或“如果我们一起做，会完成得快一点”。幼儿能否轻易地辨认这些信号依赖线索的清晰程度。例如，莉莉哭着喊救命与点点倒在地上呻吟，前者更容易让小朋友理解她的困难处境。在大多数情况下，遇到问题情境的人会观察受害人和周围其他人的反应，以确定问题情境是否真正存在，特别是情况不明朗时更是如此。如果旁观者表现出无所谓的样子，可能的帮助者就会认识不到采取行为的必要性。

当幼儿认识到有人陷入困境时，他们会对那个人产生同情心，会增加采取亲社会行为的可能性。

2. 决　定

一旦幼儿意识到有人需要帮助时，他们就面临着是否该采取行动的决定。有三个因素影响着决定的作出。一是需要帮助的人与自己的关系，相比陌生人，朋友之间更能相互善待。二是心境，在积极心境中比在消极的或中性的心境中更愿意采取亲社会行为。三是自我认知，幼儿决定是否采取亲社会行为取决于他们是如何看待自己的。经常听到自己被称为合作的或爱助人的幼儿，他们也会认为自己是这样的。

3. 行　动

如果幼儿认定自己有分享、帮助或合作的义务，他们就会选取或执行自己认为适合这种情境的行为。当然，由于幼儿的经验缺乏，往往有“好心办坏事”的时候。例如，一个设法安慰别人的幼儿可能会因用力地拥抱而弄疼了他人。

四、帮助幼儿形成亲社会行为

1. 树立榜样

让幼儿亲眼目睹亲社会行为，会有利于幼儿形成亲社会行为。经常能看到别人合作、帮助、分享和给予的幼儿，更容易自己也这样做。

2. 亲社会行为归因

越是认为自己是团结友爱、慷慨大方或富于同情心的幼儿，就越会对别人如此。因此，使亲社会行为增多的一种途径是鼓励幼儿认为自己是一个亲社会的人。“你们愿意分享，因为你是一个乐于助人的人”，这样的亲社会归因会增加幼儿的亲社会行为。

3. 对亲社会行为的奖赏

当成人对幼儿的亲社会行为给予有效表扬和关注时，幼儿的亲社会行为就更容易继续。

4. 直接指导

当训练幼儿去想或去做亲社会行为时，他们的亲社会行为也会增加。

(1) 提供一些幼儿自己能做到、具体的亲社会行为例子。
(2) 通过故事说明亲社会行为的准则。
(3) 让幼儿说出以前观察到的亲社会行为。
(4) 在幼儿游戏中，让幼儿分别扮演帮助者和被帮助者。
(5) 教幼儿能引发合作和觉察别人需要的游戏。
(6) 在现实生活中，为幼儿实践创造亲社会行为的机会。

5. 练习亲社会行为

实际参与到亲社会行为活动中能够培养幼儿将来的亲社会行为。

第三节　幼儿攻击的发展

一、攻击的含义

攻击性是一种导致人和动物身体或情感受伤害的行为，或者是导致财物损坏或毁灭的行为。它可能是言语上的也可能是身体上的伤害。拍、抓、掐、踢、吐、咬、威胁、侵略、羞辱、闲话、攻击、辱骂、欺负、毁坏和破坏都是攻击性行为的例子。虽然每一种行为都会带来伤害的结果，但是儿童使用攻击性行为却有着不同的原因。

通常攻击性行为可分为以下四种。

一是无意性攻击。通常，儿童在游戏过程中会无意地伤害到别人，这被称为无意性攻击。爬猴笼子的时候踩到别人的手指，在捉迷藏游戏中追朋友追得太紧，讲笑话时不小心伤害到了某个人的感情，或者在努力抓蝴蝶时却把它弄死了，这些都是一些没有冲突却偶然发生攻击性的情境。

二是表现性攻击。表现性攻击对于攻击者来说是一种快乐的感觉体验。它是指儿童从对某人无心的伤害，或者从妨碍某些人的身体行为中获得的乐趣。攻击者的目的不是从受害人那里得到反应或破坏一些东西，相反，他或她只是被快乐的身体感觉的体验吸引住了。例如，瑞格推倒萨米的积木建筑，他感到满意是因为他很好地表现了空手道；爱里巴丝的笑伤害了图兰娜，是因为他感觉极好；玛薇用他的自行车猛撞捷克的四轮车后座，仅仅是因为他喜欢受到突然撞击的感觉。表现性攻击没有愤怒、沮丧或敌意的情绪标记，它只是一种无心的玩笑的或探索性的行为，却导致了其他人的不开心。

三是工具性攻击。工具性攻击是指儿童为了争夺物体、领土或权力而发生的身体上的冲突且使他人在此过程中受伤的行为。儿童只是努力得到他想要的东西，或者保护那些他们认为属于自己的东西，他们的目的不是伤害别人，但结果却如此。例如，马萨和坎利斯为了争夺一个大头针而推来挤去，这样就导致了马萨的眼睛受了伤，坎利斯的手指弄破了，这样的结果使两个孩子都不高兴了，而且都受到了伤害。他们都没想伤害对方，仅仅是想拿到那个大头针。但是，由于缺少知识和技巧，他们最终诉诸于外力来达到他们的目标。在这个例子中，攻击性的结果是女孩们交往的附属品，并不是她们的主要目的。当孩子们诉诸于喊叫、击打、抓、推来决定谁是下一个或应该轮到谁坐在最受欢迎的同伴旁边时，同样的结果也会发生。缺少预先的设想和缺乏深思熟虑而造成的伤害，是区分工具性攻击和有目的的袭击他人或伤害他人自尊的两个因素。下面举一些例子。

工具性攻击经常由于争夺物体而发生：詹斯卡和兰特莎同时跑向秋千，都想玩秋千，她们为了谁能玩秋千而展开了激烈的争吵，不久他们开始又推又拽。孩子们这种行为的目的就是获得秋千的所有权，争夺是由于物体产生的，攻击性由此产生。

工具性攻击经常由于争夺领土而发生：瑞曼德已经占领了一大块地方来搭建他的机场，当其他的小朋友想在他为机场预留的地方建马路时，瑞曼德很不高兴。随之而来的结果就是为了谁能在那里搭建筑展开了争论，孩子们开始互相攻击对方。孩子们行为的目的是在区域范围内建立对领土的控制，遗憾的是，他们为了达到目标而采取的方法是伤害性的。

工具性攻击经常由于争夺权力而发生：争吵的发生就是由于好几个孩子同时向门跑去，每个人都想做“排头”。在这样的情景下，孩子们的主要目标是争取谁能站排头的权利，而攻击性行为就不幸地成为了孩子们努力达到目标的附产品。

四是敌意性攻击。儿童表现出敌意性攻击时会体验到满足，因为看到别人身体或心理受到了伤害。他们的伤害性行为或言语是有目的的攻击，是为了报复先前的侮辱或伤害，或者他们只是做他们想做的事，而使别人受到伤害。由于具有深思熟虑的特点，敌意性攻击与其他类型的攻击是不同的。

儿童在丢面子或没有安全感，或者他们认为某些人可能试图破坏他正在做的事时，使用敌意性攻击来使他们变得更加强大。

二、幼儿攻击行为的发展

（一）幼儿攻击行为的早期发展

彪勒（Buhler）、格林（Green）、雪莉（Shirley）等一批发展心理学家研究表明，幼儿与同伴之间的社会性冲突至少在幼儿出生后的第二年就开始了。美国心理学家霍姆伯格（Holmberg）发现，他所观察的 12 ～ 16 个月的婴儿，其相互之间的行为大约有一半可被看作破坏性的或冲突性的。而且，随着幼儿年龄的增长，幼儿之间的冲突行为呈下降趋势，到 2 岁半，幼儿与同伴之间的冲突性交往只有最初的 20%。

海（Hay）总结前人的研究，对婴幼儿冲突行为的发生频率和冲突持续的时间作了较为全面的评估。他研究发现，年龄在 18.4 ～ 62 个月的幼儿冲突行为发生的平均频率为每小时 5 ～ 8 次。关于幼儿冲突行为持续的时间问题，有人发现，婴幼儿之间冲突一般持续 31 秒左右；92% 的幼儿与同伴之间的言语冲突持续时间在 10 个回合之内，66% 的在 5 个回合之内。

在幼儿早期冲突行为的性质问题上，基本上存在着两种不同的观点。一种观点认为，幼儿早期的冲突行为不具备特定的社会意义，在本质上是一种“社会性盲目”（socially blind）。这一观点认为，幼儿的这些早期冲突与大龄幼儿之间及成人之间的冲突具有不同的性质，后者是以消极的后果和敌意动机为特点的。另一种观点则肯定幼儿早期冲突行为的社会意义，认为幼儿在冲突中“可能既受引起冲突的客体所具有的社会意义的影响，又受其客观刺激特性的影响”。海和罗斯（Ross）发现，婴幼儿之间的冲突包含着具有社会意义的事件，这些事件与以后各年龄阶段中幼儿之间发生的攻击性相互作用是相同的。幼儿在冲突中不仅关心空间和物品问题，而且会因同伴的行为是否违反社会规范而发生争吵。这与大龄幼儿争吵的内容是相似的。

近来多数的研究者强调了幼儿早期冲突的社会性，认为幼儿与同伴之间的冲突不仅有助于幼儿学习如何有效地发动和终止相互攻击，而且这些经验还为幼儿提供了有关社会秩序的信息，其中包括社会成员与他们的财产之间关系的信息等。

（二）幼儿攻击发展的基本模式

1. 攻击行为起因的发展变化

随着幼儿年龄的增长，引起幼儿攻击行为的前提条件的性质也随之发生变化，婴儿和学前早期幼儿的攻击与冲突主要由物品或空间争夺引起，由具有社会意义的事件引发的攻击所占的比例很小。进入学前期，由具有社会意义的事件而引起的幼儿之间的攻击行为逐渐增多。一些研究人员发现，幼儿到 4 岁半时，由具有社会意义的事件（游戏规则、行为方式、社会性比较等）引起的攻击行为与由物品和空间问题引起的攻击行为首次达到平衡。这些研究还特别提到了声誉的损毁（消极的社会性比较、批评、讥讽、辱骂等）在幼儿攻击行为激发中的作用。这些声誉的损毁不仅会引起幼儿之间的言语攻击，而且常常引起彼此之间的身体攻击。

张文新等人采用自然观察法对幼儿园小班、中班和大班的 27 名幼儿攻击行为的起因、类型及其年龄差异进行了考察。根据对幼儿攻击行为的观察记录，该研究把幼儿攻击的起因分为八种类型：①获取他人的物品（玩具、食物、图片等）；②保护自己的物品；③争夺空间（座位、活动场所等）；④帮助朋友或受人指使；⑤游戏或其他活动的纠纷；⑥他人违反纪律和行为规则（游戏规则、幼儿园的行为规则）；⑦无故挑衅、欺负他人；⑧报复还击（在受到他人的伤害、干扰后对他人进行攻击）。统计结果显示，幼儿攻击行为的起因次数间存在显著差异，各类起因次数由高到低排列依次为报复还击，保护自己的物品，无故挑衅、欺负他人，游戏或其他活动的纠纷，他人违反纪律和行为规则，获取他人的物品，争夺空间和帮助朋友或受人指使。

2. 攻击类型的发展变化

美国心理学家哈吐普（Hartup）把攻击行为分为敌意性攻击和工具性攻击（又称操作性攻击）两种。根据这一分类，他对 4 ～ 6 岁和 6 ～ 7 岁两个年龄阶段幼儿攻击形式的发展进行了观察研究，发现年龄较小的幼儿的攻击性要高于年龄大一些的幼儿。哈吐普认为，这种现象产生的主要原因在于前者的工具性攻击的比例高于后者。相反，年龄大些的幼儿与年龄较小的幼儿相比，他们更多地使用敌意性攻击或以人为指向的攻击。另一个与此相联系的原因是，随着幼儿年龄的增长，诱发其攻击行为的刺激类型也发生了变化。

哈吐普认为，在整个学前期，幼儿的工具性攻击呈减少趋势，敌意性、报复性攻击呈增多趋势。前述张文新等人的研究发现，在全部观察的 339 件攻击行为中，工具性攻击 176 件，占总数的 51.9%；敌意性攻击 163 件，占总数的 48.1%。研究者还发现，两类攻击行为在幼儿园小班、中班和大班三个年龄组中的次数分布存在显著差异：小班幼儿的工具性攻击极显著地多于敌意性攻击，中班幼儿的工具性攻击和敌意性攻击行为次数之间不存在显著差异，大班幼儿的敌意性攻击次数极显著地多于工具性攻击。

三、攻击性行为对幼儿的危害

幼儿的攻击性行为不但会对他人或集体造成危害，对其个体的健康发展也是很不利的，而且会阻碍儿童社会性、个性和认知的发展。大量研究表明，有攻击性行为的孩子，其同伴关系一般较差，大多数同龄孩子会对其避而远之。在小班，由于一些攻击性行为较强的幼儿的影响，常常导致受其欺负的小朋友产生心理恐惧，甚至不愿上幼儿园，使教师对家长的工作难做。而且，由于攻击性幼儿惹是生非，影响正常的生活和教学秩序，使教师需花很多时间来解决因此产生的矛盾，故而很多教师对这样的孩子也感到头疼。攻击性行为还会延续至青年和成年，会出现人际关系紧张、社交困难。更要引起人们重视的是，如果对幼儿的攻击性行为不及时加以干预、矫治，那么，这种孩子长大后很容易走上犯罪的道路。据资料表明，在青少年暴力犯罪的犯罪行为当中，70% 的暴力少年犯在早年儿童期就被认定为有攻击性行为。因此，对幼儿攻击性行为的研究一直是发展心理学家们最感兴趣的研究课题之一，也是儿童社会性发展研究的重要内容。幼儿的可塑性很强，家长和幼教工作者更应加强这方面的认识，尽早干预对幼儿攻击性行为的控制与矫治。

四、减少幼儿攻击性行为的有效策略

有效减少幼儿攻击性行为的策略是教导幼儿怎样以非攻击性行为表达愿望，怎样对其他人的攻击性果断地作出反应。

1. 榜　样

成人要为幼儿提供一个合适的榜样供幼儿模仿，还要去掉一些幼儿可能接触到的攻击性的例子和材料，如那些把攻击性看成有力量的，普遍适用的武器的玩具、游戏、电影、书籍、图画、电视节目和生动的实例等。

2. 强　化

当非攻击性的策略得到奖励时，幼儿更倾向于重复这些策略来使他们的愿望实现。例如，当淘淘请求轮流玩滑梯而不是去抢时，他如愿得到了玩滑梯的机会，那么他有可能在以后的社会行为中即使偶尔被拒绝也会多采用询问的方式。

3. 直接指导

(1) 减少幼儿生活中的挫败感。当幼儿有足够的材料使用的时候，当环境允许活动的自由、没有过分拥挤或活动之间的干扰时，他们会较少出现攻击性行为。

(2) 帮助幼儿感到更有能力。如果成人给幼儿选择的机会，帮助他们发展自己的机能，避免过分坚持尽善尽美，幼儿就会减少攻击性行为。

(3) 培养幼儿的移情。教育幼儿能够体会别人的感受，或者想象受伤害的感觉，他就不太可能去伤害别人。

(4) 教给幼儿亲社会行为。游戏是培养幼儿亲社会行为的有效手段。幼儿在游戏中需要相互适应，服从共同的行为规则，从而逐渐摆脱自我中心意识，学会与别人交往的正确方式。以“迷路的小花鸭”为例，教师和幼儿一起设计了错综复杂的山林道路，把小花鸭扮演者“丢”在山林里，安排幼儿扮演樵夫、山林管理员、游客等，看小花鸭是如何向他们求助的及他们是如何做的。教师还设计了一系列问题：小花鸭为什么哭了？樵夫不给小花鸭指路对不对？游客给小花鸭指错路对不对？小花鸭为什么笑了……幼儿通过回答问题，进一步明确了应该帮助别人及如何帮助别人的意识。在游戏结束后，教师对表现正确的幼儿进行肯定、赞赏、鼓励，使幼儿产生自豪、羡慕、向往、愉快的体验；对做了不符合道德要求的事的幼儿，也及时批评指出，使之改正，将负面的道德情绪体验转化为积极、健康、肯定性的亲社会行为。

(5) 引导幼儿的表现性攻击。例如，军军扔球过于专注以至于他扔的球打扰了别人的游戏，教师可以引导军军继续扔球，但要改变扔球的方向。又如，妞妞推倒的积木玩具正是大龙精心摆好的长城，教师可以引导妞妞仅仅能推倒自己的积木，不能推倒别人的作品。

(6) 明确告诉幼儿攻击性是不可接受的。成人必须对幼儿的攻击性行为持清晰的否定态度,大声告诉幼儿不能接受他的攻击性行为,更不能被幼儿的哭泣或蛮横所左右。

(7) 教给幼儿应对攻击行为的方法。例如,某幼儿园里的章文康小朋友对班里的小朋友频频发起攻击:打人脸,捶人肚子,踩人脚,嘴里还不停地嘀咕:“把他打个西巴烂,摔死他……”。有一天,他发起了十多次攻击性行为,涉及七八名幼儿。尤其是他认准了同组的男孩吴宇豪,一上午打了他五次,不是捶他的肚子就是踢他的腿,嘴里还反复念叨:“你是个坏蛋,讨厌鬼,我打死你……”班主任张老师有意识地教给被攻击者吴宇豪自我防御的能力:“当章文康盯着你看,想打你时,你可以提醒他不许打人,或者直接把他的手推开。如果没有察觉章文康的攻击迹象,而冷不防遭受攻击时,可明确表达你的愤怒之情,甚至予以适度的反击。”

4. 冲突协调

面对小朋友之间的冲突,教师应尽量提供或多或少必要的指导,直到幼儿得到一些结论为止。这个过程的目的不是让教师授意幼儿应该怎样解决问题,而是帮助他们自己想出解决问题的办法,幼儿能够从不同的解决办法中得到益处。

第四节　同伴关系的发展

同伴关系是幼儿在交往过程中建立和发展起来的一种幼儿间特别是同龄人间的人际关系,它存在于整个人类社会。无论是在狩猎采集时代,还是在竞争激烈的现代社会,尽管不同时代、不同文化,幼儿接触的环境有很大变化,他们最早接触其他幼儿的时间和范围也有很大差别,但是,在一般情况下,幼儿都有与其他幼儿进行交往的机会。世界上还没有一种文化单纯是依靠成人来抚育幼儿的。幼儿实际上生活在两个世界,一个是包括父母和其他成人在内的成人世界,另一个就是同伴世界。

同伴关系在幼儿生活中,尤其是在幼儿个性和社会性发展中起着成人无法取代的独特作用,是不容忽视的环境因素之一。

一、同伴关系的作用

许多心理学家都曾指出,幼儿间的交往是促进幼儿发展的有利因素,与同伴的交往经验绝不是由某些幼儿享有而不被另一些幼儿享有的一种表面的奢侈品,同伴关系对于健康的认知和社会性发展是绝对必需的。我国和前苏联学者同样也很重视集体在幼儿个性发展中的作用。大量研究文献表明,同伴关系有利于幼儿社会价值的获得、社会能力的培养及认知和健康人格的发展。

首先,同伴可以满足幼儿归属和爱的需要及尊重的需要。马斯洛认为,归属和爱及尊重的需要是人类基本需要的一部分,幼儿在同伴集体中被同伴接纳并建立友谊,同时在集体中占有一定地位,受到同伴的赞许和尊重而产生一种心理上的满足,这有益于幼儿的发展。

其次，同伴交往为幼儿提供了学习他人反应的机会。幼儿在与同伴交往中学习如何与他人建立良好关系、保持友谊和解决冲突，怎样对待领导与被领导的关系，怎样对待敌意和专横，怎样对待竞争与合作，怎样处理个人与小团体的关系等。这一切都是在平等的基础上进行的。与父母不同，同伴既是平等的，又是铁面无私的。同伴对幼儿的影响主要通过强化、模仿和同化机制实现。同伴榜样在改变幼儿行为和态度中具有很大潜力，幼儿常模仿同伴的行为并将其同化到自己的行为结构中去。

再次，同伴还是幼儿特殊的信息渠道和参照框架。例如，幼儿常从同伴那里获得一些不便或不能从成人那里得到的知识和信息。在同伴集体中，当发生规范冲突时，幼儿考虑到同伴提供的信息和团体规范，会表现出从众行为。幼儿自我概念的形成也得益于同伴集体。同伴既可以给幼儿提供关于自我的信息，又可以作为幼儿与他人比较的对象。幼儿在将自己与同伴比较的过程中形成对自我的评价。

最后，同伴还是幼儿得到情感支持的一个来源。安娜•弗洛伊德关于第二次世界大战中六个孤儿的调查表明，在缺乏成人照料的情况下，这些幼儿发展了类似亲子关系中的依恋模式，他们发展正常。实验室研究也表明，当幼儿面临陌生或恐怖情境时，同伴（如好朋友）在场可以起到与父母同样的作用，消除紧张和压抑。

既然同伴关系在幼儿发展中意义重大，那么，同伴关系不良的幼儿由于与同伴交往机会有限，他们的发展是否会受到影响呢？比起其他幼儿，这类幼儿更易出现下列问题：退学（或逃学）、孤僻、退缩、冷漠、压抑或其他心理障碍，加入不良团伙乃至犯罪。

二、同伴关系的形成

儿童的同伴关系是通过相互作用的过程表现出来的。在整个儿童期间，同伴相互作用的基本趋势是：从最初简单的、零零散散的相互作用逐步发展到各种复杂的、互惠的相互作用。这是一个从简单到复杂、从低级到高级、从不熟练到熟练的过程。而且，在不同的年龄阶段，儿童同伴关系表现出不同的发展特征。

在婴儿期，同伴关系只是在最松散的意义上存在着，他们的社会交往非常有限。

幼儿期同伴关系的发展趋势为：进入幼儿园，幼儿与同伴的接触次数增加，他们不再把成人作为唯一的依靠对象，他们开始主动寻求同伴，喜欢和同伴共同参与一些活动，与同伴的交往比以前密切、频繁和持久。从 3 岁起，幼儿偏爱同性同伴，经常与同性同伴一起游戏、活动。在 3 ～ 4 岁，依恋同伴的强度和与同伴建立起友谊的数量显著增长，语言的发展也使同伴间的交往更加有效。

在这个阶段，幼儿认知能力和言语技能的发展改善着同伴交互作用的性质。幼儿能够互相交流思想，分享有关活动的知识，参加集体性的假装游戏，能够与同伴商议游戏的规则以决定游戏的建构。并且这时的幼儿还可以参加由几个幼儿同时加入的集体游戏，而不只是两人游戏。这样，幼儿社会行为的总体水平有了显著增加。

幼儿早期的友谊一般是脆弱、易变的，很快形成又很快破裂。幼儿的友谊多半建立在地理位置接近（邻居）、有共同的兴趣和喜爱的活动及拥有有趣的玩具的基础上。因此，在幼儿阶段还没有发展起友谊关系。

对幼儿同伴关系的评定，可以通过研究人员的观察、教师的评定或社会测量法测量。运用社会测量法时，常让幼儿从本班幼儿的照片中进行选择或现场提名。

三、同伴关系的培养

帮助儿童建立良好的同伴关系，可着重从以下三个方面做起。

（1）家长要正视儿童的同伴关系，认识到同伴关系对儿童成长的重要性，抛弃怕儿童太小没有能力，怕儿童在同伴关系中吃亏和受忽视的担忧。其实儿童在交往中遇到一些困难和挫折是必要的和必然的，让儿童吃点“苦头”是有益的。家长应尽可能地帮助儿童创造与同伴交往的机会，鼓励儿童多与同伴交往，教育儿童欣赏同伴，与同伴分享游戏中的乐趣，有错误敢于承认，尽可能原谅别人等。对儿童之间产生的矛盾，家长不必直接介入，但应启发儿童自己动脑解决。有条件的家庭还可提醒孩子欢迎同伴到家中做客，指导儿童如何招待同伴，引导同伴全体参加活动，结合玩耍情境评价儿童与同伴交往时的优缺点等。

（2）家长应规范自己的言行。家长在人际交往中的言谈举止会成为儿童效仿的榜样。儿童在家庭中，会不自觉地接受家长处理人际关系的倾向，潜移默化地学会家长的待人接物方式。因此，家长在人际交往中要注意热情待人、乐于助人、同情他人、尊重他人，民主地、宽容地处理人际关系，为儿童作出典范。切忌对儿童的教育是一套，而对待他人是另一套。

（3）培养儿童优良的品质。良好品行不仅是儿童成长发展的重要方面，在建立良好的同伴关系中也是至关重要的因素，可以说它是儿童建立良好同伴关系的基石。只有品德高尚的人，才会做到关心他人、乐于助人，敢于牺牲个人的利益。相反，如果一个人自私自利，以自我为中心，品行不端，即使有一定的社交技巧、个人能力，其人际关系也不会长久融洽。因此，家长要抓好儿童品德的培养，教育儿童忠于友谊，宽宏待人，善于与他人分担忧愁和分享快乐。同时教会儿童与人相处的策略，学会一定的交往技巧，如适当的服从、恰当的赞赏、灵活的矛盾处理方法等。

研究表明，在儿童的人际交往中，同伴交往是儿童最需要、最独特的一种交往类型。随着儿童的年龄增长，他们与其他儿童的交往会持续增多，而与成年人的交往将逐渐减少。所以，家长一定要注重培养儿童的交往能力，尤其是和同伴交往的能力，帮助他们成功地迈向人生。

第五节　幼儿性别概念与性别角色知识的发展

一、性别概念的发展

幼儿的性别概念主要包括三个成分：性别认同、性别稳定性和性别恒常性。性别认同是幼儿对自己和他人的性别的正确标定，性别稳定性是幼儿对人一生性别保持不变的认识，性别恒常性是对人的性别不因其外表和活动的改变而改变的认识。性别认同的出现最早，然后是性别稳定性，最后是性别恒常性。

（一）性别认同

1. 性别认同的发展

大多数研究认为，幼儿的性别认同出现的时间在 1.5 ～ 2 岁。一些 2 岁左右的幼儿已能分辨出照片上人的性别，然而还不能确定自己的性别。大多数 2.5 ～ 3 岁的幼儿能正确说出自己是男孩还是女孩，但是不能认识到性别是不变的属性。3 ～ 5 岁幼儿还不能理解性别的坚定性。5 ～ 7 岁幼儿才开始理解性别的坚定性，这正是幼儿初步达到液体和数量守恒的阶段。幼儿先是理解自我的性别坚定性，继而是同性别他人的性别坚定性，最后是异性别他人的性别坚定性，理解男女生理上的差异是在学龄期间。

2. 性别认同的线索

在进行性别认同所依据的线索方面，幼儿与成人之间存在差异。成人首先依据生殖器官，其次是身体的轮廓等线索，最后是服饰来确定性别。而幼儿往往首先依据发型特别是头发的长度，其次是服饰的特点来确定被观察者的性别。

性别认同阶段中，幼儿虽然知道自己是男孩还是女孩，但并不清楚自己的性别是不会随年龄的增长而变化的。

（二）性别稳定性

幼儿一般在 3 ～ 4 岁的年龄达到性别稳定性。这一年龄的幼儿能够认识到，一个人的性别在一生中是稳定不变的，男的终究是男的，女的终究是女的。这一发展依赖幼儿对其心理方面特征的感知。心理、个性方面的特点变化较小，使幼儿对心理这方面的性别信息的判断相对简单，如对女性的温柔、男性的攻击性等心理特点的感知较早。

（三）性别恒常性

性别恒常性是幼儿性别认知发展中的一个重要的里程碑。一般要到六七岁才能获得性别恒常性的认识。这阶段的幼儿能够认识到，即使女孩穿男孩的衣服也依然是女孩，而男孩留长发或喜欢绣花等也依然是男孩。性别恒常性的发展是幼儿对其活动、外表特征的认识。这方面的特点比心理方面的特点变化大，是可见的，使幼儿对这些方面反映的性别信息的判断复杂化，所以性别恒常性的发展要晚于性别的稳定性发展。

二、性别角色标准的获得

每位父母都有一套性别角色标准，他们从儿童出生后，就以各种方式传递给子女。他们鼓励那些符合性别角色标准的行为，制裁那些不适当的行为。幼儿几乎在会正确使用性别标签不久，就获得了一些性别刻板印象。有一项研究给 2.5 ～ 3.5 岁的幼儿两个性别不同的娃娃，问他们这两个娃娃分别从事什么活动，如做饭、缝衣服、

Chapter 1
Chapter 2
Chapter 3
Chapter 4
Chapter 5
Chapter 6
Chapter 7
Chapter 8
Chapter 9
Chapter 10
Chapter 11

玩娃娃、开火车或货车、打架、爬树等。几乎所有2.5岁的幼儿都有一些关于性别角色标准的知识，而3.5岁的幼儿知道得更多。

戴蒙（Damon）与4～9岁幼儿交谈，以确定他们怎样用性别角色标准评价其他幼儿的行为。例如，一个叫乔治的男孩喜欢玩娃娃，为什么人们告诉他不能玩，乔治玩娃娃是否对，如果继续玩下去会怎样？结果6岁之前的大多数幼儿都认为"男孩玩女孩的玩具是不对的"，他们关于性别角色标准的观念是很刻板、严格的。

幼儿对于性别角色心理维度标准的认识，要到学龄期以后才会获得，而且相对幼儿的性别角色标准要灵活得多。

三、性别化行为的发展

幼儿的性别偏爱最早表现在对玩具的选择上。14～22个月的男孩偏爱小汽车之类的玩具，而女孩喜欢玩娃娃和毛绒玩具。进入幼儿园后，幼儿一般都喜欢从事与性别相符合的活动或中性活动，他们经常分为男、女不同的游戏小组。

在性别化过程中，男孩比女孩面临更大的社会压力。现代社会，父母往往更注意培养男孩不要有"娘娘腔"，而不太在意女孩的"假小子气"。因而，男孩的行为稍微偏离性别角色标准就会受到严厉的批评，他们很快就知道了社会对男孩的期望。有研究比较了2～9岁幼儿的父母对幼儿玩异性游戏的反应证实了这一点。

4～9岁的男、女幼儿对性别角色标准有了更多的了解，并且遵从这些社会要求。然而，女孩比男孩对异性玩具、游戏和活动的兴趣保持得更久些。理查森（Richardson）等人记录了750个5～9岁幼儿在给"圣诞老人"的信中表达的玩具偏爱。尽管他们的要求大多反映了各自的性别偏爱，但女孩比男孩偏爱异性玩具的更多些。

一项追踪研究还考察了幼儿早期几种性别化行为的稳定性。结果表明，凡是与社会的性别角色标准一致的行为，由于在幼儿的社会实践中不断受到强化，因而有可能被保留下来，成为比较稳定的个性特征，而那些与社会性别角色标准不相符的行为，则因自幼得不到强化甚至受到谴责而可能逐渐消退。

知识回顾

个体道德与亲社会行为的发展状况是个体社会化过程成败的最重要的一个指标，作为社会性发展研究的一个内容，受到了越来越多心理学家、教育学家的重视。本章从五个角度探讨了幼儿的社会化发展：第一，阐述了皮亚杰的道德发展阶段、柯尔伯格的道德发展阶段、艾森伯格的亲社会道德发展阶段的主要观点；第二，介绍了亲社会行为对幼儿的益处、幼儿亲社会行为的发展特点、形成亲社会行为的步骤及帮助幼儿形成亲社会行为的策略；第三，探讨了攻击的含义、幼儿攻击行为的发展特点及减少幼儿攻击性行为的有效策略，同时简介了攻击性行为对幼儿的危害；第四，讲述了同伴关系的作用、同伴关系的发展特点及同伴关系的培养方法；第五，阐述了性别概念的发展特点、性别角色标准的获得及性别化行为的发展趋势。

本章的重点是幼儿亲社会行为的发展特点、形成亲社会行为的步骤及帮助幼儿形成亲社会行为的策略，幼儿攻击行为的发展特点及减少幼儿攻击性行为的有效策略；难点是皮亚杰的道德发展阶段、柯尔伯格的道德发展阶段、艾森伯格的亲社会道德发展阶段的主要观点，性别角色标准的获得及性别化行为的发展趋势。

活动体验

1．谈谈亲社会行为的几个方面，用现实生活中的实例来谈论它们之间的相同点与不同点。

2．选择一种亲社会技能，用几句话描述一种你用来培养幼儿亲社会行为的活动。

3．描述一则你身边具有攻击性行为幼儿的例子。谈论其他成人是如何处理这种行为的，评价他所使用方法的效果。然后，描述你是怎样解决周围幼儿的攻击性行为的，评价你使用的方法的效果。

4．记录幼儿观看的节目（动画片）或电影中攻击性或暴力性行为的频率，讨论这可能会对幼儿造成的影响。

5．到幼儿园选择一位小朋友，记录他（她）与同伴互动的情形，分析他（她）与同伴的关系。

6．采访两位教师，从他们那里了解同伴关系的培养方法，谈谈你的发现。

7．描述你身边男孩、女孩的性别角色获得的方式。

8．现在很多幼儿园还是男女孩共用一个开放式卫生间，你赞同这种做法吗？为什么？

第十一章 Chapter 11

幼儿的心理健康

本章导读

奥地利著名的心理学家弗洛伊德认为，幼儿早期的经历非常重要，很多人的心理障碍与心理疾病都可以追溯到童年早期（特别是5岁以前）所遭受的挫折。童年早期所经历的创伤或挫折若没有得到及时的解决，幼儿就会痛苦，受到压抑，负性情绪潜藏于幼儿的内心，形成无意识。随着幼儿的成长，再次遇到挫折时，潜藏的负性情绪被现实所激活，孩子就会产生心理疾病。可见，幼儿期的心理健康教育很重要。但是现实生活中重视身体健康、忽视心理健康，重视智育、轻视德育等现象比比皆是。幼儿的心理健康教育从管理者到教师、家长中普遍还存在模糊认识，甚至在有些方面走入误区，对健康的认识存在很大的片面性，忽略了心理健康的重要性。那么，什么是幼儿心理健康？什么是幼儿心理健康教育？心理健康幼儿的标准是什么？影响幼儿心理健康的因素有哪些？如何维护幼儿的心理健康？学习完本章，我们就会重新认识“健康”，重新接受一次现代健康观的“冲击”和“震荡”。

目标透视

1. 理解幼儿心理健康、幼儿心理健康教育的含义，了解幼儿心理健康的意义，熟悉幼儿心理健康的标准。
2. 掌握影响幼儿心理健康的因素。
3. 熟悉幼儿心理健康的条件,掌握进行幼儿心理健康教育的有效途径。

第一节　幼儿心理健康简介

对于学前儿童而言，健康是第一重要的。一个健康的儿童，不仅应该身体健康，而且应该心理健康，并具有良好的社会适应能力。前国际心理卫生委员会会长怀特（Whiter）曾说过，儿童时期是施行心理卫生的黄金时期。对儿童的行为问题和心理障碍进行早期干预或早期矫正，也有益于充分发展儿童智能、情绪和情感及意志等，并使它们相互协调，构成完整的人格，维护和增进儿童心理的健康发展。

一、幼儿心理健康概述

（一）幼儿心理健康的含义

幼儿的心理健康主要是指其合理的需要和愿望得到满足之后，情绪和社会化等方面所表现出来的一种良好的心理状态。

（二）幼儿心理健康的表现

一个健康的人，不仅身体健康，心理也要健康。儿童心理健康的标志是家长和教师必须了解的。

对于幼儿的心理健康，近年来国内外有不少教育工作者同心理卫生专家共同研究，他们对此提出了初步看法，认为一般心理健康的幼儿有以下特点：智力发育正常，喜学爱问，情感丰富，性格开朗；行为活泼而有一定的自我控制能力；合群、乐群，能适应集体生活，能与同伴友好相处。

具体说来，他们在生活、学习、劳动及与人相处等方面，应有以下表现。

（1）情绪基本上是愉快、稳定的。不经常发怒，不无故摔打玩具与其他什物；生活起居正常，能按时入睡，睡眠安稳，少梦魇，无吮吸手指或咬物入睡的习惯；基本上能听从成人的合理嘱咐，不过分地挑食、拣穿，不经常无理取闹。

(2) 求知欲较强。喜欢提问题并积极寻求解答；学习时或完成任何力所能及的任务时，注意力集中，记忆力正常；爱说话，语言表达能力同年龄相符，无口吃情况；生活中对力所能及的事，乐于自己做，不过分依赖别人的帮助，能比较认真地完成别人委托的事。

(3) 能合群。爱与小同伴交往，对人有同情心和友好行为，不随便打人骂人，不妒忌同伴；在集体中能愉快地生活，在成人指导下愿意为集体做力所能及的好事。

(4) 诚实而不说谎。很少说不符合现实的话；不私自拿别人的东西或损坏别人的东西；做错事不隐瞒，肯承认错误。

(5) 有自尊心和一定的自信心。对称赞感到高兴，对批评、指责感到羞愧，希望做受人欢迎的事，不愿做遭人责骂的事；不过分地畏难、胆怯等。

二、幼儿心理健康教育概述

（一）幼儿心理健康教育的含义

肖汉仕教授认为心理健康教育又称心理素质教育，简称为心理教育或心育。它是教育者运用心理科学的方法，对教育对象心理的各层面施加积极的影响，以促进其心理发展与适应、维护其心理健康的教育实践活动。

（二）幼儿心理健康教育的内容

幼儿心理健康教育主要包括以下内容。

1. 环境适应教育

随着幼儿的成长，他们逐渐走出家庭，生活环境越来越广阔。当然外面的环境与家庭环境还是有较大差别的，因此，必须对幼儿进行环境适应教育，让他们逐渐适应幼儿园、培优班、青少年宫、图书馆、公园、商场等环境。

2. 人际关系教育

随着幼儿生活环境的扩大，他们面临的人际关系也越来越复杂。相应地要对幼儿进行人际关系教育，包括亲子关系教育、师幼关系教育、同伴关系教育等。

3. 学习困难教育

幼儿入园之后，学习就是幼儿的一大任务了。有些孩子没有意识到学习，或者没有掌握合适的方法，而产生了学习困难，因此，必须加强针对性教育。

4. 情绪情感教育

3～6岁幼儿的情绪情感正处于迅速发展之中，如何发展积极情绪情感、避免消极情绪情感是幼儿心理健康教育的一个重要课题。

三、加强幼儿心理健康教育的意义

1. 心理健康教育是幼儿心理发展的实际需要

幼儿期是人发展最迅速的时期，这一阶段中的生活经历与环境教育都对幼儿的发展产生重要影响，有的影响甚至是终生。著名心理学家弗洛伊德就认为儿童经验对于人格发展极端重要，在这些经验的作用下会形成一个人长期的人格基本框架与基本特征。所以，早期幼儿的生活环境和教育是否适当，直接关系幼儿良好心理品质的形成。

有关资料显示，幼儿的心理和行为问题是比较普遍的。脾气暴躁、说谎、爱骂人、语言障碍、自私、咬指甲等行为问题存在不少幼儿中。对这些心理问题与不良行为，不及时予以纠正，则会直接影响他们的心理健康与发展。因此，心理健康教育有助于解决幼儿发展中存在的心理问题与不良行为，有助于幼儿良好心理品质的形成与发展。

2. 心理健康教育是我国社会发展与现代化的迫切需要

从社会发展的角度来看，学校教育包括幼儿园教育的基本目的是为社会发展培养所需要的人才。当代社会是一个迅速发展的社会，无论是科技文明和社会生产，还是人的生活方式和思想观念，都在不断变化更新。面对当代迅速发展变化的社会，强调知识传授的传统教育将难以实现其基本目的，会被强调素质培养和人格发展的新型教育模式——心理健康教育所取代。

3. 心理健康教育是幼儿素质教育的重要组成部分

当今国际间政治、经济与军事的竞争在很大程度上取决于科学技术的竞争，从根本上说取决于教育、人才与国民素质的竞争。各国都在进行教育改革，提高人才素质。素质教育包括身体素质、品德素质、文化素质、劳动素质、心理素质，其中心理素质是素质结构的核心成分。

幼儿期是实施素质教育的一个关键时期，因为这一时期是一个人身心发展的最为迅速的时期，也是人格或心理品质形成的非常重要的阶段。在这一阶段进行心理健康教育，可以有利地促进幼儿良好心理素质的形成与发展，并为科学文化素质等方面的教育打下坚实的基础。

4. 心理健康教育是幼儿品德教育的基础

心理健康教育与德育是教育体系中两个不同的部分，但它们之间又相互联系、相互作用。

从人格结构来看，道德品质是人格的一部分。通过教育社会化的过程，个人认可和同化外在的社会道德规范，并根据这些规范来调节自己的行为。但是，传统学校教育偏重与政治思想和道德认识的灌输，未将道德品质作为一种内在的人格特征来培养，使不少学生的道德认识与道德行为相脱节。要克服儿童认知与行为脱节的现象，培养良好的道德品质，应进行德育改革，把德育与心理健康教育结合起来，并以心理健康教育为基础。

第二节 影响幼儿心理健康的因素

一、影响幼儿心理健康的生物因素

1. 遗传素质

遗传素质，是生物体遗传给后代的生物特征，是婴幼儿身心发展的物质前提和必要条件。生来没有大脑的无脑畸形儿不能产生心理活动，脑发育不全的幼儿的智力水平远比正常幼儿低下。

人类先天遗传的解剖特征具有极大的相似性，但却有个别差异，其中中枢神经系统的个别差异对幼儿心理发展的状况有一定影响。实验表明，在思维速度方面，神经过程灵活性高的人，比神经过程迟滞的在处理问题上快 2 ～ 3 倍；在注意分配方面，神经过程平衡的人较快，兴奋占优势的人就有困难，意志占优势的人较慢。总之，在人际间所表现出来的智力水平、才能、个性等不同，在一定程度上与先天遗传的影响是有关系的。

因此，如何把最优化的遗传因素传给后代，避免不良品质的遗传，是关系幼儿素质教育、民族兴旺的大事。人不仅有遗传性，还有后天获得性和变异性。在教育工作中，既要重视素质的作用，又要承认素质的差别，因此，要求幼教工作者特别注意保护和培育幼儿的这种先天素质，充分发挥幼儿素质优秀部分的潜能，使具有各种特长的幼儿都得到最佳的发展。

2. 机体损伤

机体，特别是脑的损伤或疾病常是影响幼儿心理健康发展和造成他们心理障碍的一个重要原因。

病理形态学的研究已经证明，当脑受伤、感染或生肿瘤时可导致某种心理障碍；特别是大脑的某个特定部位受损害时，往往会有相应的心理障碍出现。当幼儿的脑垂体、甲状腺、甲状旁腺、肾上腺等内分泌腺机能出现紊乱时，会出现许多种心理障碍，严重影响幼儿心理健康发展。又如，幼儿期的心脏病、呼吸系统疾病、造血器官疾病、某些传染病及营养障碍等，均可引起幼儿适应不良，产生相关的心理障碍。

3. 生化改变

当今，神经化学的研究已经证实，存在于中枢神经系统中对大脑功能有重要影响的中枢神经递质如乙酰胆碱、去甲肾上腺素、多巴胺、5- 羟色胺、谷氨酸、r- 氨基丁酸等的代谢异常，可能成为诱发幼儿心理障碍的重要原因。

二、影响幼儿心理健康的心理学因素

（一）幼儿的动机与心理健康

1. 需　要

人的行为受动机驱使，而动机是建立在需要的基础之上的。需要反映人对生存、发展条件的一定要求和欲望，人在活动中不断地产生需要和满足需要。

幼儿从出生开始就产生了需要。随着身心的发展及与社会接触面的扩大，幼儿的需要也渐趋复杂。人本主义心理学家马斯洛按照需要的不同发展水平，把人的需要概括为五个层次：生理的需要、安全的需要、爱与归属的需要、尊重的需要和自我实现的需要。人的需要中最基本的是生理需要，包括吃、穿、住、睡、性等。生理需要获得相当满足后，安全的需要随之而生。个体需要免于威胁和孤独，寻找保障，免于他人侵犯。爱与归属是社会性需要，包括亲子之爱、同胞之爱、异性之爱、友谊和爱情等。以上三个层次的需要获得满足，个体的尊严和价值就产生了，尊重的需要包括自尊和被人尊重，前者指的是自信、自强、求成等，后者包括受人注意、接受、承认、赞许、支持等。需要的最高层次是自我实现，这是人生追求的最高境界。

幼儿年龄越小，对于较低层次的需要就越迫切。幼儿对食物、水、氧气、睡眠、休息、衣着和运动等方面的基本生理需要十分敏感。当环境不能及时提供条件以满足他们的这些需要时，就会使他们产生消极情绪或紧张状态。婴儿出生以后，除了明显地表现出对生理需要的追求外，也以一种较原始的方式显示出对安全的需要，如对于惊吓可以表现出消极的情绪反应。几个月以后，婴儿初次表现出与人亲近的迹象及有选择的喜爱感，以后，幼儿才逐渐表现出对独立、自主、尊重和受表扬的需求。

幼儿对较高层次需要的满足能产生更为理想的效应。尽管剥夺高层次的需要不会像剥夺低层次需要那样引起强烈的不安，但是高层次需要的满足代表了一种普遍的健康趋势。马斯洛认为，低层次需要的满足可以避免疾病，高层次需要的满足有利于积极的健康。例如，幼儿对食物、衣着和安全需要的满足至多只会使他们产生一种如释重负的感觉，却不会产生像爱的满足那样增进其心理健康的深远影响作用。因此，高层次需要比低层次需要具有更大的价值，有时甚至为满足高层次需要而放弃低层次需要的满足。例如，有的幼儿为了同伴之间的友谊，宁可将自己想吃的食物或想玩的玩具让给别人，这样的幼儿较少以自我为中心，心理健康的水平也较高。

2. 动机的冲突

动机与需要有不可分割的联系，它是在需要的基础上产生的。如果把需要看作人生存发展所依赖的条件，那么动机就是这些需要的具体表现。动机推动人为满足某种需要而积极活动，是人的活动的内在原因。

个体在有目的的行为活动中，如果同时存在着一个或数个所欲求的目标，而又存在着两个以上相互排斥的动机，就会产生动机的冲突。动机的冲突是心理冲突的核心内容，常会造成动机部分或全部地得不到满足。

动机冲突的心理现象十分复杂，为了便于研究，心理学家将它概括为四种类型。幼儿的动机冲突相对来说较少较小，但是，下面这四种类型的动机冲突在幼儿的生活中也都存在。

（1）双趋式冲突。在现实中存在两个同样具有吸引力的目标，但是由于条件限制而无法同时获取两个目标，在心理上就会产生难以作出取舍的冲突情境。例如，一个正在专心地为娃娃“打针”的女孩，看到教师又搬来了诱人的玩具汽车，她很想去“开汽车”，但是却舍不得放下手中的娃娃，心理上出现了双趋冲突。

（2）双避式冲突。在现实中存在两种威胁，但迫于情势，只能躲开其中之一，而无法躲开另一种威胁，这样在作出抉择时，会产生双避式冲突的情境。例如，几个幼儿在户外游戏，天忽然下起大雨，他们暂时躲避在附近的一间小屋里，天渐渐黑了，雨还是下个不停，他们既害怕继续待在伸手不见五指的小屋里，也害怕冒着倾盆大雨跑回家，但是他们必须选择其中之一。

（3）趋避式冲突。对于同一个目标，个体既因为它可能满足自己的某种需要而欲趋近，又因其可能造成威胁而欲躲避，这种既有吸引力又有排斥力的矛盾情境会产生趋避式冲突。例如，父亲买来一盒包装很精致的糖果准备当作礼物送人，孩子看到了，非常想吃，但又害怕启封后父亲会惩罚他，这时，他就陷入了动机冲突之中。

（4）双重趋避式冲突。个体有两种选择，但这两种选择又都是利害参半，就会使人陷入双重的心理冲突之中。例如，某幼儿在幼儿园里犯了纪律，家长决定惩罚他，让该幼儿选择，要么在班里向大家公开承认错误，要么在家里每天抄写 100 个生字。该幼儿心里合计，公开承认错误比较省事，但很失面子；抄写生字不会被人取笑，但很麻烦。

动机的冲突在幼儿中经常发生，是干扰幼儿心理正常发展的重要因素。尽管幼儿的动机冲突不那么复杂，冲突的解决和处理也相对容易，但是，有些动机冲突的情境若不被及时和妥善地解决，就会造成幼儿强烈的情绪波动，从而给他们的健康带来威胁。

3．挫　折

挫折是指人在某种动机的推动下所要达到的目标受到阻碍，因无法克服而产生的紧张状态和情绪反应。造成幼儿挫折的因素有自然环境因素、社会因素和个体自身的内在因素，其中，自身的内在因素是最为关键的。自身的内在因素包括个体对内外各种刺激因素的认知、评价、容忍力及解决问题的能力，也包括个体对目标的期望程度等。

幼儿受遗传的影响，可表现出强弱不同的神经类型，也会由于母亲在妊娠期的营养不良、疾病、药物作用或产伤等因素而导致神经系统的脆弱性，后天的环境和教育对幼儿神经系统强度的影响也很大。神经系统脆弱的幼儿比神经系统较强的幼儿更易遭受挫折，对挫折的容忍力也差，即使稍受挫折也会引起较为强烈的心理反应。

幼儿的人格特征也与他们对挫折的容忍力有密切的关系。例如，人格健全、意志坚强的幼儿能忍受严重的挫折，而过分受到保护和溺爱的幼儿，或者性格内向、行为退缩、不善于与人交往的幼儿在面临挫折时容易产生适应性问题。

幼儿的身体状况也会影响幼儿对内外刺激的评价和态度，影响他们承受挫折的能力。身体健康的幼儿能比较正确地判断外界刺激，并作出适当的反应；相反，身体虚弱或患有疾病的幼儿则精神萎靡、情绪不振，容易歪曲客观现实，对相同的动机受阻，更易造成挫折，对挫折的容忍力也差。

幼儿在受到挫折以后，会在行为上发生一些变化，最为常见的有攻击行为、幻想（如白日梦）和冷漠的态度。许多心理学家认为，挫折与攻击之间没有必然的因果关系，攻击只是挫折的一种表现形式。在遭受挫折后，幼儿的攻击行为可能直接指向构成挫折的人或物，其方式可以是动手打人或哭闹。例如，某幼儿想要玩一辆玩具火车，但却被另一个幼儿取走了，他向取走火车的幼儿索取，那个幼儿不肯给，并故意把火车弄坏了，该幼儿十分愤怒，就动手打了弄坏火车的幼儿。幼儿的攻击行为也可能由于不能直接施加在阻碍达到目标的对象而转向其他替代物。例如，某幼儿缠着父亲，要买一种新颖的玩具，他的要求不仅没有得到父亲的应允，反而受到父亲的训斥，回家后他将愤怒和委屈都发泄在旧玩具上，故意地拆坏旧玩具。有人认为，个体在受到挫折后若采用攻击方式即能克服挫折情境，以后就多采用攻击方式，反之，若采用攻击方式遭受了更大的挫折，就可能逃避；如果不能逃避，就只能以冷漠的方式对待挫折。幼儿长期遭受挫折，而且感受到挫折情境不会从根本上改变，就会产生冷漠反应。冷漠并非不包含消极的情绪成分，而是包含了心理上的恐惧和生理上的痛苦，心理上存在着攻击与压抑之间的冲突。

人在生活中经常会体验到挫折，这是正常的现象。能忍受挫折并保持人格完整和心理平衡，这是心理健康的重要标志。有的幼儿从小缺乏爱抚，不断经受挫折情境的困扰，因而态度冷漠、孤独和自卑，这不是一种心理健康的状态。还有的幼儿受到过分的爱抚和保护，从未受过挫折或很少受过挫折，这样的幼儿一旦受到挫折，就会立即陷入困境，心理上失去平衡。挫折过大、过多，超过幼儿的容忍力，就可引起应激反应，甚至产生心理异常和障碍。但是，挫折也并非都是坏事，它能磨炼幼儿的意志，学习处理挫折的技能，以应付今后生活中可能出现的更大挫折。

4. 适　应

适应是指个体减缓心理冲突与挫折，以达到和保持人与环境之间及人的内心世界的平衡状态。

积极的适应不仅能减轻动机冲突或挫折带来的困扰和不安，而且会使人达到自我完善的境地。人是一个最高度自我调节的系统，能主动地控制和调整自己的情绪、意志、认知方式和人格，使主体与环境及主体的心理达到平衡。积极的适应还包括主体对环境的改造、努力创造条件、克服和改变环境中的不利因素。

心理学家辛格（Singer）从信息加工的立场提出，想象对于认知、情感过程有很大的调节作用。辛格分析了幼儿游戏中想象所起的作用。他认为，对于幼儿而言，世界显得过分复杂，充满各种信息和刺激。幼儿由于缺乏知识和经验来理解外部世界(缺乏足够的图式与环境刺激相匹配)，会造成情绪上的困扰和不安。幼儿在游戏中通过想象可对情绪情感进行调节。例如，幼儿将现实的某些材料微型化，以此作为“娃娃家”的材料。幼儿扮演“娃娃家”中的不同角色，游戏中适度的新奇内容能引起他们的兴趣，幼儿能在这种简单而易理解的模拟形式中获得新的认知图式，因而能够体验到快乐。在类似“娃娃家”这样的游戏中，幼儿能够进行愉快的想象。想象引起了他们的兴趣，给他们带来了安全感，对情绪起了镇静作用。辛格认为，有很多情绪障碍的形成，与想象力的贫乏有关联。

积极的、良好的适应能使幼儿保持心理平衡和稳定，保证幼儿心理健康地发展。

这种积极的适应是幼儿在良好的心理气氛和环境中通过受教育而获得的，有的幼儿则是在经受逆境和挫折后练就的。

（二）幼儿的自我意识与心理健康

自我意识是组成个性的一个部分，是个性形成水平的标志，也是推动个性发展的重要因素。个性是一种复杂的、多层次的动力结构；自我意识是使组成个性的各个部分整合、统一起来的核心力量。自我意识是特殊的认知过程，是主体对自己的反应过程，因而渗入了主体本身的情感和意志活动。自我意识对人的心理活动和行为起着调节作用。

幼儿的行为在很大程度上受各种环境的直接制约而产生，如成人的指示、奖励和惩罚，同伴的压力及他人的期望等。然而，随着幼儿自我意识的发展，即使在没有环境压力的情况下，幼儿也会以某种方式监督和控制自己的行为。例如，幼儿可以为了较长远的目标而放弃眼前的需求，或者可以用较高的标准要求自己，或者可以通过情绪的调整使自己和环境之间获得平衡。有良好的自我认识和自我评价，而又善于在各种动机冲突或挫折情境中进行自我调节的幼儿，其心理的发展可望达到健康水平。

（三）幼儿的情绪与心理健康

情绪是人的一种复合状态，它是体验又是反应，是冲动又是行为。它包括人在生理和心理许多水平上的整合，与其他心理过程有广泛的联系。研究表明，情绪是影响人的心理健康，导致心理异常和障碍的一个主要中介环节，这是因为由生理、心理变化及环境刺激等因素而造成的各种情绪反应，可以导致包括神经系统和内分泌系统在内的生化系统的变化，使人的机体、心理活动和行为方式也产生相应的变化。

幼儿心理的紧张状态和平衡失调往往与幼儿的情绪状态，特别是消极情绪状态联系在一起，如果情绪表现非常强烈，或者持续时间过长，可引起幼儿生理和心理机能发生病变。例如，幼儿在极度愤怒或恐惧的强烈情绪下，可出现意识范围狭窄、判断力减弱、失去理智和自我控制能力，还可引起身体的相应变化，如姿势反常、动作无力、脸色苍白、心跳加剧、血压上升、呼吸频率增快等。

在幼儿的各种消极情绪中，焦虑和恐惧是两种对心理健康的影响比较明显的情绪，它们常使幼儿产生一些问题行为。

1. 焦　虑

焦虑是对危险或威胁的预料而产生的无方向的唤醒状态，表现为怀疑自己的能力，夸大自己的失败，忧虑、紧张、失望和不安。焦虑往往包括内心的冲突，这种冲突对别人来说似乎是不合情理的。

弗洛伊德认为，焦虑也许是由本我、自我和超我的冲突引起的，如果幼儿有满足愿望的需要，而客观环境却限制了这种需要的满足，两者就会发生冲突而引起焦虑。他认为，怯生和分离的焦虑都是因为幼儿害怕失去母亲的爱和保护。英国心理动力学家鲍尔拜（Bowlby）提出，焦虑与逃避和依恋这两类行为有关。逃避是突然发生的陌生事件出现的结果，依恋则出现在“联结成对”的成员彼此分离之时。他认为，那些体验到不稳定的早期家庭生活的幼儿会产生焦虑，而且他们倾向于更富于攻击性和反社会性。

幼儿会产生陌生人焦虑。根据各种理论对焦虑的解释，可以认为，幼儿的焦虑主要由怕失去母亲的保护和爱，自己的愿望与社会规范冲突，关心自己身体上和心理上的安全，怕自己不为同伴所接受，体验到过多的羞耻感或怀疑感，以及被迫对自己试着要做的事感到内疚等各种原因引起。

焦虑在幼儿异常行为的动机中起着重要的作用。焦虑是一种不愉快的情绪体验，当焦虑出现时，幼儿就会设法去摆脱和躲避它，有些异常行为就被人认为是出于摆脱焦虑的动机。根据心理动力学理论，幼儿神经症就是幼儿为了避免焦虑而形成并保持的一种行为模式。例如，患有强迫症的幼儿经常身不由己地反复思考或作出某种动作，而干扰了幼儿的适当行为，这种行为方式使幼儿免于引起焦虑的威胁性的观念或记忆。幼儿在生活中难免会产生焦虑，当幼儿运用种种不适当的方式来对待焦虑时，焦虑就会对幼儿的心理健康起损害作用。

2. 恐　惧

恐惧是在可怕情境影响下产生的一种十分强烈和紧张的情绪反应，特别是当这种情境可能使人重要的需要遭到剥夺时，恐惧的情绪可支配人的整个身心。恐惧常与焦虑联系在一起。

恐惧是一种最原始的情绪。在幼儿早期，恐惧是幼儿中经常产生的情绪。许多正常的幼儿不仅对某些特殊事物感到恐惧，而且常常害怕多种事物。例如，怕动物、怕陌生人、怕水、怕被丢失、怕死、怕被人拐骗等。杰锡尔达（Jersild）和霍姆斯（Holmes）曾报导一组 2 ～ 6 岁的幼儿，发现每个幼儿平均有 4.6 种焦虑。

幼儿在恐惧状态下，常伴随一系列生理变化，如心跳加速或断续、呼吸短促或停顿、血压升高、脸色苍白、四肢无力等，这种生理功能的紊乱会影响机体的健康状况。恐惧还可使幼儿知觉、记忆和思维发生障碍，行为失调，失去对情境正确分析和判断的能力。尤其是少数幼儿表现出过分的恐惧，或者无法控制自己的恐惧情绪，这些幼儿往往会产生更多的问题行为。

三、影响幼儿心理健康的社会因素

影响幼儿心理健康的社会因素是指个体的主观心理状态，在个体的发展过程中个体与环境相互作用的经验积累，包括早期的和后来的生活经验及人格发展的情况等。弗洛伊德的精神分析理论在人类对自身的认识史上第一次提出了人的心理健康的失却和心理异常的发生并不都是由大脑的损害引起的，人的内在心理矛盾冲突也同样能造成心理异常。弗洛伊德的理论虽然有失偏颇，但是它使人们从研究过程本身转向研究心理异常的动力和内容，从人的内心深处挖掘心理障碍和异常的原因，为心理治疗奠定了第一块基石。以后，各种心理学理论也都提出了有关心理活动的内部机理的假说，以及防治心理异常、增进心理健康的具体办法和措施。影响幼儿心理健康的心理学原因主要有幼儿的动机系统、情绪倾向、行为习惯、认知能力、人格特征和早期经验等。

（一）家庭因素

家庭是孩子长期生活的场所，也是孩子最早接触的环境。家庭关系的好坏、父母的教养及对教育子女态度如何等，都影响幼儿身心健康。家庭环境对幼儿与青少年身心发展的影响，是以一种多因素、多侧面的复杂方式来实现的。以下四个方面是影响幼儿心理健康的主要家庭因素。

1．家庭结构

家庭结构主要指家庭的人口结构。在家庭人口结构中，一个十分重要的因素就是家庭结构的健全完整性。破裂的家庭，包括父母离婚后只跟母亲或父亲一方生活的家庭——单亲家庭；母亲改嫁或父亲再婚，一方是“继父”或“继母”的家庭；父母双方都不要孩子，孩子寄养在其他人家，无亲生父母的家庭。孩子生活在这样的家庭环境中，得不到应有的关怀和照顾，缺少欢乐和睦的家庭气氛，接触的语言简单贫乏，好奇心及探索行为被阻。同时家庭的破裂使孩子感到震惊和迷惘，对“新”的家庭难以适应，没有安全感和幸福感，使孩子产生孤独、不合群，不易形成健全的人格。

2．家庭氛围

所谓氛围就是指人所处的环境气氛和情调，它是在某一环境下人们相互影响、相互制约过程中造成的某种心理情绪和环境气氛。

良好的家庭氛围可使幼儿活泼、开朗、大方、好学、诚实、谦逊、合群、求知好奇；相反，如果孩子和家庭成员的关系不好，或者父母经常吵架、撕打，家庭气氛冷漠，成员之间关系不和睦，就会给幼儿一种不稳定的感受，给幼儿造成心理压力，使其长期处于不愉快的情绪之中，或者惊恐焦虑，失去安全感。并且，不良的家庭氛围，则会使孩子胆怯、自私、嫉妒、孤独、懒惰、行为放任、不讲礼貌。另外，生活在这种吵闹的家庭中，父母终日吵吵闹闹，甚至互相打骂。在这种场合下孩子扮演什么角色呢？他爱妈妈，也爱爸爸，他的两个最亲爱的人打起来了，他该怎么办呢？小一点的孩子会吓得大哭，大一点的孩子会感到难堪和痛苦。这对孩子心理上的摧残是很严重的，容易使孩子行为紊乱，引起如夜惊、梦魇和遗尿症等心理疾病。

3．教育态度与方式

从发展的观点看，对幼儿的教育应该是成人以自觉的、持续不断的努力去开发幼儿的一切潜在的能力，即父母有责任和义务向幼儿提供一切条件包括环境、人际交往等，关心他们德、智、体、美的全面发展。

父母对子女的教育态度不同，对幼儿的心理发育将产生不同的影响，对子女过分严厉，非打即骂，常施以不着边际的训斥，不能晓之以理、动之以情，会使孩子脾气暴躁，对人粗野无礼或胆小、羞怯、说谎等；又可能由于经常的精神紧张，不能很好地用发音器官均匀地呼吸而形成口吃。由于口吃的影响，小孩往往容易形成孤独、退缩、胆怯和自卑的性格，也容易引起激动、发怒、情绪不稳和睡眠不安等心理症状。相反，若对幼儿过分溺爱，百依百顺、任其所为或放纵不羁，同样也会损害孩子的心理健康，使其形成自我中心、主观任性、蛮横不逊、骄纵乖戾、喜怒不定、忽爱忽憎，在心理上产生困惑。家长如果采取打、恫吓、哄骗等不当教育方法，则会导致幼儿脾气暴躁，对人粗暴无礼或胆小怯弱、说谎等，并常怀有恐惧心理。不少父母当孩子不听话或做错事后，就以“恨铁不成钢”为由，打骂他们，有的家长甚至对孩子罚跪、针戳、反锁禁闭等。孩子怕打、怕受皮肉之苦，表面上按照父母的意思屈从了，但并没有受到真正教育，相反，家长对孩子的武力行为却影响了孩子性格的健康发展。孩子模仿性强，他们模仿大人的行为，用粗鲁的行为来对待弱小的同伴，久而久之这种粗暴性格就形成了。

还有不少家长怕孩子到外边不安全，招惹是非，给大人找麻烦，为保险起见，就把孩子关在屋子里，很少让孩子出去。这种做法会造成孩子胆小、怯懦，使他们不能很好地适应环境，不能独立生活。不少家长对孩子哭闹没办法，便用“恫吓”来对付孩子。殊不知这对幼儿心理健康是十分有害的，恫吓往往使幼儿胆小、惊慌，严重的会使幼儿经常怀有恐惧情绪，甚至出现精神异常，不利于他们身心健康。

现在的孩子大多数是独生子女，他们是家庭中的“小皇帝”，由于只有一个，父母过分的宠爱导致溺爱，使不少幼儿形成骄傲、娇气、自私、懦弱、孤僻、依赖等不良个性，阻碍了幼儿性格的社会化，影响了幼儿智力发展、幼儿的心理成熟过程。个性是在幼儿与外界交往活动中逐渐形成的。幼儿通过人际交往，逐渐发展了自我意识、自我评价和自我控制能力与独立性，在心理上体验到自己是团体或社会的一员，进而主动承担起责任、义务。而受到溺爱的幼儿的人际交往，则局限于父母与孩子之间，不能从广泛的交往中体验他人的情感、意识及价值观念，进入幼儿园或学校后，不知道与人交往的手段和方法，从而易形成孤僻、依赖、抑郁的性格，造成不同程度的情绪障碍。心理学研究表明，人的智力是在其认识活动、思维活动和操作活动中发展起来的，受到溺爱的幼儿由于溺爱者已经代替孩子完成各项活动，因此孩子也就不再去做了，不再进行思考和探索性的活动了，因而进入幼儿园和小学后，表现为软弱、退让、不肯动脑想问题，智力发展受到抑制。

当然，教育态度与方式绝不是千篇一律的，而是根据幼儿不同的发展水平、性格特征而有所差别，如果父母双方都能采取合理的态度和正确的教育方法，幼儿会很容易显示出独立能力、积极性、友好态度和稳定的情绪；反之，如果父母对幼儿采取溺爱、娇纵、顺应的态度，幼儿也容易表现出适应能力差、依赖、任性和执拗的性格特点。因此说，端正家长对子女的教养态度是一件十分重要的事情。没有正确的教养态度，就谈不上良好的教养方法。

4. 家长的文化素质和心理素质

父母是子女的第一任教师，也是相处时间最长、最亲密的教师。父母的一言一行，对幼儿的个性塑造、人格形成、智力发展、价值观念的取向等都有潜移默化的影响。尤其是父母的文化素质和心理素质潜移默化地影响着幼儿的心理成熟和生长发育。

就文化素质而言，一般说来，若父母的文化素质高，常对子女有更高的要求和期望，他们用自己的知识及强烈的求知欲去影响和教育子女，培养他们顽强的进取精神，同时在幼儿的学习上也能给予较好的指导。相反，文化素质较低的家长本身不思进取，往往对子女的要求不高，他们不仅自己不学习，也不关心子女的学习，甚至只顾自己的娱乐而影响孩子的学习。很多研究成果都表明父母的文化素质与子女的心理健康有较高的相关性。

就心理素质而言，可以这样说，父母对孩子影响最大的是行为和与之密切相关的心理状态，而不是言辞说教，因为幼儿是生活在一种与父母的心理神奇地融合、感应和参与的状态之中。他们对父母内心的重大变化经常有迅速的反应，父母的心理障碍也会毫无例外地投射到孩子的心灵上。孩子在心理上甚至生理上的某些病态往往可以在其父母的精神状态中找到原因。因此，父母在对子女进行教育的同时，也要意识到要想改变孩子身上的某些东西，就应首先看他们是否能够在自己身上被改变，努力使自己具备明朗、达观、善良、坦诚的心理素质，这样才能使孩子具有一个生长良好个性和优秀人格的温床。

俗话说："父母是子女的样子，子女是父母的镜子。"尤其是幼儿，其依从性、归属性、模仿性都很强，幼儿很容易从父母那里模仿到不健康的性格、行为习惯。有的父母喜怒无常，高兴时对孩子很亲昵，而生气时便拿孩子当出气筒，于是孩子的情绪也喜怒无常，脾气古怪。

（二）幼儿园

1．物理环境

幼儿园的物理环境是影响幼儿心理健康的另一个主要方面，它包括幼儿园的自然环境如声、光、绿地、空气等，人工设施如房屋建筑、玩具、活动场地等。

幼儿的活动空间是影响幼儿心理健康的重要物理环境因素。人员密度过高的幼儿活动室，有可能使幼儿的攻击性行为增多，社会交往行为减少，不主动参与活动的比率提高。如果幼儿园为了经济效益而一味地扩大招生，使 25 人左右的一个班扩编到 30 ～ 40 人一个班，将会对幼儿的心理健康造成不良影响。

空气质量的好坏也是影响幼儿心理健康的一个重要因素。污染严重的工业区的空气中影响较大的是二氧化硫、二氧化氮和飘尘等，汽车废气中主要污染物有一氧化碳、氮氧化合物、烃类化合物和铅化合物。幼儿吸入一定数量的这些物质，会对其身心健康产生危害。例如，一氧化碳与血红蛋白结合后，血液的携氧能力就下降，导致组织缺氧，从而影响幼儿的手指精细调节功能和大脑智力活动；汽车废气中的铅在幼儿体内蓄积，可导致神经衰弱综合征。

噪音不仅能损害幼儿的主观听觉，还会使中枢神经的调节功能紊乱，导致全身性机能失调，如肠胃功能紊乱、心跳加快、血压波动，产生慢性疲劳和情绪烦躁等。此外，幼儿园室内的光线太弱，光照不足，幼儿整日生活在阴暗、潮湿的环境中，情绪会感到十分压抑，也会对幼儿的心理健康造成不良影响。

2．人文环境

(1) 幼儿园气氛。幼儿园的气氛与教师的道德素养、职业意识及教学水平等方面有十分密切的关系。

曾经有这样一则例子：某幼儿园的一位教师因为有一位小朋友在做游戏时与自己的孩子发生了纠纷，便将这位小朋友的右手按在滚烫的暖气片上达 20 分钟之久，致使该幼儿右手严重烫伤。当然，这位教师受到了严肃处理，但她的行为给孩子心理上的打击十分严重，致使该幼儿在很长一段时间内对幼儿园感到恐惧，情绪不能稳定。幼儿教师应该对幼儿充满爱心与耐心，如果整天阴沉着脸，时常对幼儿大声呵斥，那么，幼儿园将被笼罩在压抑的气氛之中，幼儿的心理将被扭曲，情绪不稳，甚至出现暴怒、焦虑、抑郁等，且会对幼儿的社会认知、社会情感（如爱的体验与认知）的发展产生极为不良的影响。

教师的职业意识与教学水平是影响幼儿园气氛的另一个主要因素。如果教师的教学生硬、呆板，缺乏激情，不符合幼儿的年龄特点，如果教师的教学只强调知识的传授而缺乏情感的教育，如果教师只注重自己的教，而忽视孩子的玩与学，忽视对孩子兴趣的培养等，都会使孩子生活在一种机械、缺乏活力与互动、缺乏情感交流的气氛之中，对幼儿的心理健康也产生消极的影响。

所以，教师应该为幼儿创造一个充满爱的、相互尊重、相互关心，允许失败、允许犯错误的氛围。因为幼儿经验不足、能力有限，失败和犯错误都是难免的（从另外一种角度说，失败和犯错误也是幼儿成长所必需的），如果不允许幼儿失败和犯错误，将会使他们生活在一种无形的压力之中，这将不利于他们的心理健康。同时，这样的环境应该是不存在任何外在压力的，这对幼儿的心理健康也是十分重要的。曾有一位园长夸她们的一位“优秀教师”在组织和管理幼儿方面“如何‘有方’”，她说，不管多么“乱”的班级，只要让这位“优秀教师”去“整理”，她不久便能把小朋友们“镇住”，只要她在教室门口一站，小朋友们就会变得很乖——一动不动地安坐好……从心理卫生角度来看，这位“优秀教师”的出现，对所有的幼儿来说，都是一种不幸。因为这样的“优秀教师”会在心理方面给幼儿带来一种无形的压力，使幼儿常常处于一种被压抑的紧张状态，这对幼儿的心理健康是十分不利的。

（2）师生关系。人与人互为环境，对于幼儿来说，教师是其环境。幼儿园的人际关系是幼儿园人文环境中对幼儿心理健康影响最大的因素之一。

许多研究表明，幼儿与教师之间关系紧张，是引起幼儿心理出现问题的最主要的原因。教师整日与幼儿在一起生活和活动，教师的言行和情绪状态每时每刻都在影响着幼儿，教师稳定的情绪和完整的人格是影响幼儿心理健康的重要因素，教师的个性在很大程度上也影响着幼儿的行为。

有实验资料表明，两组教师同时担任事先设计好的教育幼儿同情、帮助别人的游戏活动的指导，实验组教师对幼儿热情、友好，对照组教师则沉默寡言、没有表情，结果实验组的幼儿更乐于助人。教师对幼儿的不公正、偏爱、无同情心、蛮横粗暴、挖苦和讥讽等更会给幼儿的心理健康造成损害。教师的心理健康对幼儿心理的发展影响是很大的。所以教师要不断地努力完善自己的人格，以便能给幼儿以健康的影响。

（3）同伴关系。同伴关系是幼儿社会性发展的重要指标。在同伴中受欢迎的幼儿会有安全感、归属感；反之，幼儿会产生孤独感、自卑感。同伴之间关系的紧张，对幼儿的心理健康会产生不良影响，并导致不良行为。研究表明，在幼儿园里，幼儿的攻击性行为常常受到其他幼儿的强化，而被攻击的幼儿常被迫退缩或放弃，攻击他人的幼儿的行为由此得到强化，其他幼儿也易对这些行为进行模仿。在这样的过程中，幼儿还会体验到许多负性情绪，长此以往，将会对幼儿的心理健康造成不良影响。

对幼儿来说，与同伴交往是非常重要的。当今社会，多数家庭是独生子女，家庭规模小，使人际交往关系变得简单。而独门独户的单元住宅，给幼儿交往带来了不便，使一些孩子缺少与人交往的机会，不会与同伴友好相处，经常发生冲突或攻击性行为。

有些幼儿依赖性强、独立性差，有的孤僻、自卑、急躁、退缩、不合群，社会适应性差，影响幼儿心理健康的正常发展。大量心理研究表明人际交往是正常人生活不可缺少的内容，人际交往的好坏直接影响人的心理健康的程度。良好的人际交往有助于消除自卑、孤独感和焦虑情绪，有助于建立自信和成就感、安全感，良好的人际交往关系是健康心理的重要标志。因此，让幼儿学会在群体中与同伴友好交往合作、与周围人友好共事，是教育关注和重视的焦点问题，也是个体发展和社会的需求。

第三节　幼儿心理健康的培养

一、幼儿心理健康的基本条件

对儿童来说，形成健康心理所必备的基本条件是什么？归纳起来，主要是充分的抚爱、充实的生活、平稳的环境、艺术的陶冶、健康的躯体五个方面。

1．充分的抚爱

充分的抚爱包含体贴、关心、爱护、依赖等，它能带给儿童满足与温暖，使儿童体会到生活充满幸福与光明，从而心情愉快、积极向上，并且会深切真挚地去爱别人。爱是促使儿童心理健康发展的动力。母爱是儿童身心健康发展的精神支柱，教师的爱对儿童一生的发展也有着不可估量的作用。不适当的母爱与师爱会对孩子的一生产生负面的影响。母爱不适当主要表现在溺爱上，对儿童一味迁就，缺乏严格要求，结果造成孩子骄横成性，散漫无羁，对父母及其他人漠不关心。教师对儿童爱得不够，往往是由于责任心不强，对儿童冷淡或表示讨厌，或表现为偏爱资质聪明、容貌出众的儿童，嫌弃冷淡资质愚笨、容貌不佳的儿童，常使受宠儿童张扬跋扈，被冷落的孩子性格孤僻。教师不仅要充分地爱孩子，也应该正确地爱孩子，对每一个孩子都应一视同仁。

2．充实的生活

儿童生活的内容应该是丰富的，有恰如其分的学习、劳动，有适当的游戏、娱乐。有的家长忙于工作，对儿童除了在吃、穿上给予满足外，对孩子的其他方面很少关心；有的家长望子成才心切，过多安排孩子学习，致使孩子精神紧张，兴趣偏狭，生活能力差，影响人格的健全发展。在部分幼儿园和小学里，教师只关心儿童读书，不关心儿童个性发展，安排上缺乏游戏、娱乐，使孩子感到生活枯燥无味，从而对学习产生抵触情绪。

3．平稳的环境

平稳的环境是指家庭、顺利学习的环境、必要的物质生活。比较平稳少曲折的环境，对儿童的心理冲击比较小，儿童容易适应，而不致产生心理不健康。反之，处于逆境中的儿童，往往会缺乏教育引导，而在心理上受不住冲击，出现反常心理。

美国霍尔姆（Holm）等人曾对5000余人进行社会生活对心理疾病的影响的调查研究，发现生活变动量大会出现较高心理发病率。例如，父母吵闹、离婚，教师责骂、体罚，由于贫困而受饥饿或失学等，都会促使儿童发生心理变态，产生紧张、焦虑、悲伤、恐惧、消极、自卑等心理。不过，处在逆境中的儿童，如果能加以正确引导，给予精神或物质的支持，培养他们以比较强的意志、正确的态度来对待挫折，那么儿童仍能够身心健康地成长，甚至会成为生活中的强者。

4. 艺术的陶冶

艺术的陶冶促使儿童的人格获得健全、和谐的发展。音乐是形象化的具体刺激，儿童容易接受。创造和选择适合儿童特点的音乐来陶冶儿童，根据需要经常给儿童听欢乐、明快或安静、温和或坚定、有力的音乐，使儿童形成活泼、愉快、稳定、勇敢的性格。美术主要是造型和色彩的艺术。美术的具体形象性是最受儿童喜爱的，用以陶冶儿童情操、发展儿童智能有显著的效果。儿童可以在看看、画画、玩玩中发展智力、想象力和创造力。色彩能影响人的情绪：红色使人情绪亢奋，黄色使人喜悦，蓝色使人心胸开阔，灰色使人沉闷、忧郁。在儿童常处的环境中应少用灰色、黑色。儿童文学也是儿童十分喜爱的艺术形式，其引人入胜的内容、优美动听的语言，不仅使儿童增长知识、明辨是非、发展语言，还能培养他们对文学的兴趣。经常向儿童讲故事、念诗歌是促使儿童心理健康发展的重要条件。

5. 健康的躯体

健康的躯体是儿童心理健康的生理基础。躯体的健康同先天的条件有关，然而后天的保护和锻炼也十分重要。要使儿童的人格获得健全的发展，就必须同时使儿童有健康的身体。

除以上所述的基本条件外，促使儿童心理健康的条件还有很多，如经常与同伴交往、参加力所能及的劳动、父母的直接影响等，这些都应引起家长和教师的重视。

二、进行幼儿心理健康教育的有效途径

（一）积极构建安全、温馨的健康心理环境

环境对幼儿能否健康生活有着不可忽视的影响因素，年龄越小的幼儿对心理环境要求比物质环境的要求更为重要。前苏联教育家霍姆林斯基（Cyxomjnhcknn）指出“教育——首先是教师跟孩子精神上的接触。”也就是说，教师与幼儿心灵的沟通是教育的前提和基础。教师应“以关怀、接纳、尊重的态度与幼儿交往”。如果教师身体离幼儿很近，而心却离得很远，总以冷漠的态度对待他们，幼儿得不到教师的支持和帮助，就会逐渐失去对教师的信任，不安全感就会增加；如果讽刺、挖苦、嘲笑幼儿，当众损伤幼儿的人格，会使幼儿失去自尊；长期得不到肯定，在批评中长大的幼儿不会有自信心。因此，教师要多站在幼儿的角度，体察他们童心的需要。同时，为幼儿创设和谐的班级环境、平等鼓励的师幼关系。例如，在活动区可根据幼儿的年龄增设新生入园亲子区、聊天室、娱乐天地等，给予幼儿充分抒发情感，增进交往的空间。使幼儿感到在安全、温馨的氛围中生活，有助于幼儿情绪安定、心情愉快。

因此，教师必须给予幼儿实践锻炼的机会，放手让幼儿去独立完成一些简单的、力所能及的任务，给予他们充分表现自我的情感氛围，尊重他们的意见，鼓励他们的主动行为，让他们在实践中感受自身能力，从而提高自我评价水平。总之，教师要善于抓住每个幼儿身上的闪光点，引导他们看到自己的进步，使他们相信自己的优点和长处，增强自信心，创设乐观、积极向上的精神氛围。

（二）利用幼儿园的同伴群体，培养幼儿的社会适应能力

利用幼儿园得天独厚的同伴群体，建立良好的同伴关系，培养幼儿良好的社会适应能力。现在的幼儿绝大多数是独生子女，但特殊的家庭环境和居住条件，使他们失去了很多彼此交往、协作、谦让、友爱的机会。带之而来的是孤僻、任性、依赖、唯我独尊、做事缺乏自信心。教师应充分利用幼儿园得天独厚的同伴群体，为幼儿创设相互接纳、信任、尊重的集体生活的氛围，有助于幼儿心理品质的形成。

例如，李洁、黄若雪、王傅一这三名幼儿性格内向、不合群，早晨来园时很少主动向教师问“早”，不声不响地独坐在小椅子上，教师提醒他们去活动区玩，他们也只是摇摇头，不吭声。他们平时从不举手发言，做事慢腾腾。针对这种情况，教师可以充分利用活动与同伴游戏的机会，激发他们积极主动参与活动的愿望，从而培养他们活泼开朗的性格。例如，每天这几个小朋友一来园，教师就让一些主动、热情的同伴约他们，商量是玩“肯得基”还是“娃娃家”。久而久之，他们便由被动变成自觉地参与，并且有了主动与同伴交往的愿望。同时，在活动区玩时，教师还有意识地把这些小朋安排在活跃的孩子周围，让他们身临其境，获得直接交流和感受。餐前组织幼儿讲“我的悄悄话”时，最初，他们只是听别人讲，教师就鼓动爱表达的几个孩子和他们坐在一起交谈，对他们敢于开口的表现及时予以肯定和鼓励，渐渐地这些小朋友在同伴的影响下有了明显的进步。

（三）以游戏活动为载体，满足幼儿需要

以游戏活动为载体，满足幼儿活动的需要，提供幼儿交往的机会，培养良好的性格和意志品质。

1．不同的游戏活动对幼儿各方面起着不同的作用

例如，幼儿在体育游戏中，躯体大动作和手指精细动作的能力得到很好的发展；而智力游戏对幼儿认知能力的正常发展有积极的促进作用；创造性游戏满足了幼儿的情绪，培养了社会交往能力和良好的性格。例如，在中班、大班的表演游戏中，幼儿对“大风车”的主题很感兴趣。开始时，几个孩子为扮演自己喜欢的“金龟子”、“小鹿姐姐”等角色发生争执，而使表演难以进行下去，这时他们也逐步意识到需要商量一下角色的分配、表演的节目等内容。于是，幼儿通过与同伴在游戏中协商、分工、合作、谦让等，锻炼了幼儿的交往能力，对幼儿形成良好的性格有很大促进作用。

2．在游戏中注重对个别幼儿的教育

游戏中，总有个别胆小、害羞、懦弱的幼儿，他们往往不敢与同伴交往，更不会主动投入游戏中去。为培养其自信心，教师应鼓励他们大胆地加入同伴的游戏中，可以用关心的语气询问他们“你们为什么不去玩？”“你看他们玩得多开心！”“老师跟你一起玩好吗？”，并在游戏过程中不断地对他们进行鼓励和表扬。例如，在游

戏刚开始时，有的幼儿不知玩什么，教师可通过扮演角色、用游戏口吻激发幼儿和教师所扮的角色一起玩，让幼儿逐渐克服胆怯的心理。在幼儿敢于表达自己的愿望、投入游戏中以后，教师应及时给予表扬，鼓励他们加入同伴的集体中，让他们体验成功的乐趣。一次成功，胜过百次说教，幼儿的自信心就会有效地得到培养。

3. 在游戏的趣味中培养幼儿的意志品质

由于幼儿具有自我中心的特点，自控能力较差，不理解规则的重要性，因此，遵守规则的能力也较差，针对这一共性特点，可以设计一些规则性较强的游戏，将游戏与规则融为一体，使幼儿在游戏中将被动遵守规则转变成为一种主动行为，目标最终在愉快中完成。

例如，在“猴子与大石头人”的游戏中，将幼儿分为红队和绿队，再请几名幼儿扮演“猴子”。游戏开始，“猴子”在前面玩耍，“石头人”在后面任意模仿，当听到口令时，“猴子们”猛一回头，这时，“石头人”最后不论什么动作，也绝不能再变动，任凭“猴子们”随意骚扰，能坚持不动为胜者，胜者多为胜队。在游戏中，孩子们为了获胜，都努力地控制自己，一定要坚持到底。因为他们已经认识到自己是集体中的一员，自己的一举一动都关系本队的荣誉，增强了集体意识，懂得了如何在集体中约束自己的行为，体验到了遵守规则的重要性，趣味中使幼儿愉快地接受了规则，幼儿的自控能力和抗干扰能力也得到了提高，

（四）发挥家庭、社区的教育作用

发挥家庭、社区的教育作用，形成整体合力，共同促进幼儿心理健康发展。幼儿是在周围环境的相互作用中发展起来的。幼儿期，他们对周围环境的辨别力差，对成人依赖性强，教育的作用体现在生活中的人、事、物对幼儿的影响，也是幼儿生存环境直接作用于幼儿发展。如何为幼儿创设良好的心理教育环境，变不利因素为有利因素，使幼儿在园、在家、在社区环境中受到同样的教育，更使幼儿在良好环境中健康成长，需要发挥家庭、社区、幼儿园教育的合力，共筑幼儿心理健康环境，以此促进幼儿心理健康发展。可以从以下两个方面入手，开展一系列活动，会收到良好的教育效果。

一是增强家长的家园配合的主体地位。例如，某幼儿园开展了“非问题性教育活动”和“问题性教育活动”，综合主体活动“我能做到”，教给幼儿在各种情况下的自我保护，让家长参与，同时向家长宣传《儿童权利公约》，使家长知道孩子是一天天变化的、发展的，是权利的主体，不能总以他们还小应给予保护。为让家长积极参与，可由教师每周发给家长联系卡，卡上有幼儿园管理的要求，有培养生活习惯的要求，也有培养幼儿任务意识的要求等内容，通过联系卡增进了教师和家长对幼儿在家、在园的了解，使教师和家长得到信息后不断调整教育行为。这一措施使孩子独立自理能力和责任感大大加强，让家长也有机会观察孩子，使孩子在各种活动中始终处于积极主动、乐观向上的状态。同时，还可采用辨析会的形式进行交流，即教师在家教指导活动中创设一定情景，提出一些有争议的问题，鼓励家长从教育观念、态度、方法上积极发表意见，选择符合自己实际的方案，逐步改变观念和行为。例如，针对“孩子小，什么事都做不好，等长大了再说”这一观点，与家长深入开展讨论，让家长在主题活动的设计中受到启发，达到家园配合的目的。并要求

教师注意信息反馈。通过对联系卡、家长讨论会、家长开放日、家园小报、电话交流、亲子活动等信息的收集，及时反馈和调整双方的教育行为，更好地保证家庭与幼儿园教育的一致性。

二是利用社区文化背景、和谐民主的群体氛围，建立心理健康的教育格局。根据社区文化背景，通过幼儿园、家庭、社区合作，对幼儿进行全方位、综合的教育影响，将幼儿园教育和家教指导工作辐射到社区环境中去。例如，某幼儿园利用社区环境优势，开展了以下一系列活动。

（1）由于该园地处军营，他们充分利用这一特殊环境与连队联系，组织幼儿参观军营，了解解放军叔叔的生活、训练，并请他们中的代表来园讲“英雄解放军”的故事，帮助幼儿树立作为一名中国人的自豪感，从小立志保卫祖国的远大抱负，生成了活动“我是一个兵”等主题，得到部队和家长的一致配合，达到了教育效果。

（2）培养关心、帮助他人的品德。教师观察到幼儿对社区街道开展的为灾区人民捐款捐物活动，引起了大部分幼儿的注意，不停地问“你们带这么多旧衣服给谁？幼儿园这几天怎么摆了一个红箱子？许多老师在里面放钱干什么呢？”，此时，教师不是如何尽快给出孩子答案，而是围绕孩子关心的问题，开展谈话活动，生成了“献出我的爱”的活动主题。通过组织幼儿参与社会实践如组织大班幼儿到天府广场“卖报”，将卖报款集中统一，分送到“SOS 儿童村”，与“SOS”儿童开展一系列与之相关的活动，帮助幼儿从小树立关心、帮助他人等优良品质，为他们提供活动的条件和创设相关的环境，并在他们需要的时候给予帮助，以促进幼儿的健康发展。

不同年龄段的幼儿，其心理培养目标有所不同，需结合幼儿园实际，借鉴已有的研究成果，不断探索幼儿心理健康教育的途径，所以在实施幼儿心理健康教育实践中，不能机械地逐个照搬照套，而需结合实际进行培养。幼教工作者要“树立正确的健康观念”，充分认识到幼儿的健康具有“身心并重”的整体性，并将此项工作放在首位，以此培养幼儿健康的心理。

知识回顾

本章从三个方面讨论了幼儿的心理健康，首先从幼儿的心理健康、幼儿心理健康教育的概念入手，介绍了幼儿心理健康的标准、幼儿心理健康教育的内容及对幼儿进行心理健康教育的意义；其次探讨了影响幼儿心理健康的生物因素、心理学因素和社会因素，重点介绍了心理学因素对幼儿心理健康的影响；最后阐述了幼儿心理健康必备的条件和进行幼儿心理健康教育的有效途径。

本章的重点是影响幼儿心理健康的因素及进行幼儿心理健康教育的有效途径；难点是影响幼儿心理健康的心理学因素。

活动体验

1．到附近的幼儿园选取三名幼儿，根据幼儿心理健康的标准，判断这三名幼儿的心理是否处于健康状态，并说明原因。

2．利用实习机会，选取一位教师，观察记录幼儿园教师的行为表现，看看她在培养幼儿心理健康方面采取的方法，并分析这些方法是否有效。如果你是这位老师，你会怎么做?

3．利用书籍、网络或实地采访，收集两则幼儿心理不健康实例，描述幼儿的表现，并提出帮助幼儿的方法。

4．假如幼儿园准备开展一次讲座，请你讲一讲影响幼儿心理健康的因素。若限时半小时，你准备重点讲哪些部分？怎么讲?

5．采访两位幼儿园园长，请她们谈谈幼儿园是如何培养幼儿健康心理的，将采访内容整理成一篇小论文。

参考文献

[1] 周念丽．学前儿童发展心理学 [M]．上海：华东师范大学出版社，2006．

[2] 罗家英．学前儿童发展心理学 [M]（第 2 版）．北京：科学出版社，2011．

[3]（美）克斯特尔尼克，等．儿童社会性发展指南：理论到实践 [M]．4 版．邹晓燕等，译．北京：人民教育出版社，2009．

[4] 潘庆戎，白丽辉．幼儿心理学 [M]．南京：河海大学出版社，2005．

[5] 方富熹，方格．儿童发展心理学 [M]．北京：人民教育出版社，2004．

[6] 桑标．当代儿童发展心理学 [M]．上海：上海教育出版社，2003．

[7] 陈帼眉，全国高等教育自学考试指导委员会．学前心理学 [M]．北京：北京师范大学出版社，2000．